KB121897

Fall & Winter

Fashion Hand Knit

가을·겨울 패션 손뜨개

임현지 저

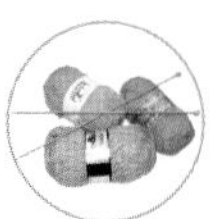

예신Books

F.o.r.e.w.o.r.d 머리말

『봄 · 여름용 패션 손뜨개』를 펴낸 때가 엊그제 같은데, 시간의 흐름은 쏜살같아서 어느덧 여름을 보내고 가을 · 겨울을 생각해야 할 때가 왔습니다.

처음 책을 발간했을 때는 기대 반 · 두려움 반으로 시작했었는데, 독자 여러분의 관심과 성원에 힘입어 두 번째 책을 펴내게 되어 기쁜 마음을 감출 수가 없습니다.

첫 번째 책은 코바늘뜨기 작품 위주로 구성했었는데, 두 번째 책은 대바늘뜨기 작품 위주로 구성하여 다양한 손뜨개를 접할 수 있게 하였습니다.

이 책에 실려 있는 작품들이 코트나 정장 등이어서 작품의 크기가 너무 커 눈으로 보기엔 좋으나 선뜻 시작하기가 두려울 거라는 생각이 듭니다.

그러나 시작이 반이라는 말이 있듯이 처음 시작이 어렵지 일단 하고 나면 한무늬 한무늬 끝나는 재미에 어려움 없이 뜰 수 있을 거라 생각합니다.

작품을 완성하고 나면 내 손으로 직접 작품을 완성했다는 성취감과 세상에 하나뿐인 명품을 탄생시켰다는 것에 대해 기쁨을 감출 수 없을 겁니다.

아무쪼록 손뜨개에 관심 많은 여러분께 도움이 되는 책이 되길 바라며, 책을 펴내는 데 힘써 주신 출판사 사장님과 직원들께 감사드립니다.

임현지(jwy1266@hanmail.net)

C.o.n.t.e.n.t.s 차례

Part 1

여성용 코트 및 정장

gentlemen
&
children's
KNIT

Part 2

남성 및 어린이용

Part 3

여성용 소품

MERINO
LANA MERINO EXTRAFINE
WOOLMARK
50 g
1 oz 3/4
50 GRAMS AT NET STANDARD CONDITION
MADE IN ITALY
MONDIAL
PERLE
MADE IN ITALY

p.a.r.t 1

여성용 코트 및 정장

1_베이지색 롱코트

2_초록색 더블 롱코트

3_베이지색 후드 롱코트

4_카키색 롱코트

5_노란색 원피스

6_벽돌색 반코트

7_분홍색 정장 투피스

8_오렌지색 투피스 정장

9_밤색 스키 웨어

10_자주색 티셔츠

11_흰색 반팔 티셔츠

12_박스 티셔츠

1 knitting

베이지색 롱코트

1. 옷 중심단 안은 속단을 덧대 주고 붙임선은 되돌아짧은뜨기로 장식한다.
2. 칼라는 4코 꼬아뜨기하며 코를 늘려 자연스러운 누임이 되게 한다.
3. 접는 소매로 소매끝은 4코 꼬아뜨기로 떠서 손목 조임을 하지 않는다.
4. 주머니 속은 안감 천으로 만들어 겉표면에 주머니가 도드라 보이지 않도록 한다.

베이지색 롱코트

완성 치수

77 size

재료와 도구

실 순모(베이지색, 짙은 갈색)

바늘 대바늘 3.5mm(줄바늘 3.5 mm), 돗바늘, 코바늘 3호

부속품 단추, 밑실, 안감 조금(주머니용)

뜨는 방법

【뒤판】

1. 밑실로 196코를 만든 후 베이지색 실로 28단을 무늬뜨기한다.
2. 29단째부터 18단마다 양옆으로 1코씩 11회 줄여 174코를 만들고 228단까지 뜬다.
3. 229단째부터 소매둘레를 만드는데 16코 막음하고 2단마다 4코, 3코, 2코-2회, 1코-3회 순으로 줄여 114코 되게 하며 292단까지 뜬다.

【앞판】

1. 밑실로 117코를 2개 만든 후 베이지색 실로 28단을 무늬뜨기한다.
2. 29단째부터 18단마다 1코씩 11회 줄여 106코를 만들고 228단까지 뜬다.
3. 주머니는 135단부터 170단까지 주머니의 입구를 만든다.
4. 229단째부터 소매둘레를 만드는데 16코 막음하고 2단마다 4코, 3코, 2코-2회, 1코-3회 순으로 줄여 76코가 되게 한 후 266단까지 뜬다.
5. 267단부터 앞목둘레를 만드는데 25코 막음한 후 2단마다 4코, 3코-2회, 2코-2회, 1코-3회 순으로 줄여 34코가 되게 한 후 292단을 마저 뜬다.
6. 오른쪽 앞판을 뜰 때는 81단째, 115단째, 149단째, 183단째, 217단째, 251단째에 단추구멍을 만든다.

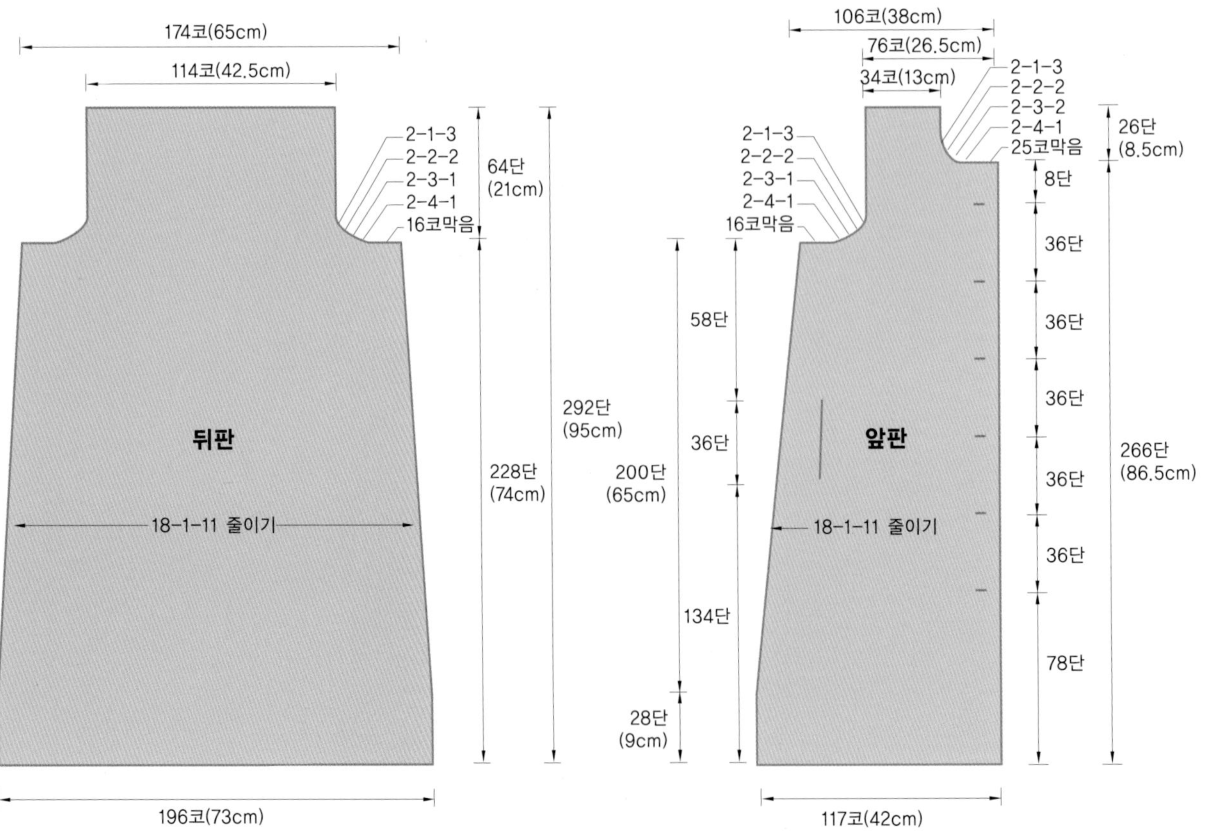

뒤 판 (무늬뜨기 시작)

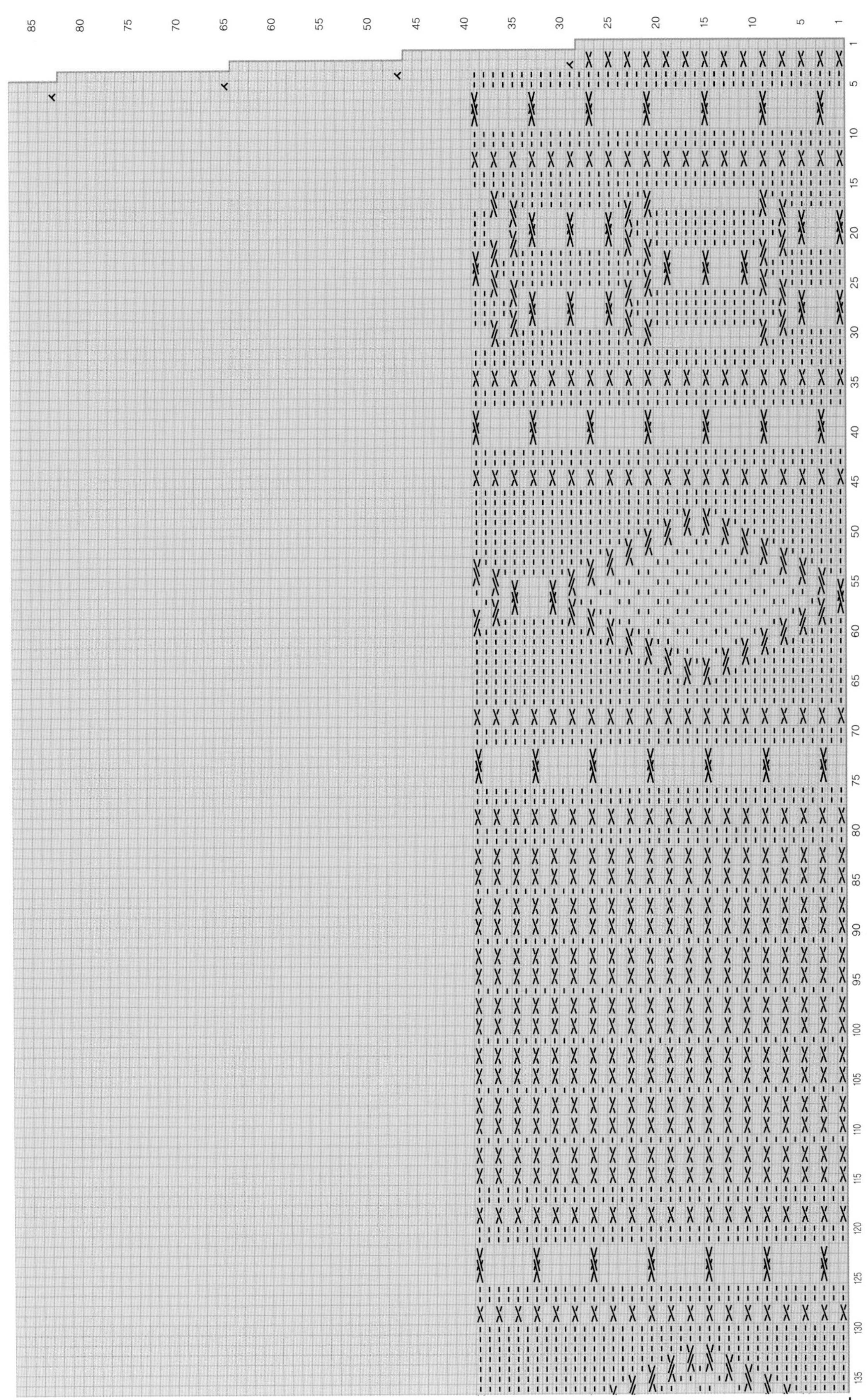

앞 판 (무늬뜨기 시작)

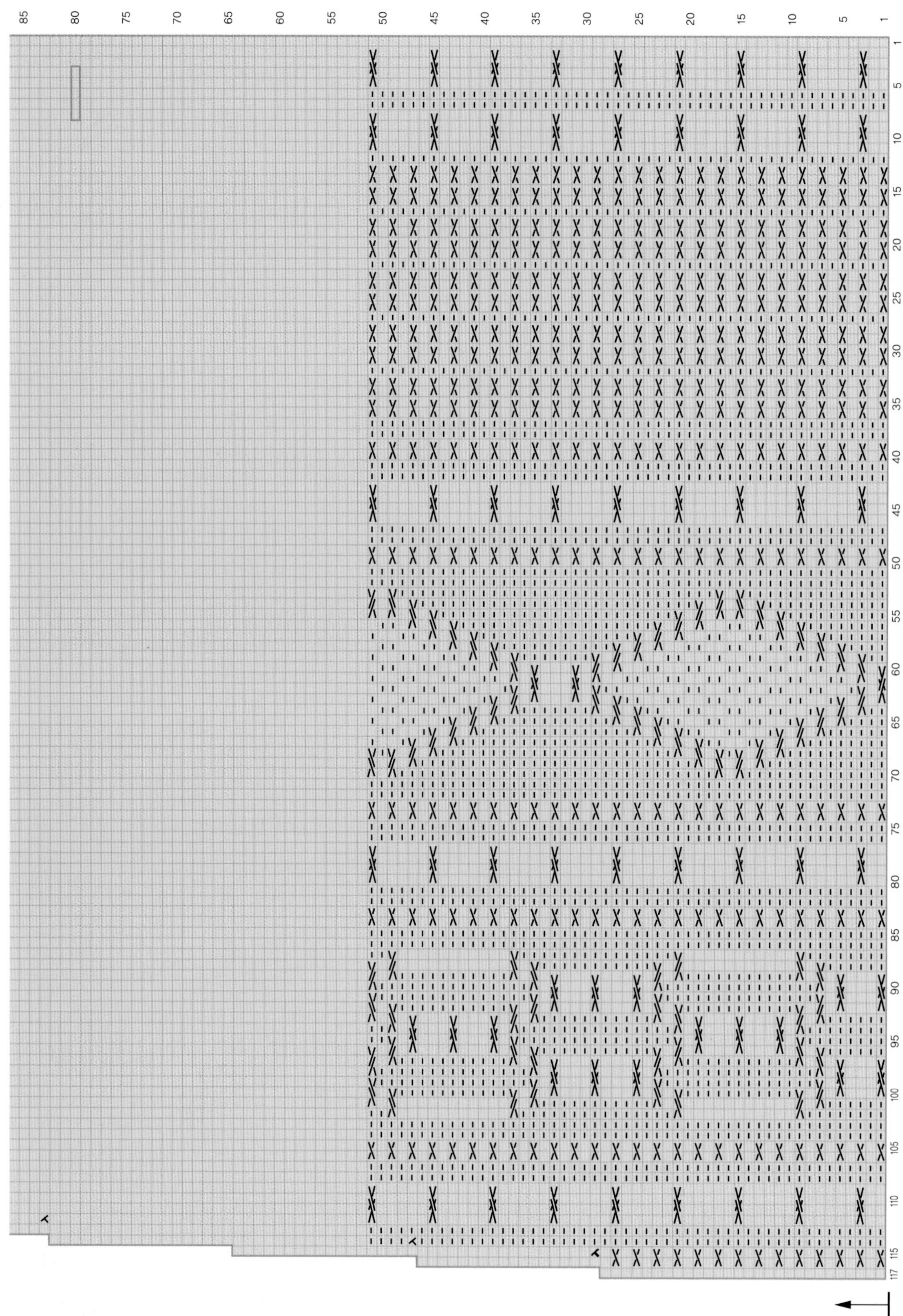

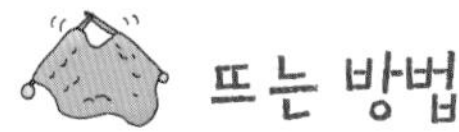

뜨는 방법

【소매】

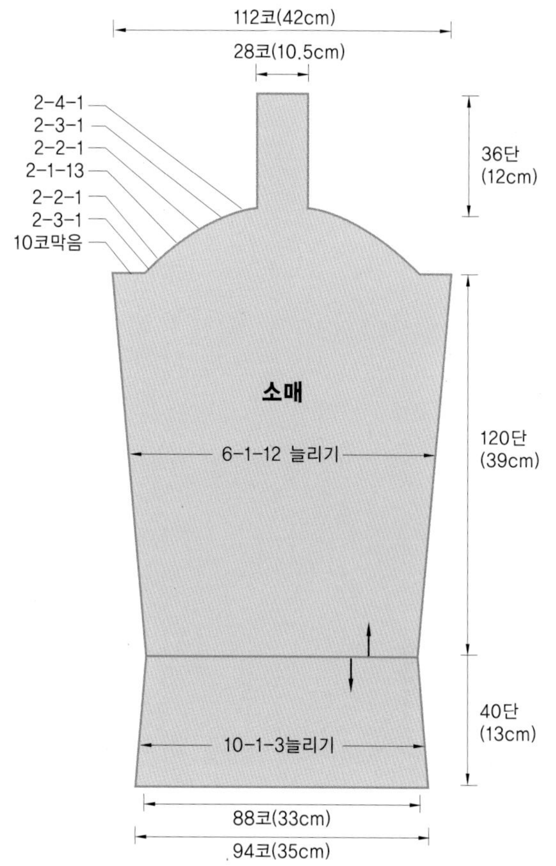

1. 밑실로 88코를 만든 후 베이지색 실로 무늬뜨기를 한다.
2. 120단까지 뜨는 동안 6단마다 양옆으로 1코씩 12회 늘려 112코를 만든다.
3. 61단부터 소매산을 만드는데 13코 막음한 후 2단마다 3코, 2코, 1코-13회, 2코-2회, 3코, 4코 순으로 줄여 28코를 만들고 36단을 더 떠서 어깨를 만든다.
4. 소매 시작 밑실 부분에서 베이지색 실로 88코를 주어 베이지색 실로 4코 꼬아뜨기를 하는데 15단째, 25단째, 35단째 양옆으로 1코씩 늘려 94코가 되게 하고, 25단째부터 40단까지는 짙은 갈색으로 뜬다.
5. 소매끝은 코바늘로 되돌아뜨기해서 마무리한다.

   소매단은 접는 단이므로 겉과 안을 주의해서 뜬다.

【칼라】

1. 소매에서 36단 어깨 뜨기한 부분을 기준으로 앞·뒤판 어깨코 34코를 각각 붙여준다. 그리고 목둘레에서 베이지색 실로 131코를 주어 4코 꼬아뜨기 무늬로 뜬다.
2. 18단까지 코를 늘리지 않고 뜨다가 19단에는 10코째마다 1코씩 늘려 144코를 만들고, 29단에는 늘리지 않았던 안뜨기마다 1코씩 늘려 153코를 만든 후 38단까지 뜬다.
3. 짙은 갈색으로 양옆 가장자리에서 코를 주어 칼라 가장자리 코가 235코가 되게 한 후 이면뜨기 10단을 뜬 다음 돗바늘로 마무리한다.

【단뜨기】

1. 베이지색 실로 10코 266단 메리야스뜨기 2장을 앞판 중심 안쪽에 붙여 늘어지지 않게 한다.
2. 베이지색 실 5코로 126단을 떠서 목둘레 부분에 붙여 늘어지지 않게 한다.
3. 앞단과 밑단을 짙은 갈색으로 짧은뜨기 1단을 뜬 후 되돌아뜨기해서 장식하여 마무리한다.

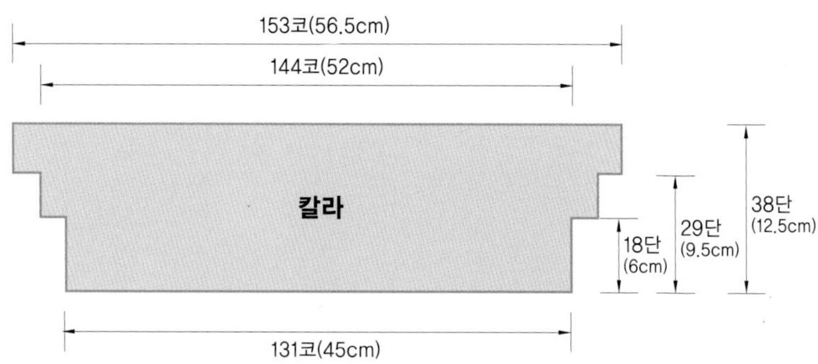

소 매

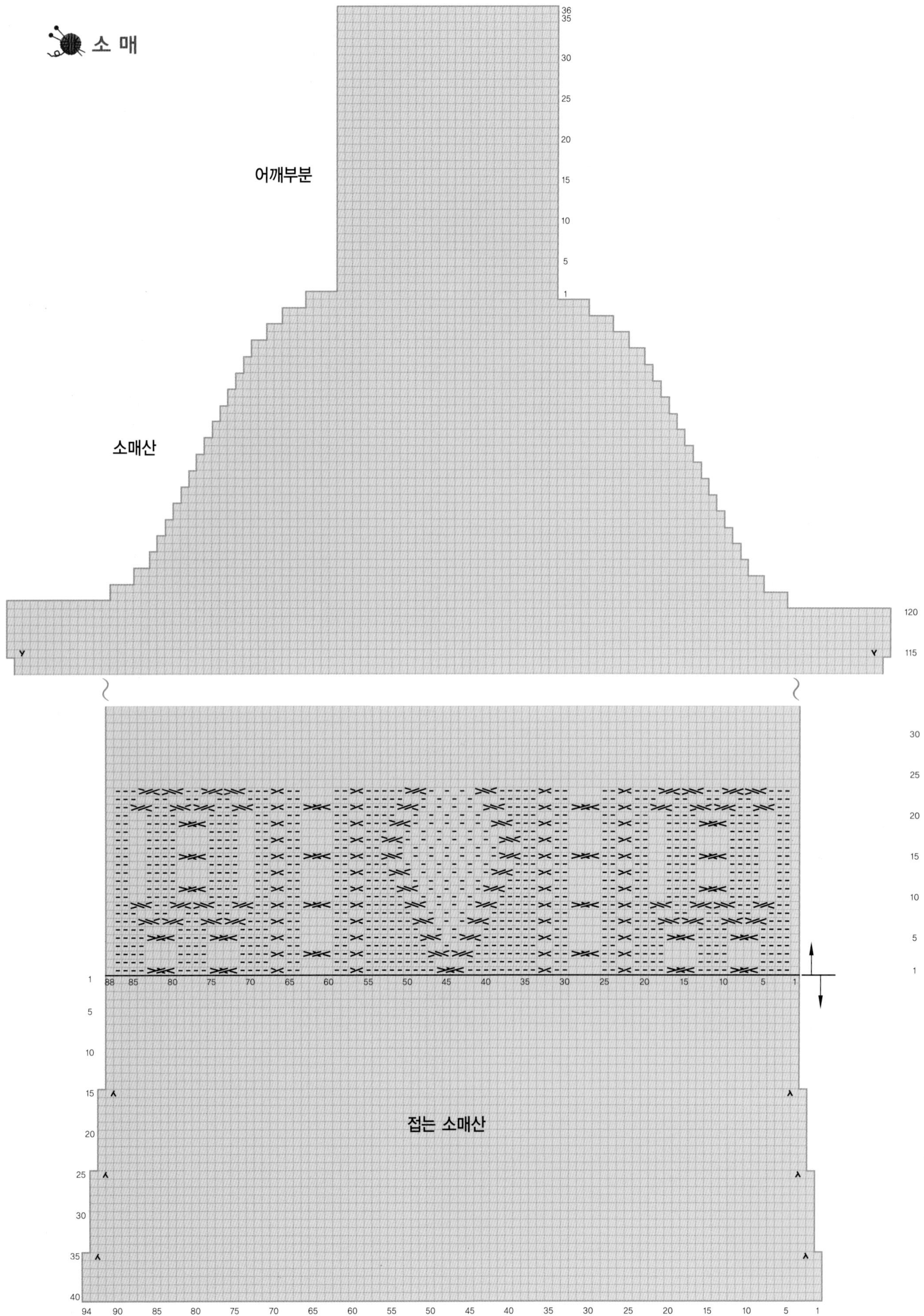

앞목둘레

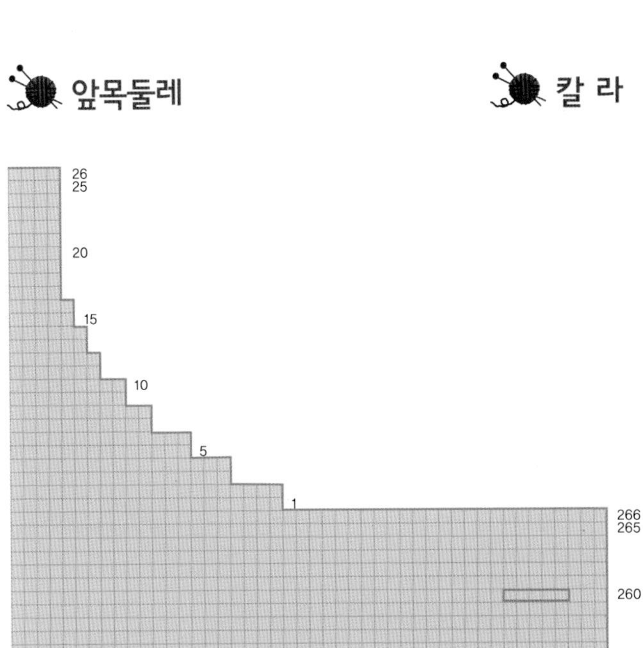

26
25
20
15
10
5
1
266
265
260
255
250
245
240

칼 라

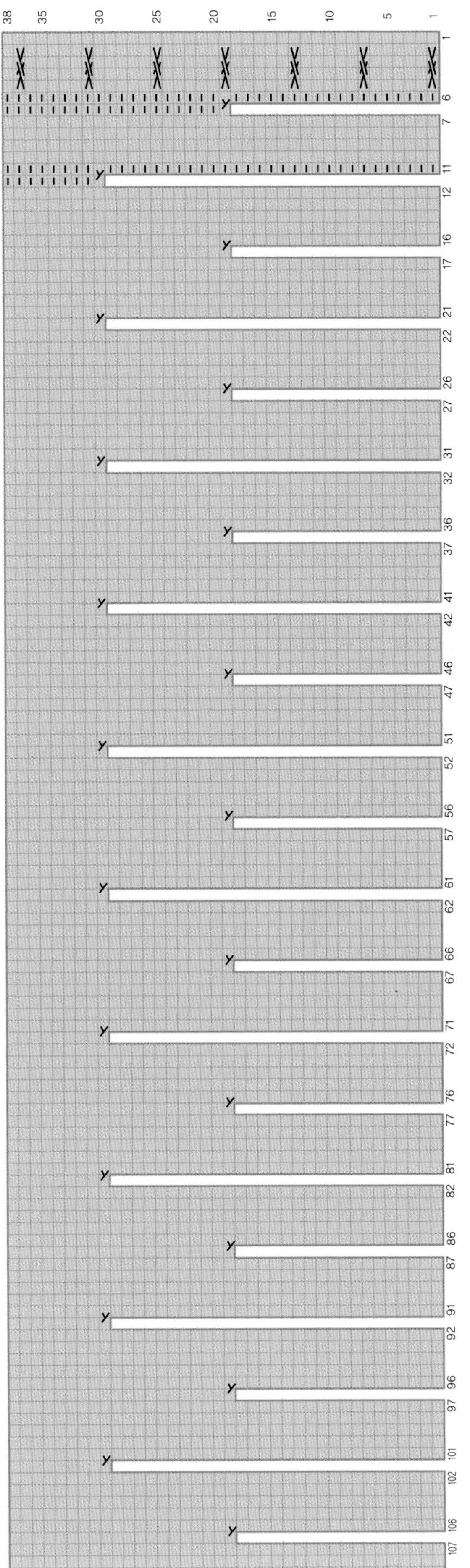

38 35 30 25 20 15 10 5 1
1 6 7 11 12 16 17 21 22 26 27 31 32 36 37 41 42 46 47 51 52 56 57 61 62 66 67 71 72 76 77 81 82 86 87 91 92 96 97 101 102 106 107

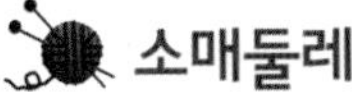

소매둘레

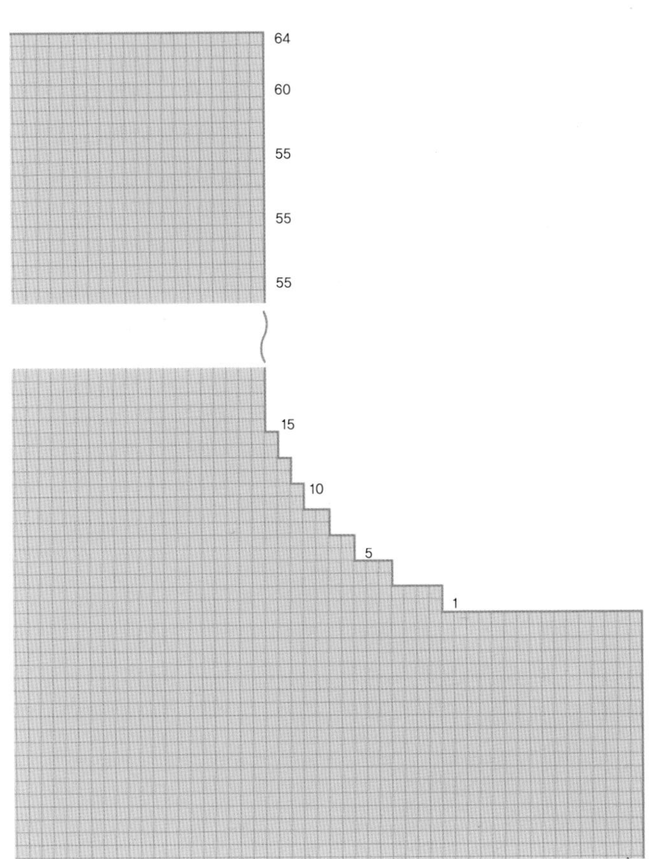

64
60
55
55
55
15
10
5
1

2 knitting

초록색 더블 롱코트

1. 앞단은 속단을 덮대주고 지퍼를 달아준다. 떡복이 단추를 달아 장식한다.
2. 칼라는 4코 꼬아뜨기로 차이나칼라를 뜨고 가장자리는 이면뜨기로 곡선 장식한다.
3. 소매단은 4코 꼬아뜨기로 코를 늘려 소매 입구를 드레시하게 만든다.
4. 앞중심단과 밑단은 이면뜨기로 넓지 않게 뜬다.

초록색 더블 롱코트

완성 치수

66 size

재료와 도구

실 순모(쑥색, 녹색)

바늘 대바늘 3.5mm, 돗바늘, 줄바늘 3.5mm, 코바늘 3호

부속품 지퍼, 떡볶이단추(5set), 안감 조금(주머니용), 밑실

뜨는 방법

* 매단 첫 코는 반드시 떠서 단 뜰 때 코줍기를 쉽게 한다.

【뒤판】

1. 뒤판은 밑실로 174코를 만든 후 본실로 무늬뜨기를 한다.
2. 34단마다 1코씩 줄이기를 4회하여 166코가 되게 하고 286단까지 뜬다.
3. 287단째부터는 소매둘레를 만드는데 15코 코막음한 후 2단마다 4코, 3코, 2코-2회, 1코-3회 순으로 줄여 108코를 만든 후 356단까지 뜬다.

【앞판】

1. 앞판은 밑실로 90코를 2개(왼쪽, 오른쪽) 만든 후 각각 본실로 무늬뜨기를 한다.
2. 34단에 1코 줄이기를 4회 실시하여 86코가 되게 하고 184단까지 뜬다.
3. 185단부터 230단까지 주머니 입구를 만든 후 286단까지 뜬다.
4. 287단째부터는 소매둘레를 만드는데 15코를 코막음하고 2단마다 4코, 3코, 2코-2회, 1코-3회 순으로 줄여 57코가 되게 336단까지 뜬다.
5. 337단부터 앞목둘레를 만드는데 24코를 코막음하고 2단마다 4코, 3코, 2코-2회, 1코-2회 순으로 줄여 20코를 어깨코가 되게 하여 356단까지 뜬다.

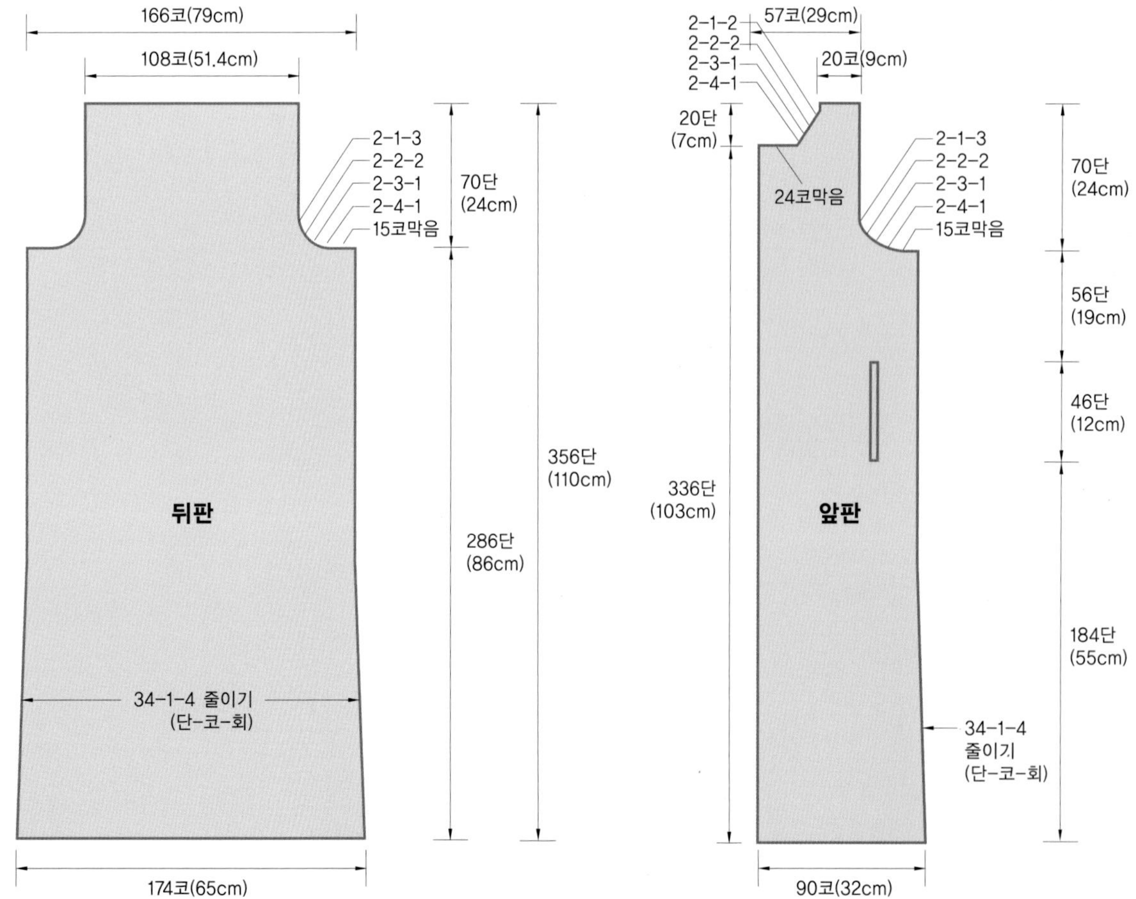

뒤 판

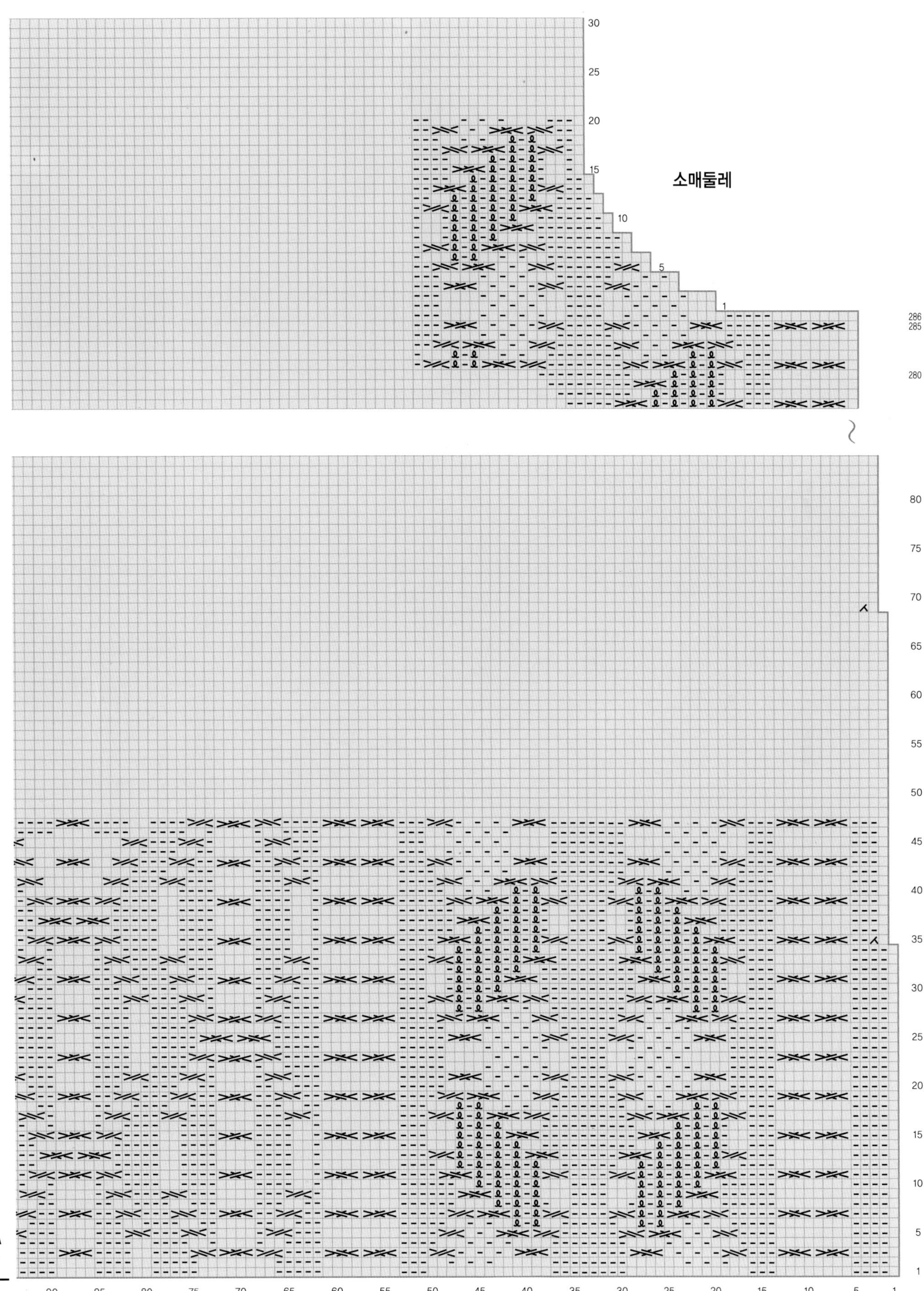

 앞판

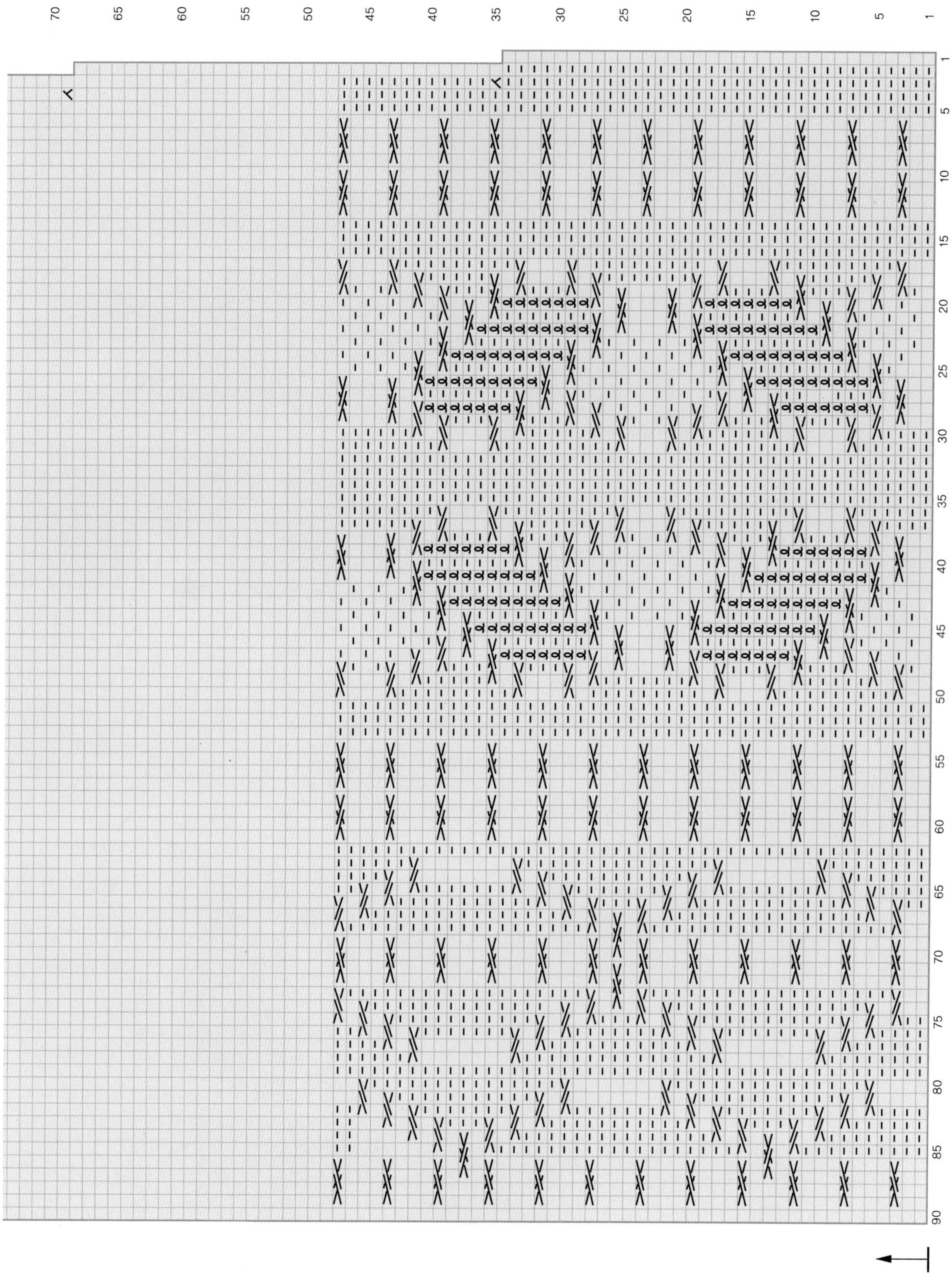

70 65 60 55 50 45 40 35 30 25 20 15 10 5 1

앞목둘레

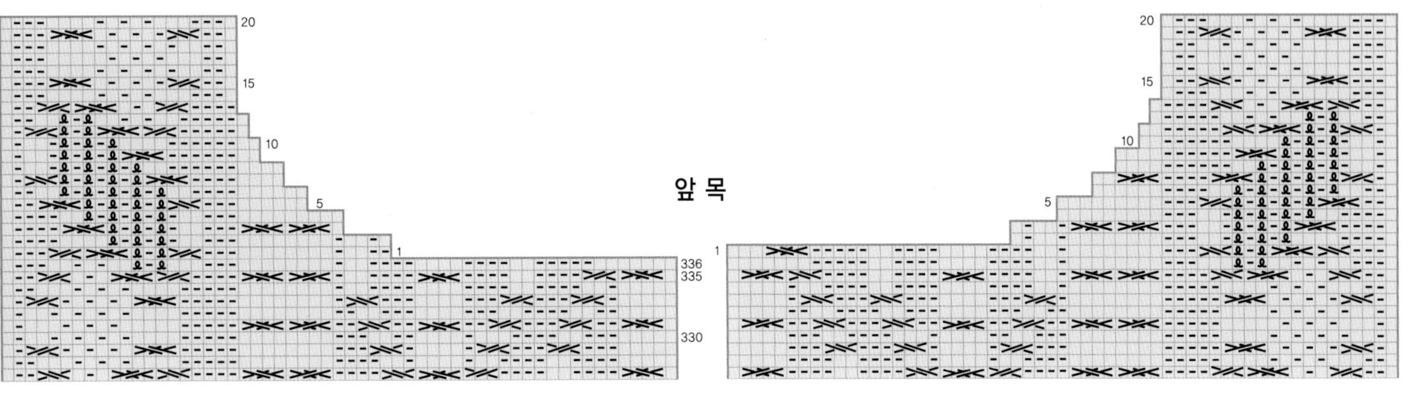

칼 라

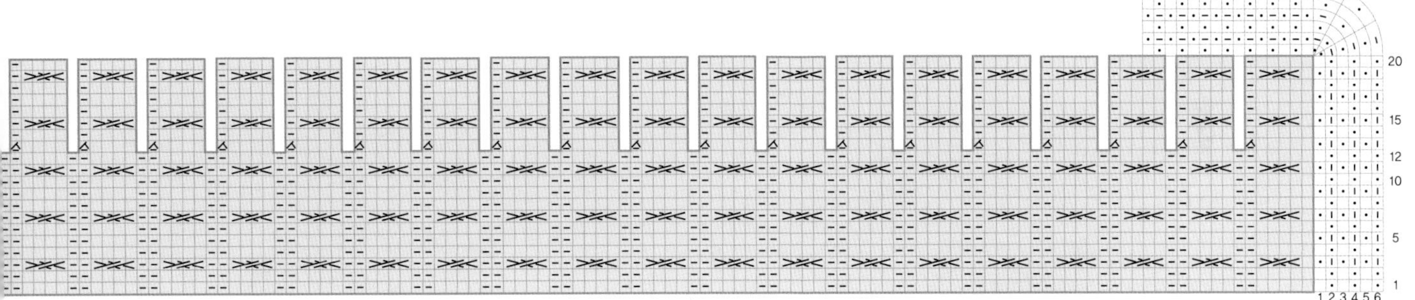

주머니 입구

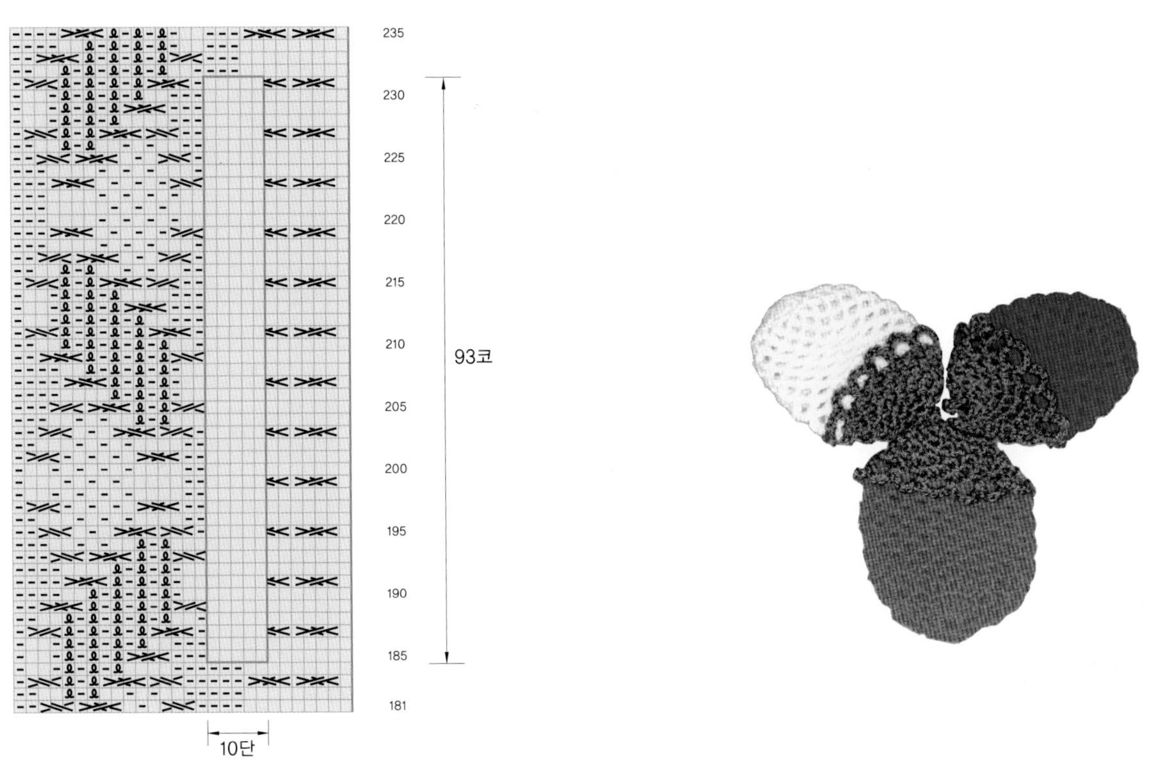

뜨는 방법

【소매】

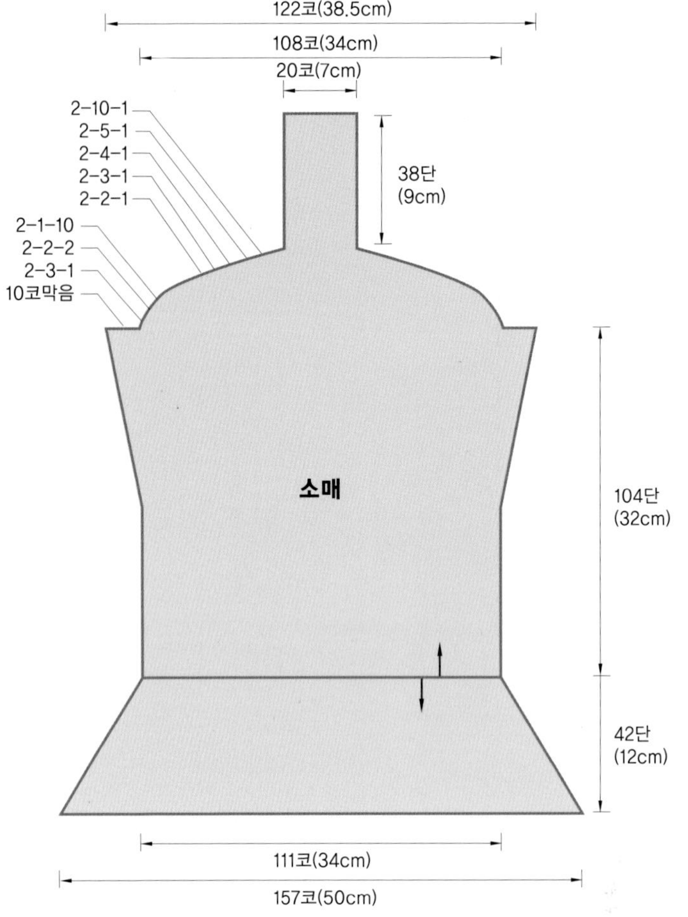

1. 소매는 밑실로 108코를 만든 후 본실로 42단을 무늬뜨기한다.
2. 43단부터는 8단에 1코 늘리기 7회를 하여 122코가 되게 하고 104단까지 뜬다.
3. 105단부터 소매산을 만드는데 먼저 10코를 코막음하고, 2단마다 3코, 2코-2회, 1코-10회, 2코, 3코, 4코, 5코, 10코 순으로 줄여 20코가 되게 한다.
4. 남은 20코를 무늬뜨기하며 38단을 떠서 어깨 부분을 만든다.
5. 밑실 시작 부분에서 111코를 주어 4코 꼬아뜨기 무늬 22개를 만들어 14단마다 23코(안뜨기마다 1코씩 늘리기) 늘리기 2회하여 157코가 되게 하고 42단까지 뜬다.
6. 소매 끝단은 코바늘로 되돌아뜨기 해서 장식한다.

【단뜨기】

1. 몸판 밑부분은 줄바늘로 앞 · 뒤판 전체를 밑실로 시작했던 곳에서 코 줍기해서 이면뜨기 10단을 뜬 후 돗바늘로 마무리한다.
2. 앞단은 1단에 1코씩 주어 이면뜨기 10단을 뜬 후 돗바늘로 마무리한다.
3. 소매 어깨 38단을 기준으로 앞 · 뒤판 어깨코 20코를 각각 붙여준다. 그런 뒤 목단은 150코를 주어 4코 꼬아뜨기를 25개 만들어 12단을 뜬 후 안뜨기 2코를 1코로 모두 줄여 8단을 뜨고 양옆 가장자리는 1단에 1코씩 주어 이면뜨기로 6단을 뜬 후 돗바늘로 마무리한다.
4. 속단은 10코를 만들어 메리야스뜨기로 356단을 뜨고 2장을 만들어 앞판 앞중심 속단으로 달아 지퍼 달기하고 5코를 만들어 메리야스뜨기 150단 정도해서 목처짐이 없게 달아준다.

＊옷이 완성되면 밑실들은 풀어낸다.

소 매

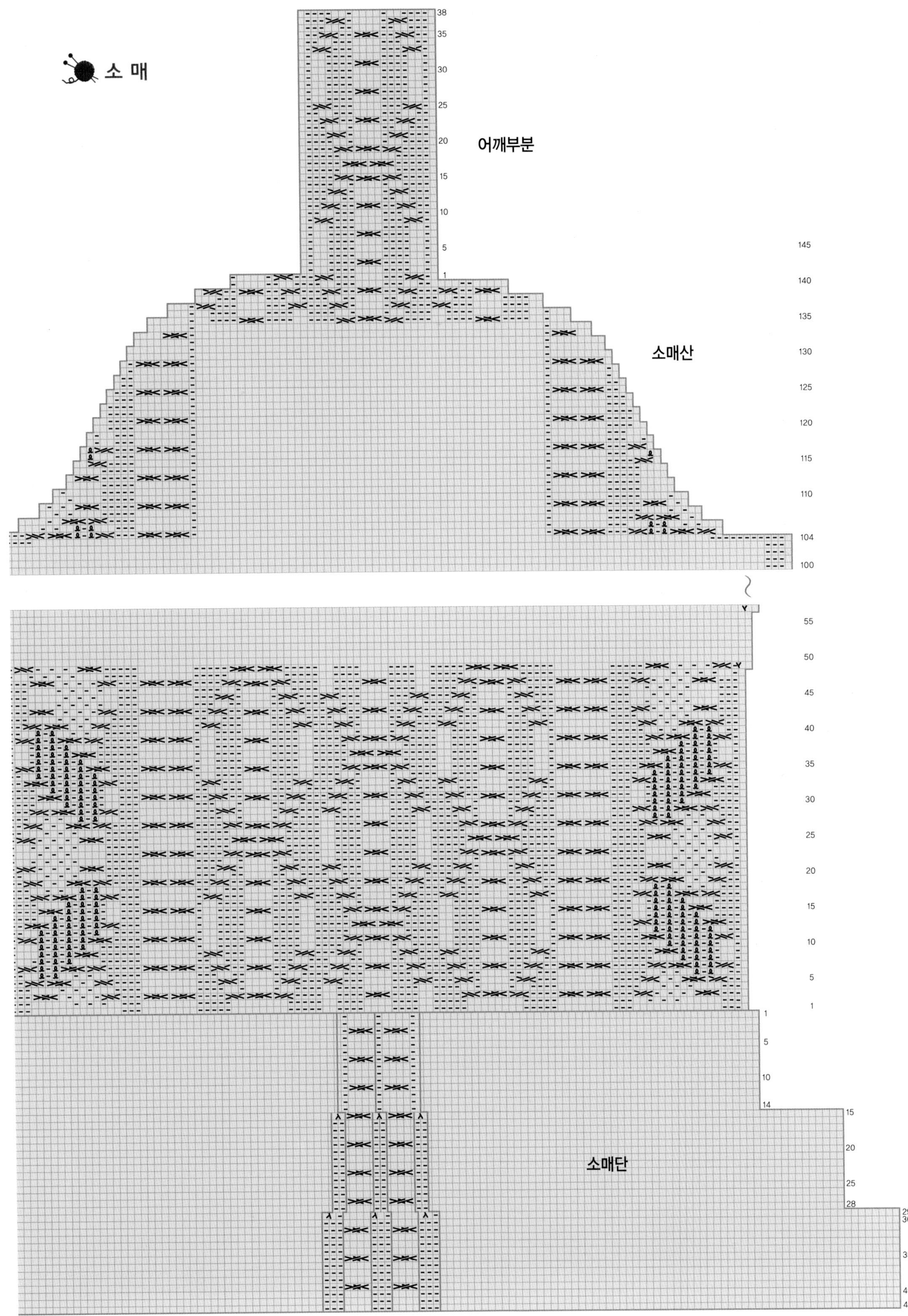

3 knitting

베이지색 후드 롱코트

1. 앞중심단은 속에 속단을 떠서 붙여 앞처짐을 막아준다.
2. 코트의 옆트임은 곡선으로 떠서 장식한다.
3. 모자의 윗부분
4. 소매에서 떠올린 어깨 부분에 몸판 어깨코 부분을 붙인다.

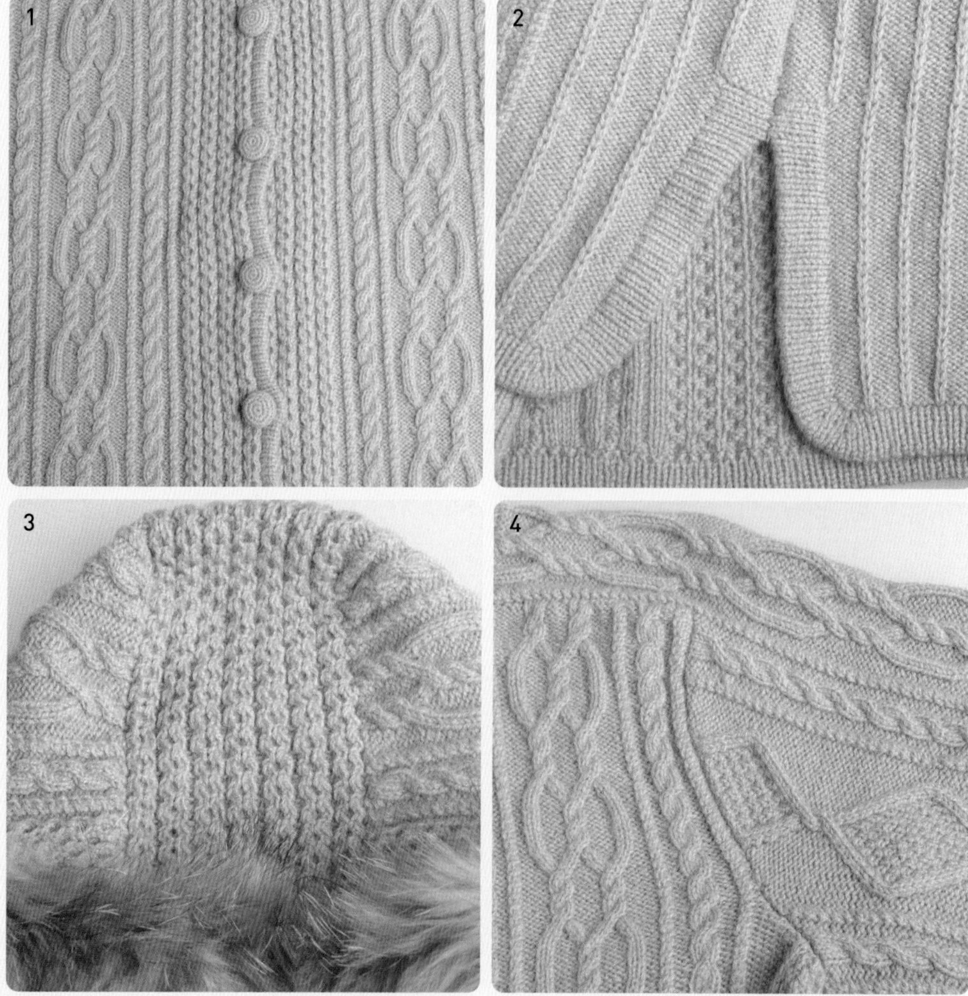

베이지색 후드 롱코트

완성 치수

77 size

재료와 도구

실 순모(베이지색)

바늘 대바늘 3mm, 돗바늘(줄바늘 3mm)

부속품 단추, 털, 밑실, 안감 조금(주머니용)

뜨는 방법

【뒤판】

1. 뒤판은 밑실로 214코를 만든 후 본실로 54단을 무늬뜨기한다.
2. 줄바늘로 양옆과 밑부분을 1단에 1코, 밑부분은 1코에 1코씩 주어 이면뜨기를 10단 뜨는데 양옆 코너 부분은 6단마다 8코(한쪽 코너마다 4코)씩 2번 늘려주어 가장자리가 자연스럽게 둥근모양이 되도록 한다.
3. ❷를 10단 뜨고 나면 돗바늘로 마무리하고 양옆 단 부분에 각각 8코씩 주어 230코가 되게 한다.
4. 55단째부터 265단까지 뜨는 동안 10-1-21(단-코-회) 줄여 188코가 되게 한다.
5. 진동은 14코를 코막음하고 2단마다 4코, 3코, 2코-2회, 1코-3회 순으로 줄여 132코가 되게 하고 342단까지 뜬다.

【앞판】

1. 앞판은 밑실로 110코를 2개(왼쪽, 오른쪽) 만든 후 각각 본실로 54단을 무늬뜨기한다.
2. 줄바늘로 두 면(중심 부분 제외)에 코를 1단에 1코, 밑부분은 1코에 1코씩 주어 이면뜨기 10단을 뜨는데 뒤판처럼 코너 늘리기를 한다.
3. ❷를 10단 뜨고 나면 돗바늘로 마무리하고, 옆단 부분에 8코를 주어 118코가 되게 한다.
4. 55단째부터 265단까지 뜨는 동안 10-1-21(단-코-회) 줄여 97코가 되게 뜬다.
5. 진동은 14코를 코막음하고 2단마다 4코, 3코, 2코-2회, 1코-3회 순으로 줄여 69코가 되게 하여 316단까지 뜬다.
6. 317단부터는 22코를 코막음하고 2단마다 4코, 3코, 2코, 1코 순으로 줄여 37코가 되게 하여 342단까지 떠서 앞목을 만든다.
7. 앞단은 1단 1코씩 주어 이면뜨기 6단을 뜨고 돗바늘로 마무리한다.
8. 오른쪽 앞판 단추구멍은 코를 주운 후 30코 뜬 다음 5코 덮기를 여섯 번하고 되돌아올 때 5코 덮기한 곳을 걸기코 5코를 만들어 단추구멍을 낸다.

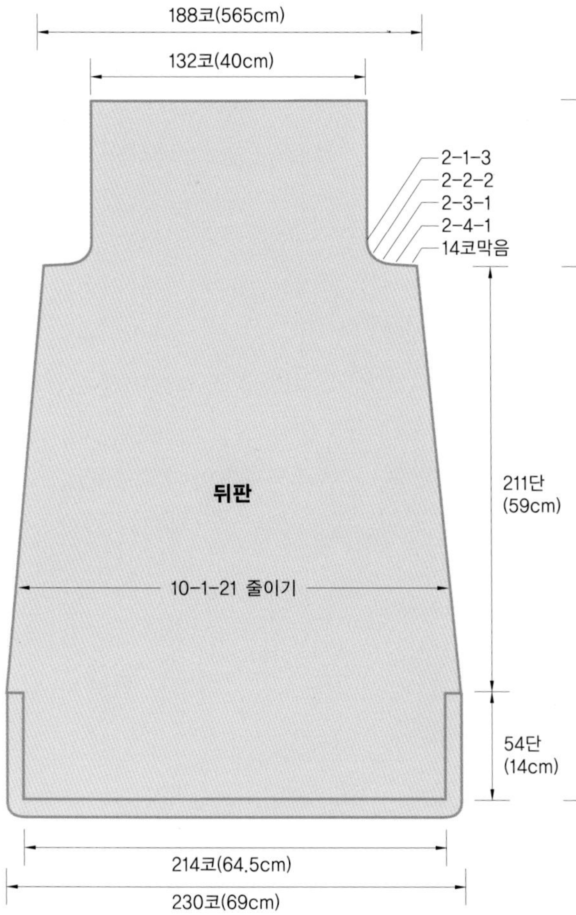

188코(565cm)
132코(40cm)
2-1-3
2-2-2
2-3-1
2-4-1
14코막음
77단
(22cm)
뒤판
211단
(59cm)
265단
(73cm)
10-1-21 줄이기
54단
(14cm)
214코(64.5cm)
230코(69cm)

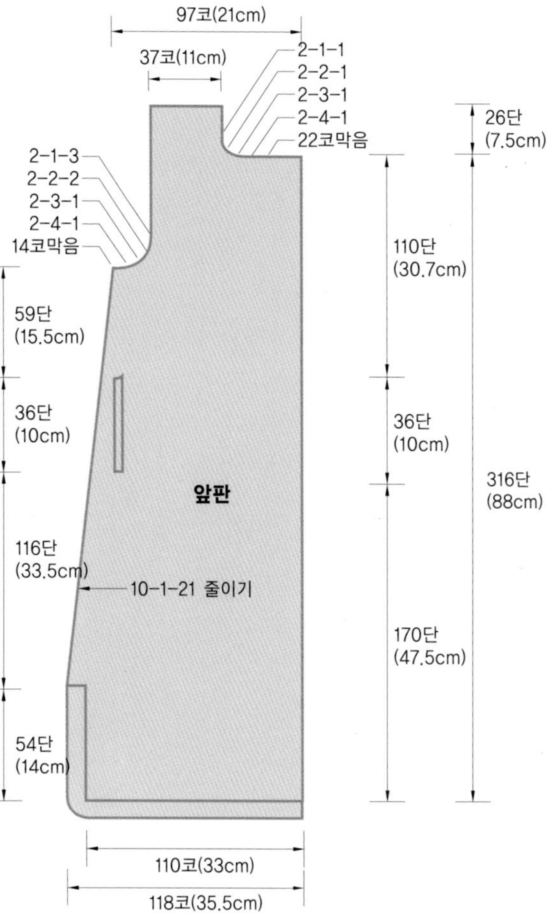

97코(21cm)
37코(11cm)
2-1-1
2-2-1
2-3-1
2-4-1
22코막음
26단
(7.5cm)
2-1-3
2-2-2
2-3-1
2-4-1
14코막음
110단
(30.7cm)
59단
(15.5cm)
36단
(10cm)
36단
(10cm)
앞판
316단
(88cm)
116단
(33.5cm)
10-1-21 줄이기
170단
(47.5cm)
54단
(14cm)
110코(33cm)
118코(35.5cm)

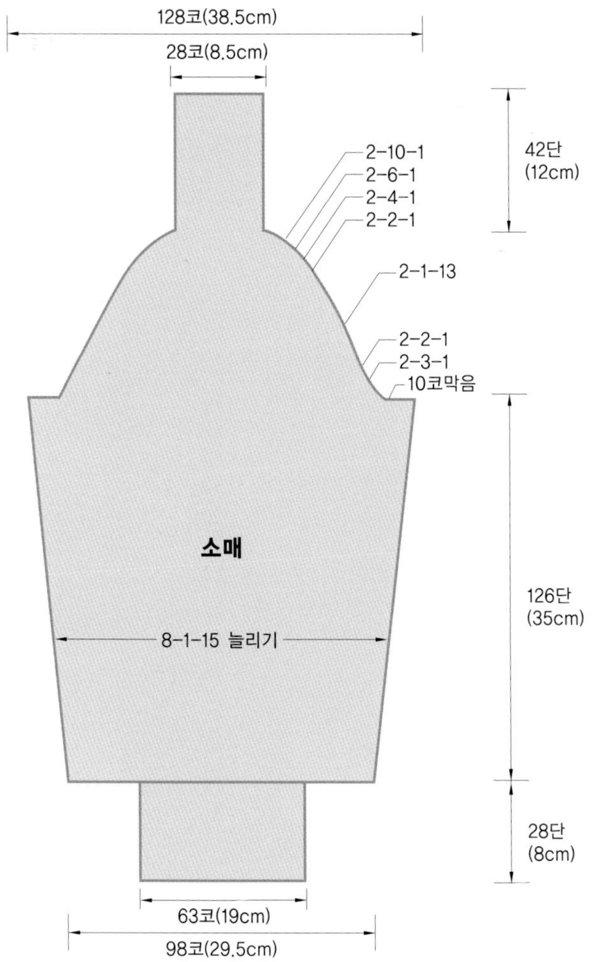

128코(38.5cm)
28코(8.5cm)
2-10-1
2-6-1
2-4-1
2-2-1
42단
(12cm)
2-1-13
2-2-1
2-3-1
10코막음
소매
8-1-15 늘리기
126단
(35cm)
28단
(8cm)
63코(19cm)
98코(29.5cm)

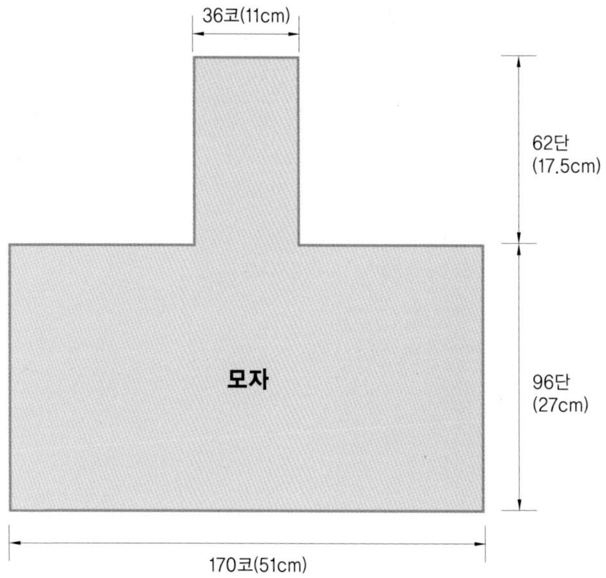

36코(11cm)
62단
(17.5cm)
모자
96단
(27cm)
170코(51cm)

뒤 판

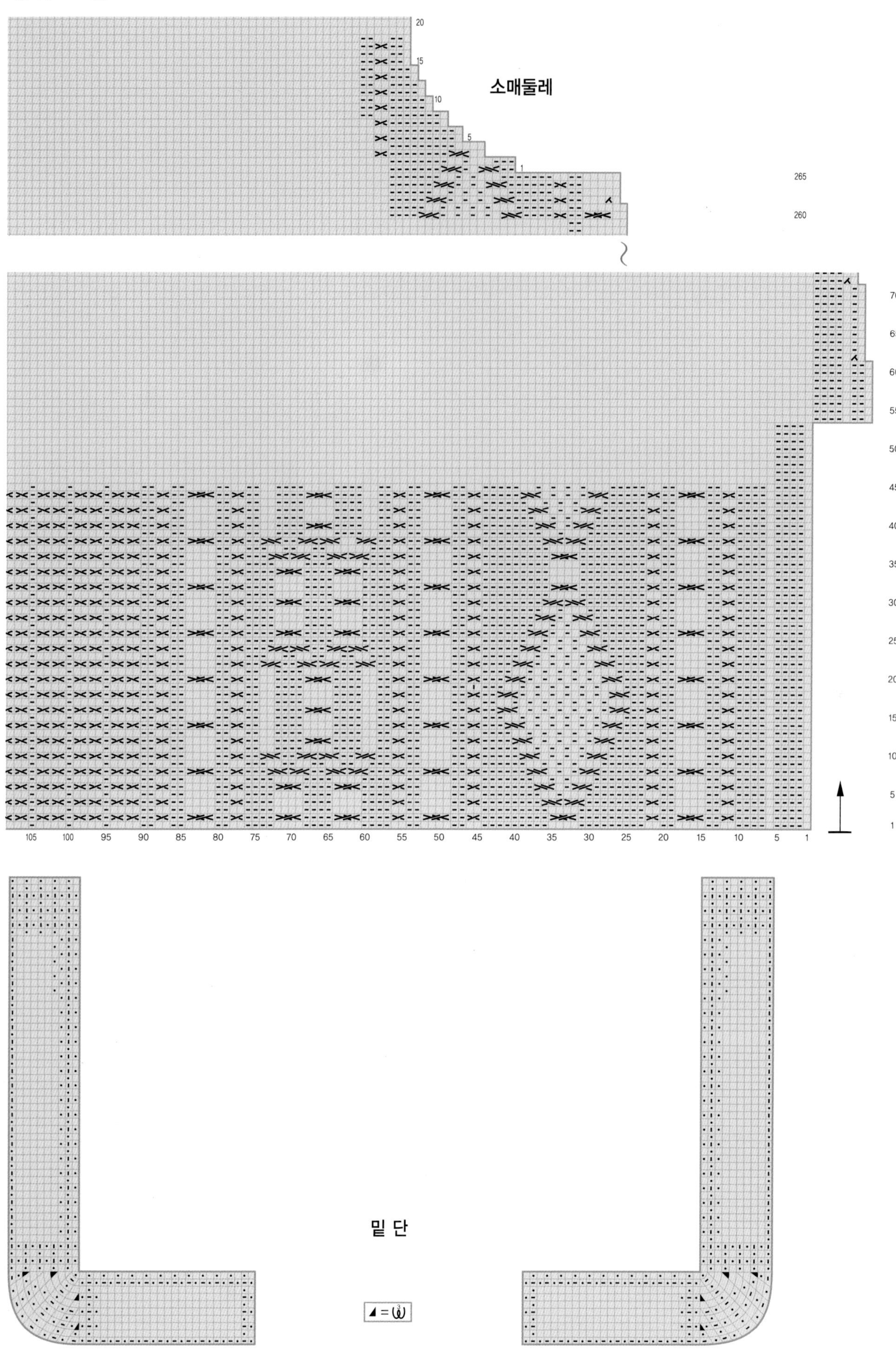

앞 판

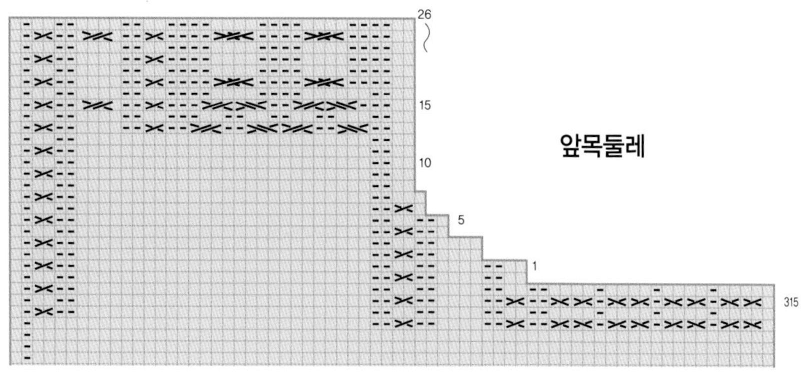
26
15
10
5
1
315
앞목둘레

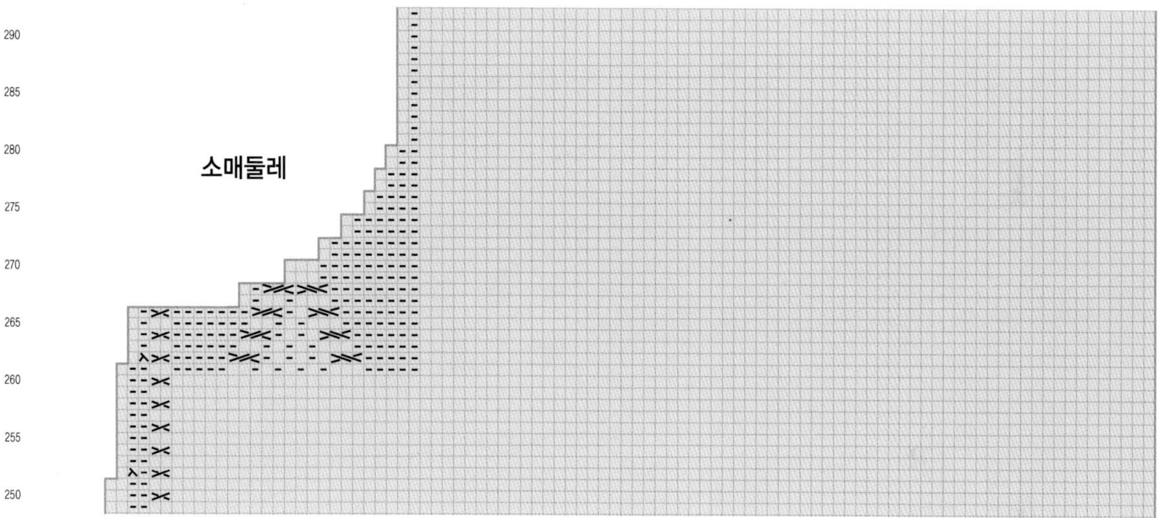
290
285
280
275
270
265
260
255
250
소매둘레

◆ 주머니 입구

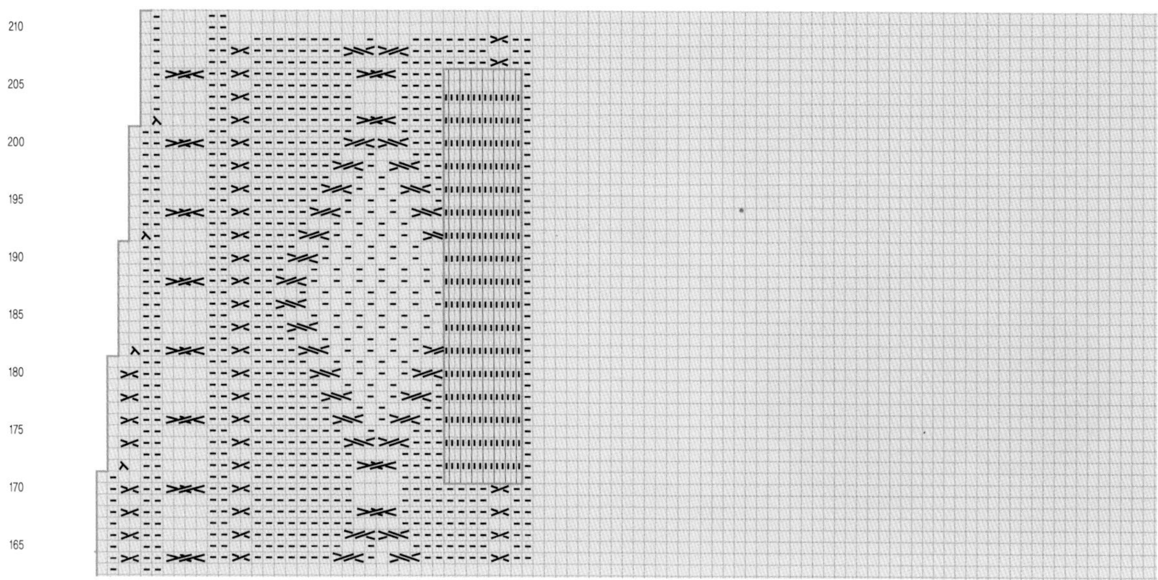
210
205
200
195
190
185
180
175
170
165

앞 판 (무늬뜨기 시작)

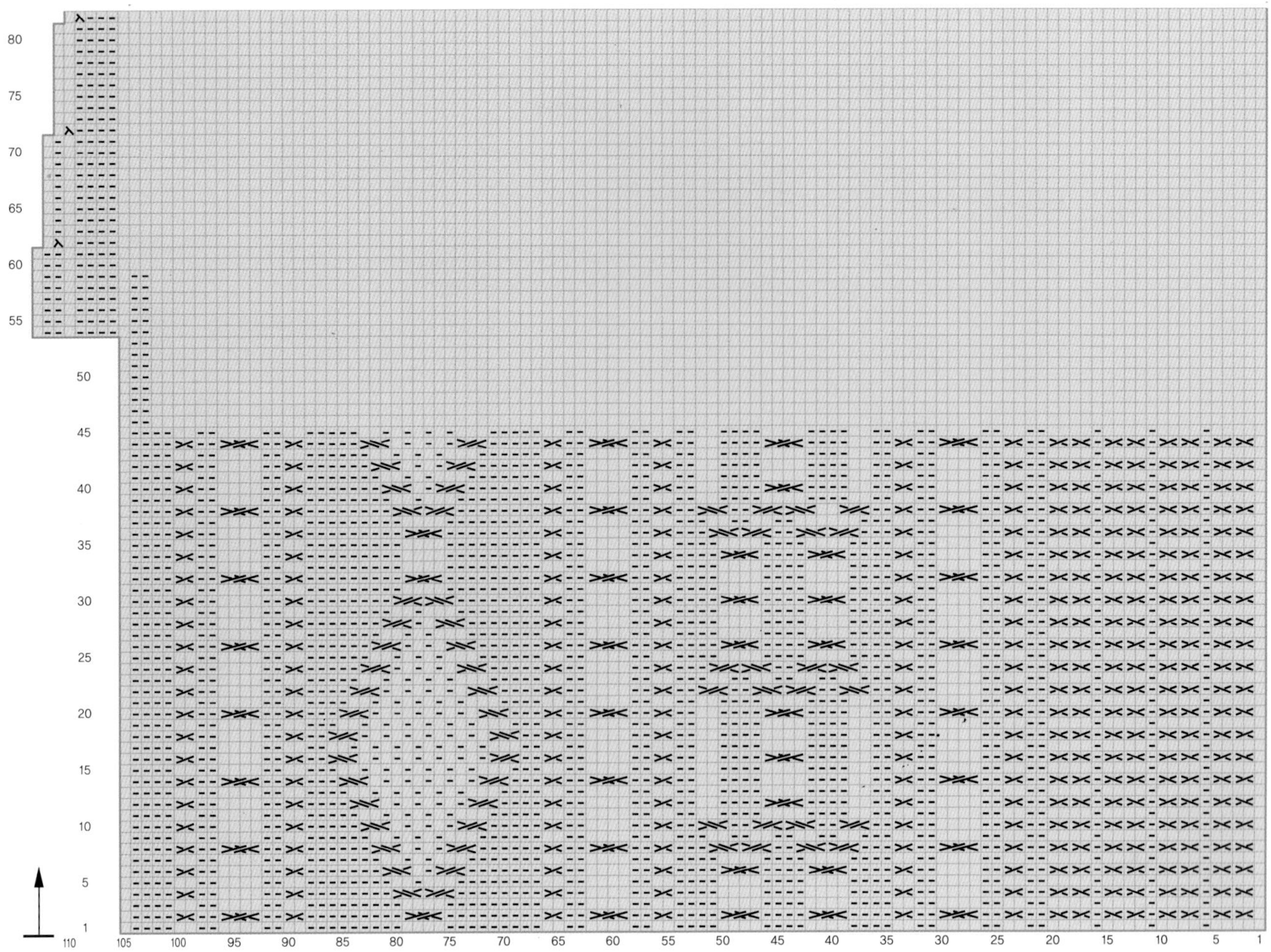
80
75
70
65
60
55
50
45
40
35
30
25
20
15
10
5
1
110
105
100
95
90
85
80
75
70
65
60
55
50
45
40
35
30
25
20
15
10
5
1

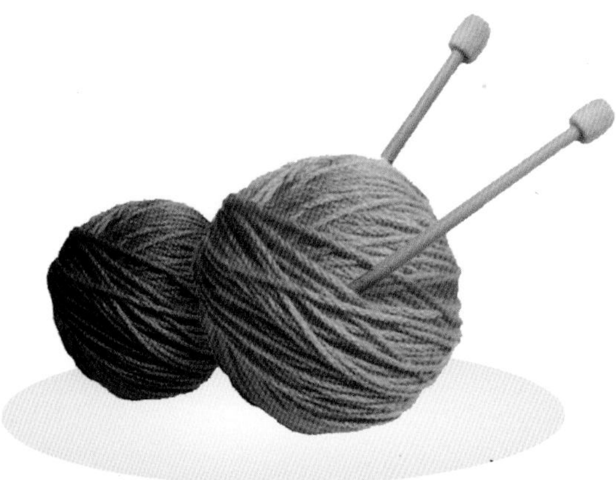

모 자

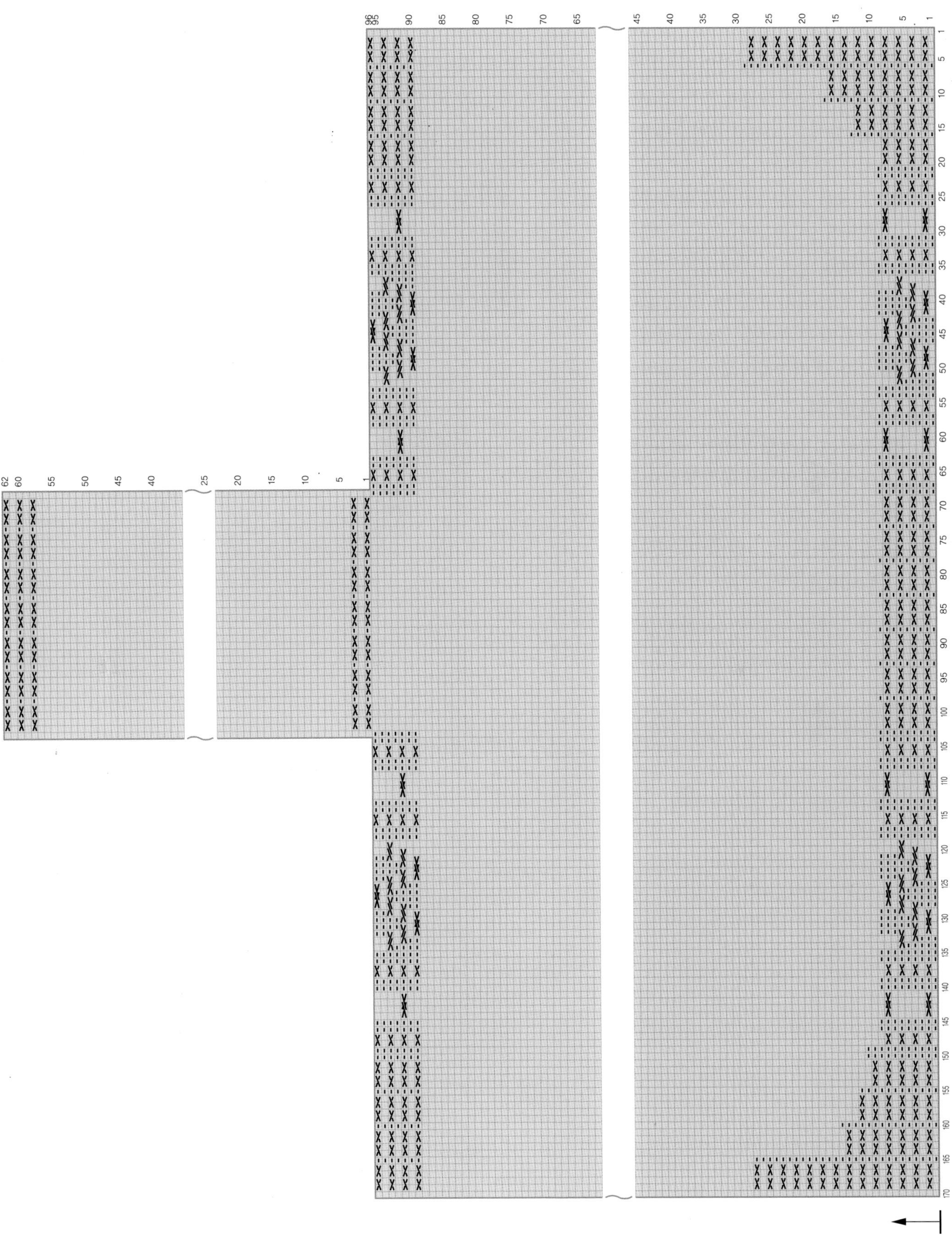

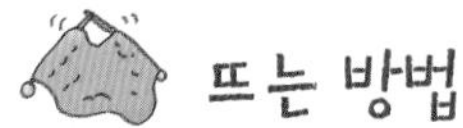

【소매】

① 흔들코 63코를 만들어 1코 고무뜨기 28단을 뜬 후 98코가 되게 늘린다.

② 양옆 가장자리에서 8-1-15(단-코-회) 늘여 128코가 되게 하고 126단까지 뜬다.

③ 127단에는 10코를 코막음하고 2단마다 3코, 2코, 1코-13회, 2코, 4코, 6코, 10코 순으로 줄여 28코가 되게 한다.

④ 28코를 42단 더 떠서 어깨판이 되게 만들고 양옆 단 부분을 앞 · 뒤판 어깨코에 붙여 소매 달기를 한다.

【모자】

① 목 부분에서 170코를 주어 96단 무늬뜨기하고 가운데 36코만 62단 더 뜬 후 마무리한다. 돗바늘로 가운데 뜬 부분을 양옆 부분에 붙인다.

② 모자 앞 가장자리에 털을 달아 장식한다.

【단뜨기】

① 속단은 10코를 만들어 860단을 떠서 오른쪽 앞판 밑단을 시작으로 모자 왼쪽 앞판 밑단까지 앞판 중심이 늘어지지 않게 덧단을 대 준다.

② 5코를 만들어 170단을 떠서 모자와 목 부분을 덧대서 늘어지지 않게 해 준다.

③ 앞 · 뒤 · 소매 등을 뜰 때 시작 첫 코는 반드시 뜬다.

【주머니】

① 겉 입구만 만들어 주고 속은 안감천으로 만들어 단다.

＊옷이 완성되면 밑실들은 풀어낸다.

참고하세요!

● 대바늘뜨기의 게이지 재는 법

게이지는 넓은 면적 내에서 잴수록 정확하지만, 보통 15~20cm 정사각형 모양으로 시험뜨기를 하고 가로 · 세로로 뜨개코를 매만진 다음 평평한 곳에 두고 안정시킨다.
중앙 10cm의 세로의 단수와 가로의 콧수를 세되, 게이지는 한 번이 아니라 장소를 바꾸어 몇 번 재어 평균된 정확한 수를 내도록 한다.

게이지를 재기가 어려운 무늬뜨기의 경우 – 콧수는 무늬 중앙에 자를 얹고 10cm를 그대로 위까지 연장하여 대바늘에 걸려 있는 콧수를 센다. 단수는 중앙 10cm를 가로로 이동하여 끝코의 단을 센다. 무늬에 따라서는 1무늬 단위의 콧수와 단수를 재고 10cm의 게이지를 산출해 내는 경우도 있다. 이를테면 1무늬의 콧수는 8코이고, 그것이 4cm이며 단수는 14단에서 5cm인 경우라면, 역산하여 10cm의 게이지는 20코, 28단이 되는 것이다.

게이지를 재기가 어려운 소재인 경우 – 부클레나 링얀처럼 뜨개코를 알아보기 나쁜 소재인 경우에는 5단째 또는 10단째마다 중앙의 10코에 다른 실(가늘고 튼튼하며 매끄러운 실)을 함께 떠 넣거나, 또는 실표를 붙여 두고 그 실표에 따라 잰다.

부분적으로 안코를 넣은 무늬인 경우 – 줄뜨기처럼, 부분적으로 안코를 1, 2코 넣은 무늬는 그대로 나기 쉽다. 이와 같이 가로로 퍼지는 뜨개코는 콧수를 잘라 없애고 단수는 끝올림한다. 반대의 경우는 콧수를 끝올림하고, 단수를 잘라 버린다.
또한 굵은 실로 뜨개코가 큰 경우는 우수리도 세어 콧수 · 단수를 계산하되 마지막에 잘라 버린다.

소 매

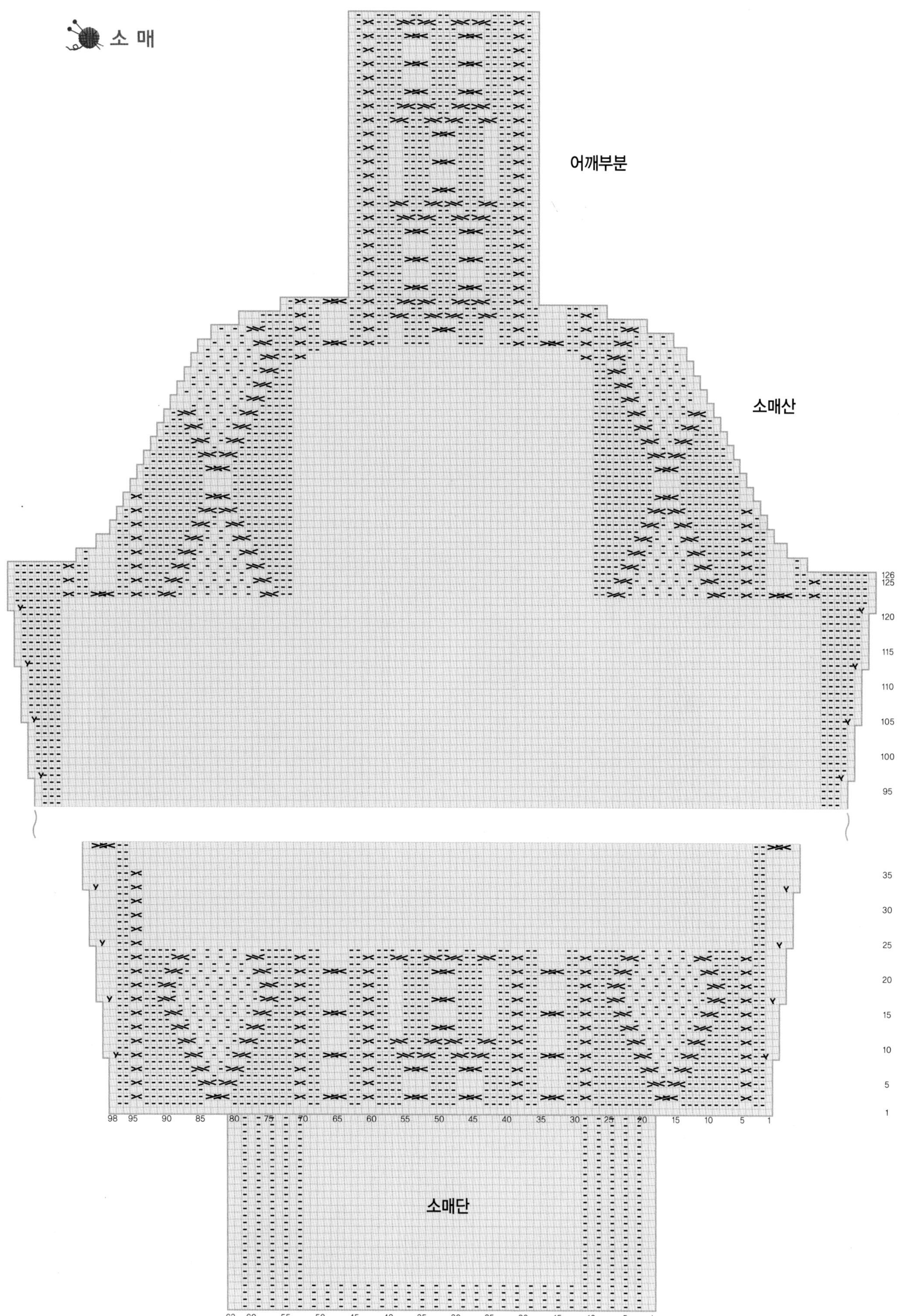

어깨부분
소매산
126
125
120
115
110
105
100
95
35
30
25
20
15
10
5
1
98 95 90 85 80 75 70 65 60 55 50 45 40 35 30 25 20 15 10 5 1
소매단
63 60 55 50 45 40 35 30 25 20 15 10 5 1

4 knitting

카키색 롱코트

1. 목단은 접는 목으로 차이나칼라를 만든다.
2. 주머니 입구만 뜨고, 주머니 속은 천으로 달아 겉으로 도드라 보이지 않게 한다.
3. 밑단은 이면뜨기로 넓지 않게 뜨고 앞중심단은 속단을 따로 떠서 덧붙인다.
4. 소매단은 꺾은단으로 소매단 뜰 때 무늬 겉과 안을 주의해서 뜬다.

카키색 롱코트

완성 치수

66 size

재료와 도구

실 중세사 순모(카키색)

바늘 대바늘 3.5mm(줄바늘 3.5mm), 돗바늘, 코바늘 3호

부속품 단추, 밑실, 안감 조금(주머니용)

뜨는 방법

【뒤판】

1. 밑실로 206코를 만든 후 본실로 216단을 무늬뜨기한다.
2. 217단부터는 18단 1코씩 4회 줄여 198코를 만들고 288단까지 뜬다.
3. 289단부터 소매둘레를 만드는데 10코를 코막음한 후 2단마다 4코, 3코, 2코-2회, 1코-3회 순으로 줄여 150코를 만들어 352단까지 뜬다.

【앞판】

1. 밑실로 121코를 만든 후 본실로 216단을 무늬뜨기한다.
2. 217단부터는 18단 1코씩 4회 줄여 117코를 만들고 288단까지 뜬다.
3. 192단부터 234단까지 주머니 입구를 뜬다.
4. 289단부터 소매둘레를 만드는데 10코를 코막음한 후 2단마다 4코, 3코, 2코-2회, 1코-3회 순으로 줄여 93코를 만들어 338단까지 뜬다.
5. 339단부터 앞목둘레를 만드는데 39코를 코막음한 후 2단마다 4코, 3코, 2코, 1코 순으로 줄여 44코를 만들어 352단까지 뜬다.
6. 오른쪽 앞판을 뜰 때 91단째, 137단째, 183단째, 229단째, 275단째, 321단째마다 단추구멍을 낸다.

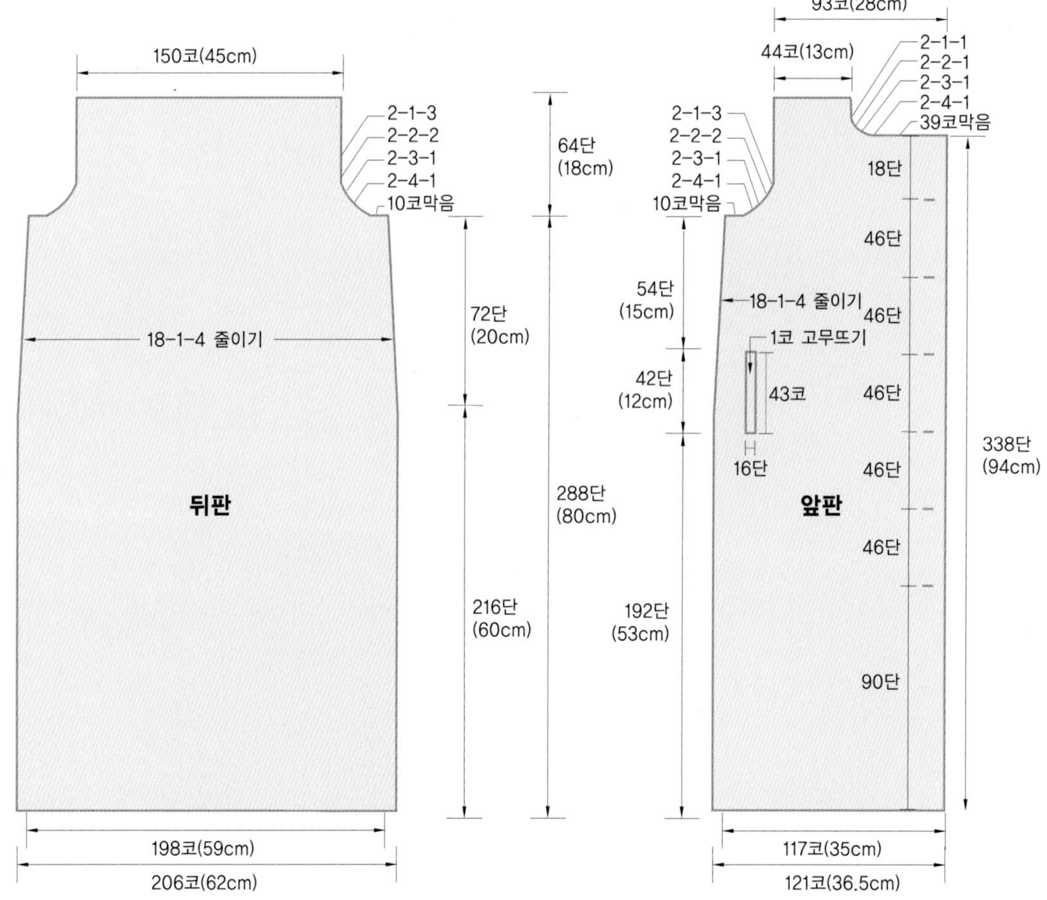

뒤 판 (무늬뜨기 시작)

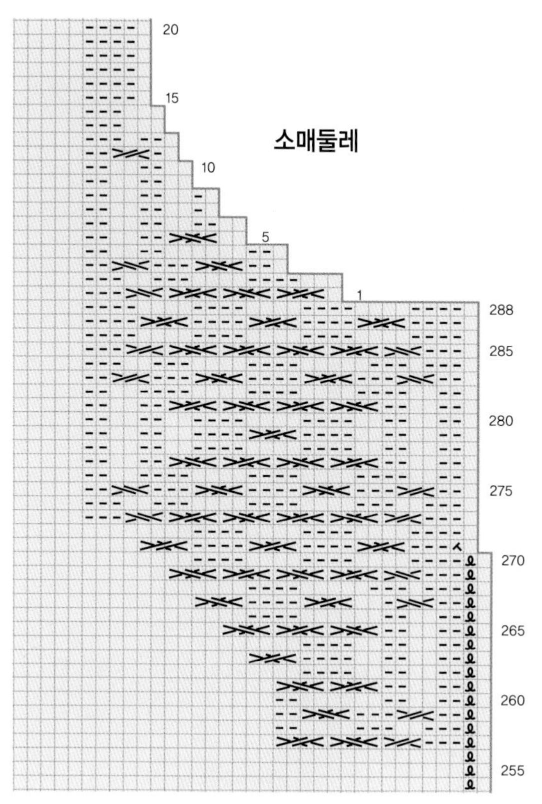

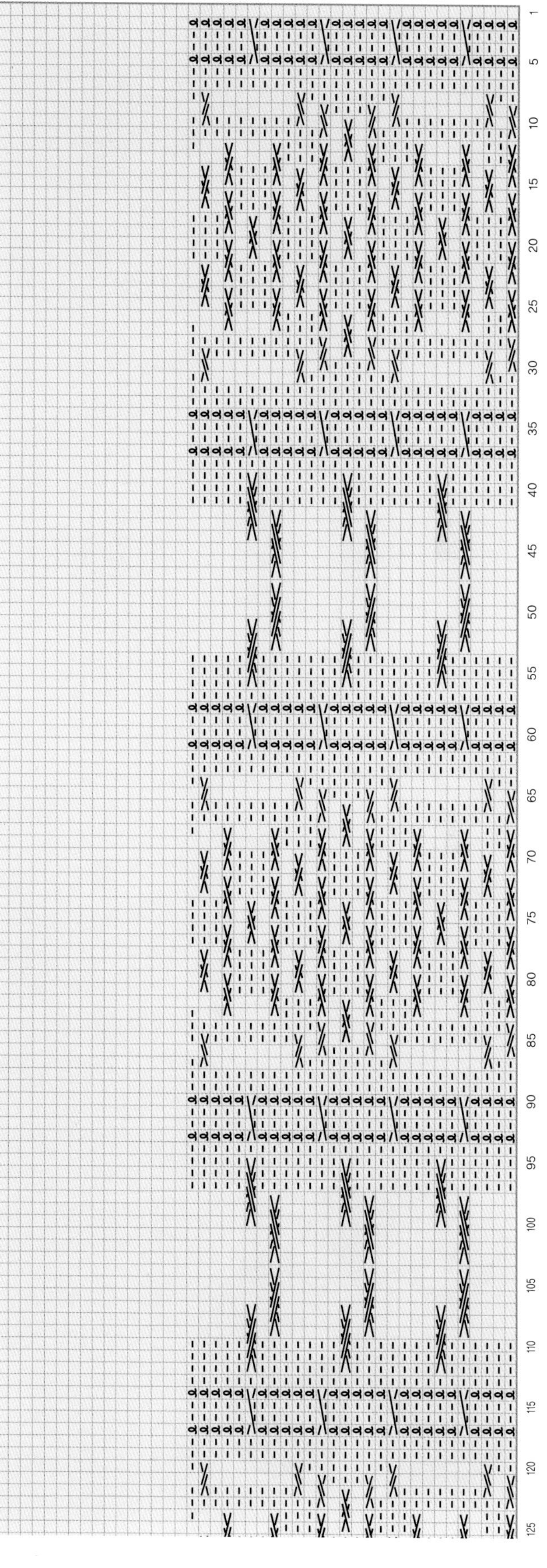

앞 판 (무늬뜨기 시작)

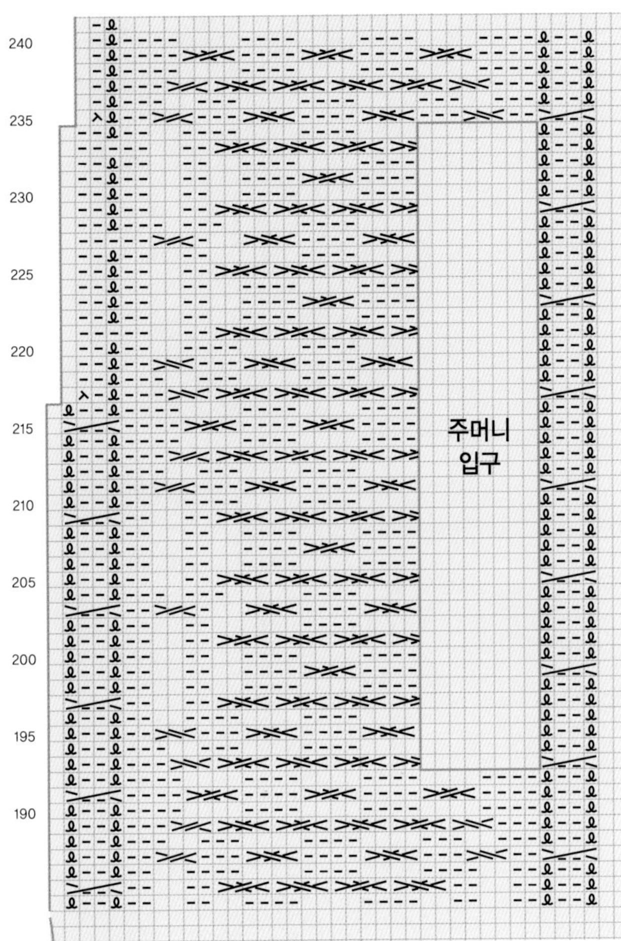

240
235
230
225
220
215
210
205
200
195
190
주머니
입구

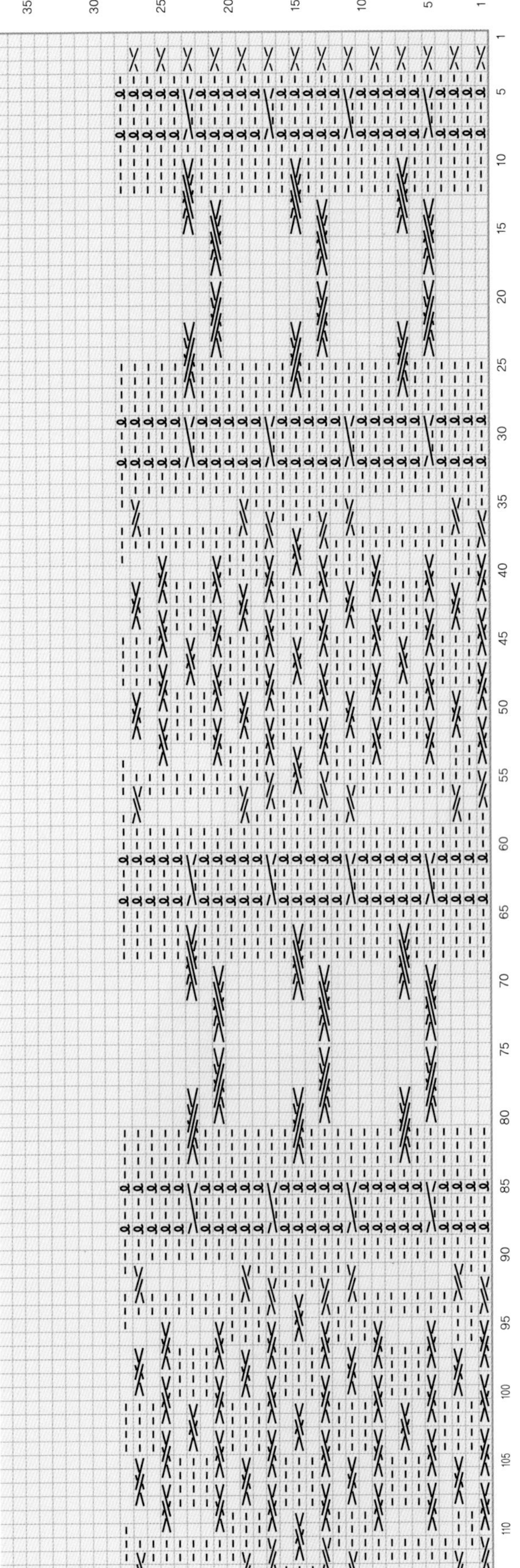

35
30
25
20
15
10
5
1

앞목둘레

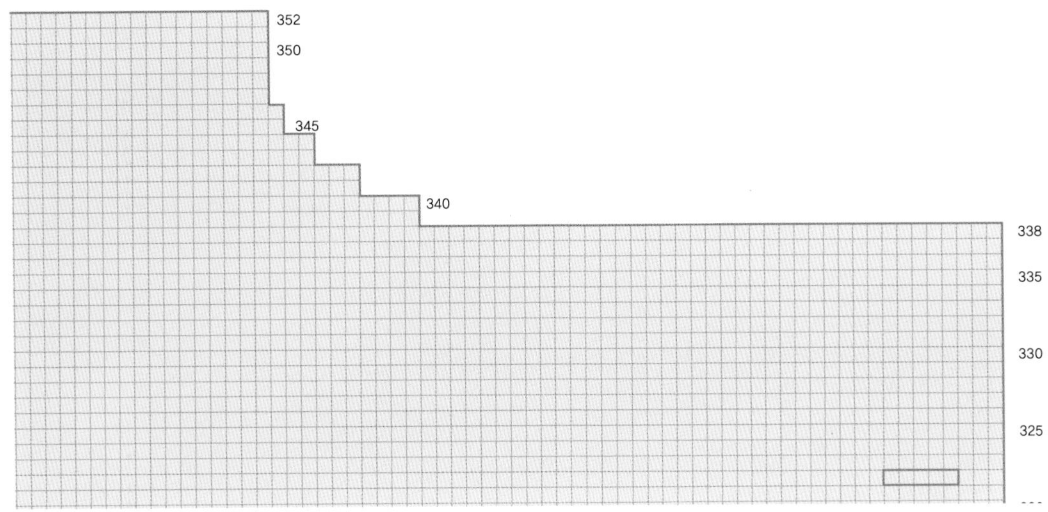

뜨는 방법

【소매】

1. 밑실로 94코를 만든 후 본실로 무늬뜨기 22단을 뜬다.
2. 23단째부터는 8단마다 1코씩 줄이기 14회 늘려 122코를 만들고 130단까지 뜬다.
3. 131단째부터 소매산을 만든다. 10코를 코막음한 후 2단마다 3코, 2코, 1코-15회, 2코-2회, 3코, 4코, 5코 순으로 줄여 30코를 만들어 48단을 더 뜬다.
4. 밑실로 시작했던 곳에서 100코를 주어 32단을 무늬뜨기하고 33단째 양옆으로 1코씩 늘려 102코가 되게 한 후 38단까지 뜨고 마무리한다. 끝단은 코바늘로 되돌아뜨기해서 장식한다.
5. ④는 접이단으로, 소매 윗부분의 안과 겉과 반대로 무늬뜨기한다.

122코(37cm)
30코(9cm)
2-5-1
2-4-1
2-3-1
2-2-2
2-1-15
2-2-1
2-3-1
10코막음
48단 (15.5cm)
소매
8-1-14 늘리기
130단 (41cm)
94코(28cm)
100코(28cm)
38단 (12cm)
100코(28cm)
102코(30cm)

【칼라】

1. 칼라는 목코 188코를 주어 96단 뜬 후 반으로 접어 붙인다.
2. 칼라 단추 구멍은 19단째 첫 구멍을 내고 35단째 두 번째 구멍을 낸다. 59단째 단추구멍을 내어 두 번째 단추구멍에 붙이고, 75단째 단추구멍을 내어 첫 번째 단추구멍과 붙인다.

【단뜨기】

1. 밑단은 앞 · 뒤판을 붙인 후 밑실부분에서 441코를 주어 이면뜨기 10단 뜬 후 돗바늘로 마무리한다.
2. 속단은 12코를 만든 후 388단 뜬 것 2장을 앞판 중심에 늘어지지 않게 붙인다.

소 매

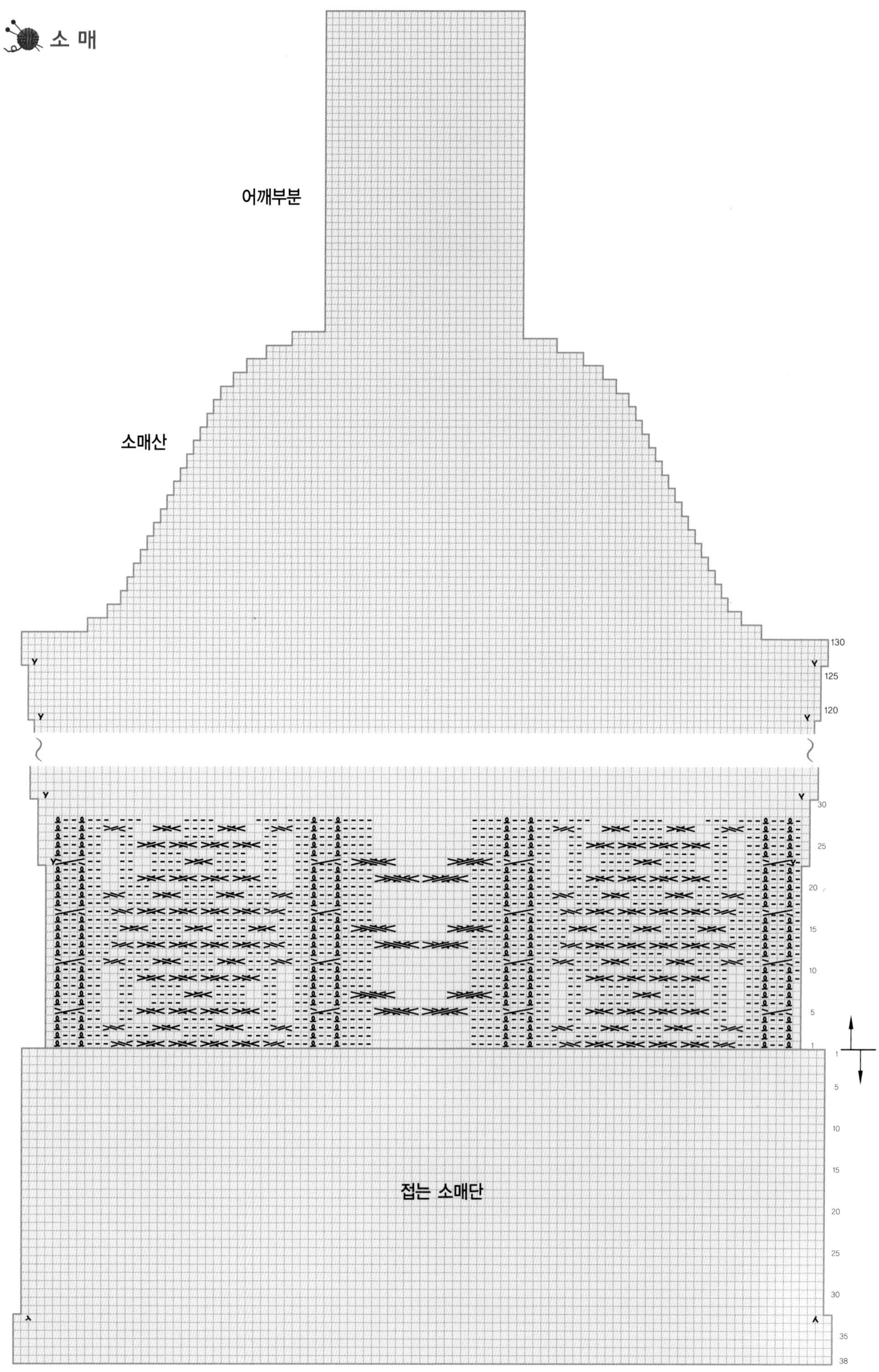

칼라

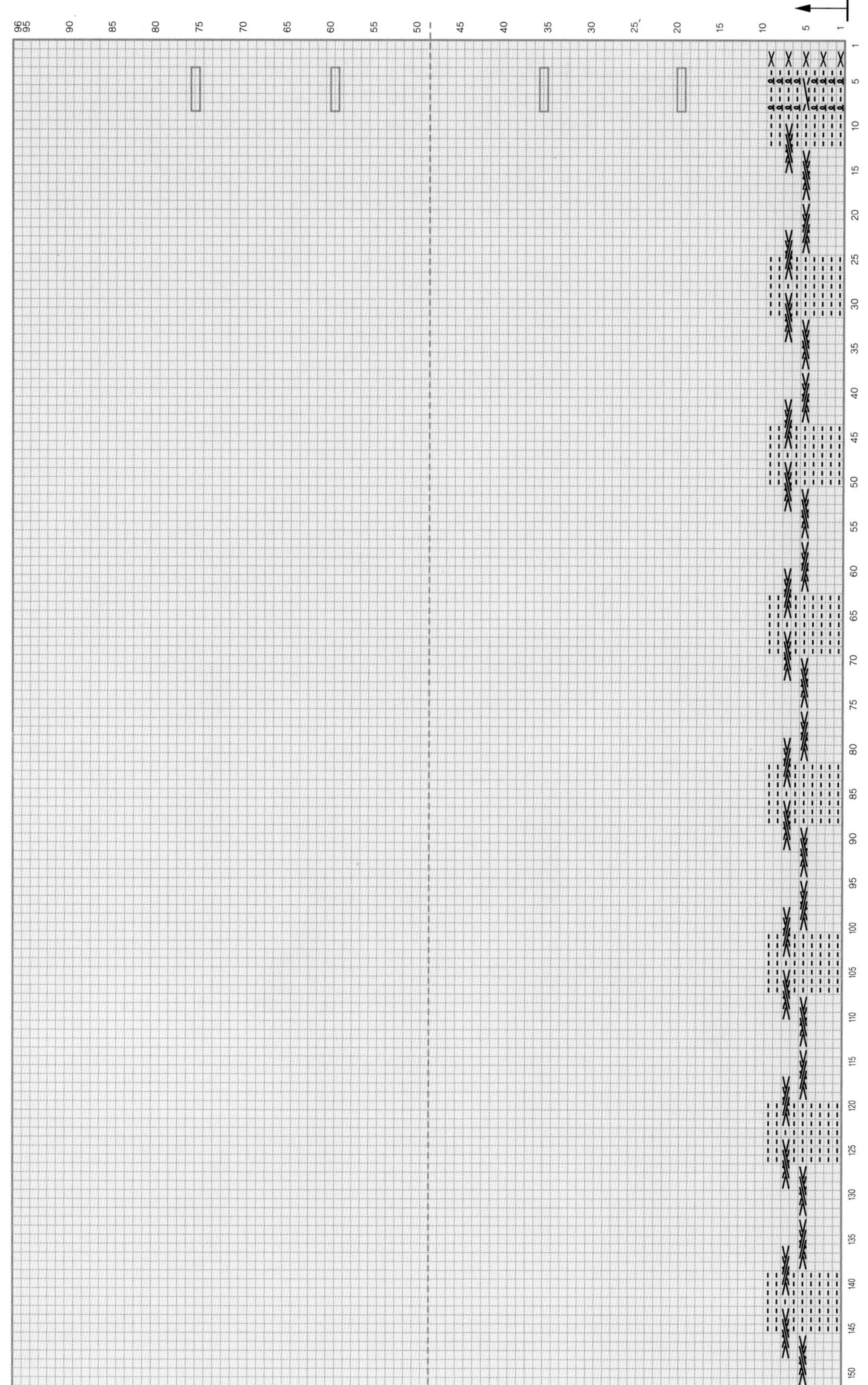

5 knitting

노란색 원피스

1. 라운드로 목선을 만들고 목단을 높게 떠서 반 폴라를 만든다.
2. 소매단은 접는 소매로 겉과 안이 바뀌는 걸 주의해서 뜬다.
3. 원피스 밑단은 코바늘로 되돌아짧은뜨기 한다.
4. 몸판 무늬뜨기

노란색 원피스

완성 치수
66 size

재료와 도구

실	순모(노란색)
바늘	대바늘 3mm(줄바늘 3mm), 돗바늘, 코바늘 3호
부속품	밑실

뜨는 방법

【뒤판】

1. 밑실로 170코를 만들고 본실로 88단까지 무늬뜨기를 한다.
2. 89단부터는 8단에 1코씩 양옆 가장자리에서 줄이기 9회하여 152코를 만들고 122단을 더 뜬다.
3. 283단부터는 소매둘레를 만드는데 12코를 막음한 후 2단마다 4코, 3코, 2코-2회, 1코-3회 순으로 줄여 100코 되게 하고 358단까지 뜬다.
4. 359단은 양어깨를 각 26코씩, 뒷목은 48코가 되게 나눈 후 어깨코 부분만 6단을 더 뜬다.

【앞판】

1. 밑실로 172코를 만들고 본실로 88단까지 무늬뜨기를 한다.
2. 89단부터는 8단에 1코씩 양옆 가장자리에서 줄이기 9회하여 154코를 만들고 122단 더 뜬다.
3. 283단부터는 소매둘레를 만드는데 13코를 막음한 후 2단마다 4코, 3코, 2코-2회, 1코-3회 순으로 줄여 100코 되게 하고 330단까지 뜬다.
4. 331단은 가운데 28코를 막음하여 가운데를 중심으로 양옆을 2단마다 4코, 3코, 2코, 1코 순으로 줄여 양어깨가 각 26코가 되게 하여 364단까지 뜨고 뒤판 어깨와 옆선을 붙여 몸판을 완성한다.

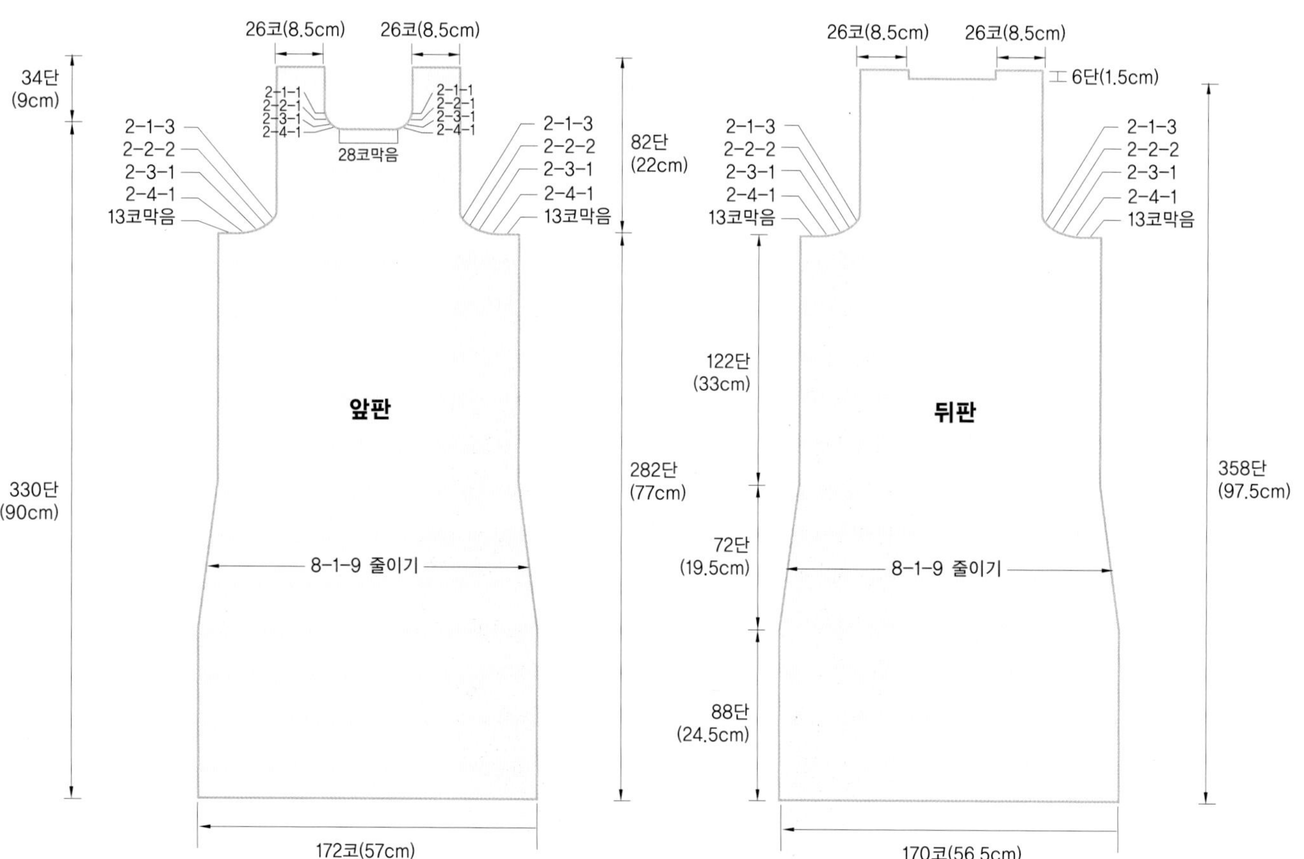

 뒤 판

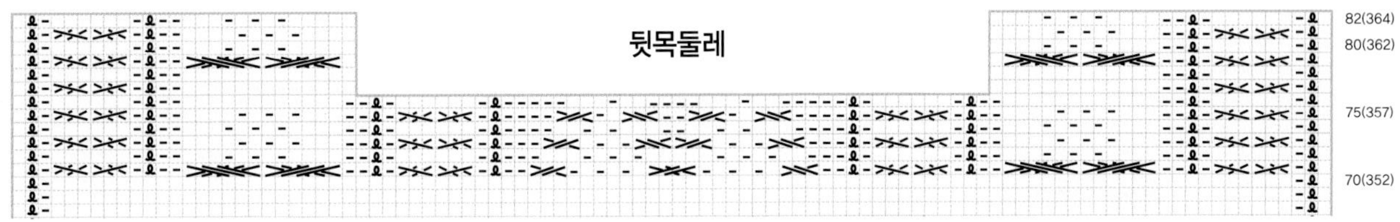
뒷목둘레
82(364)
80(362)
75(357)
70(352)

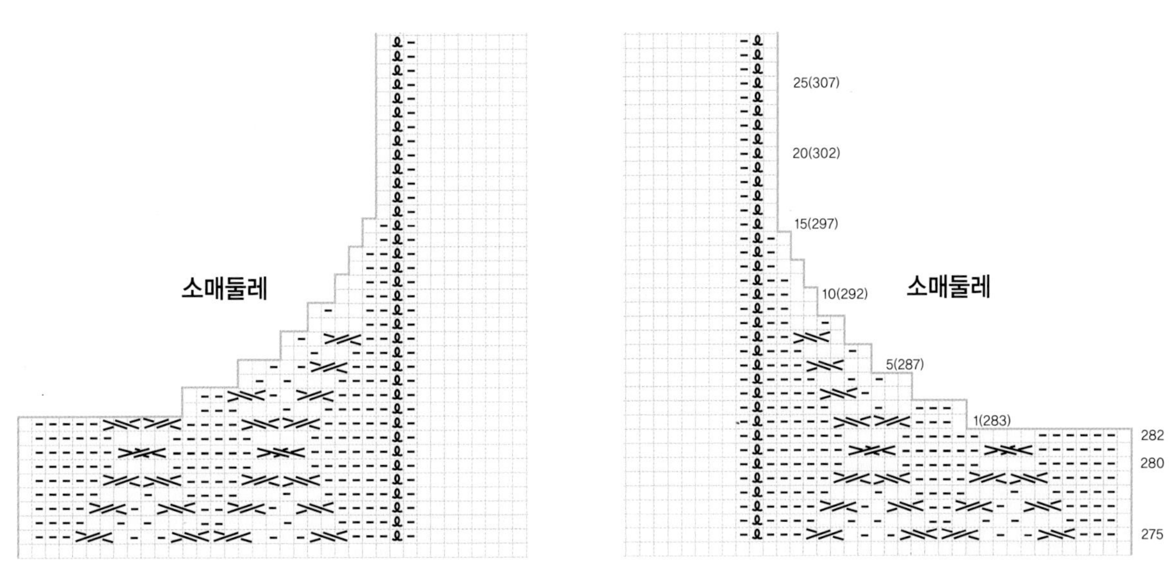
소매둘레
소매둘레
25(307)
20(302)
15(297)
10(292)
5(287)
1(283)
282
280
275

◆ 뒤판 무늬뜨기

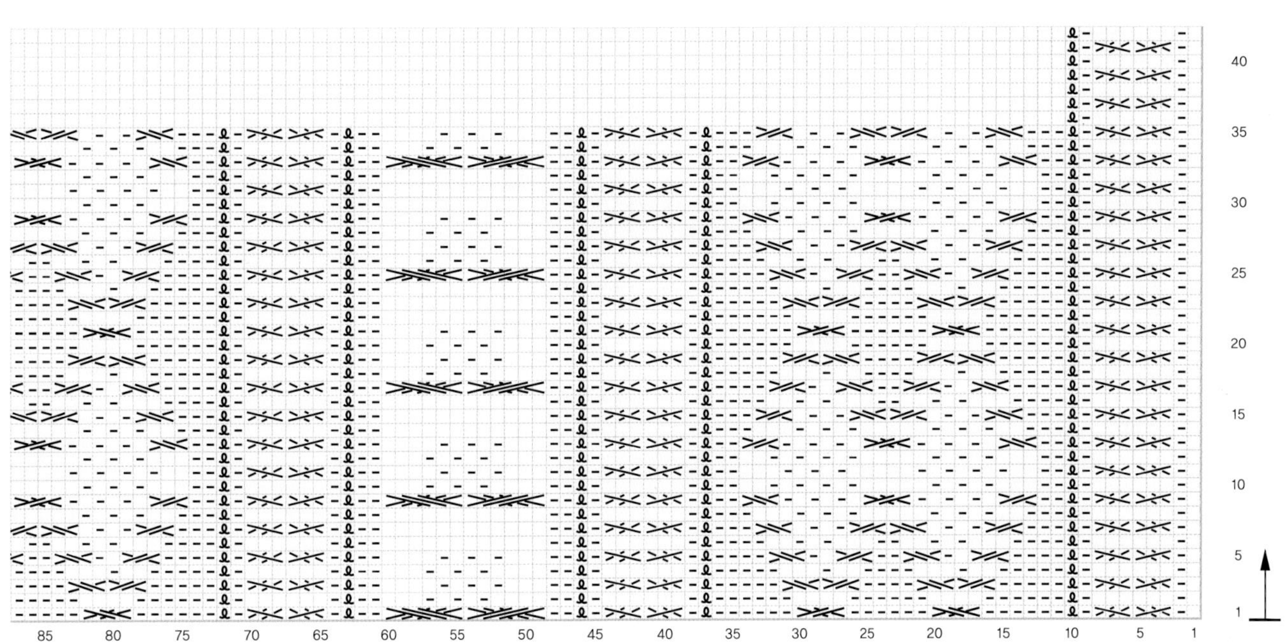
40
35
30
25
20
15
10
5
1
85 80 75 70 65 60 55 50 45 40 35 30 25 20 15 10 5 1

앞 판

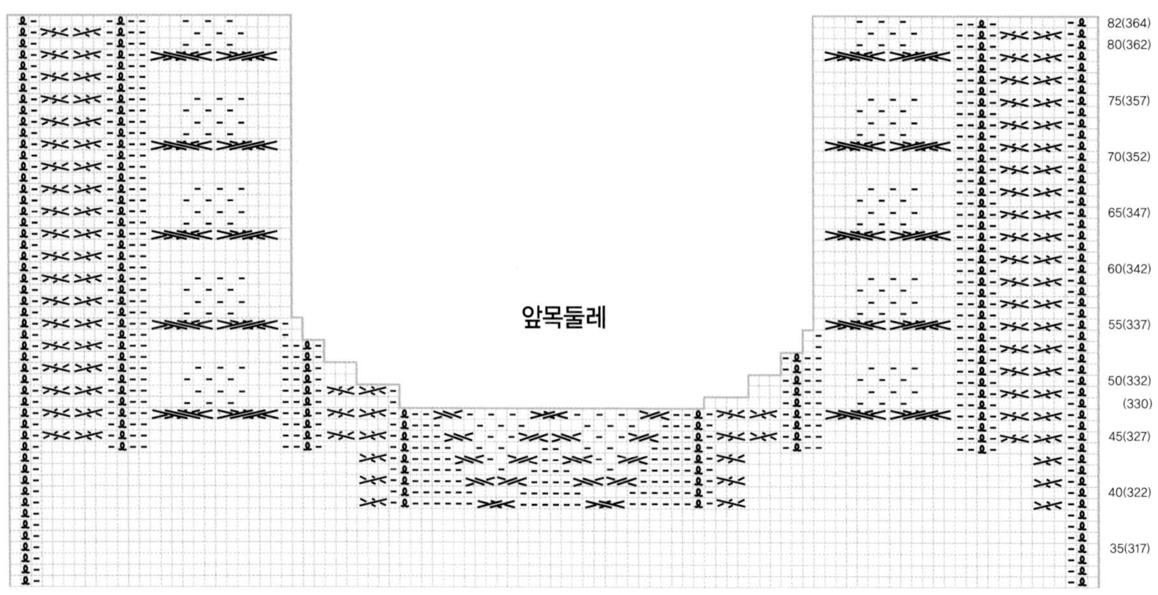

82(364)
80(362)
75(357)
70(352)
65(347)
60(342)
55(337)
앞목둘레
50(332)
(330)
45(327)
40(322)
35(317)

◆ 앞판 무늬뜨기

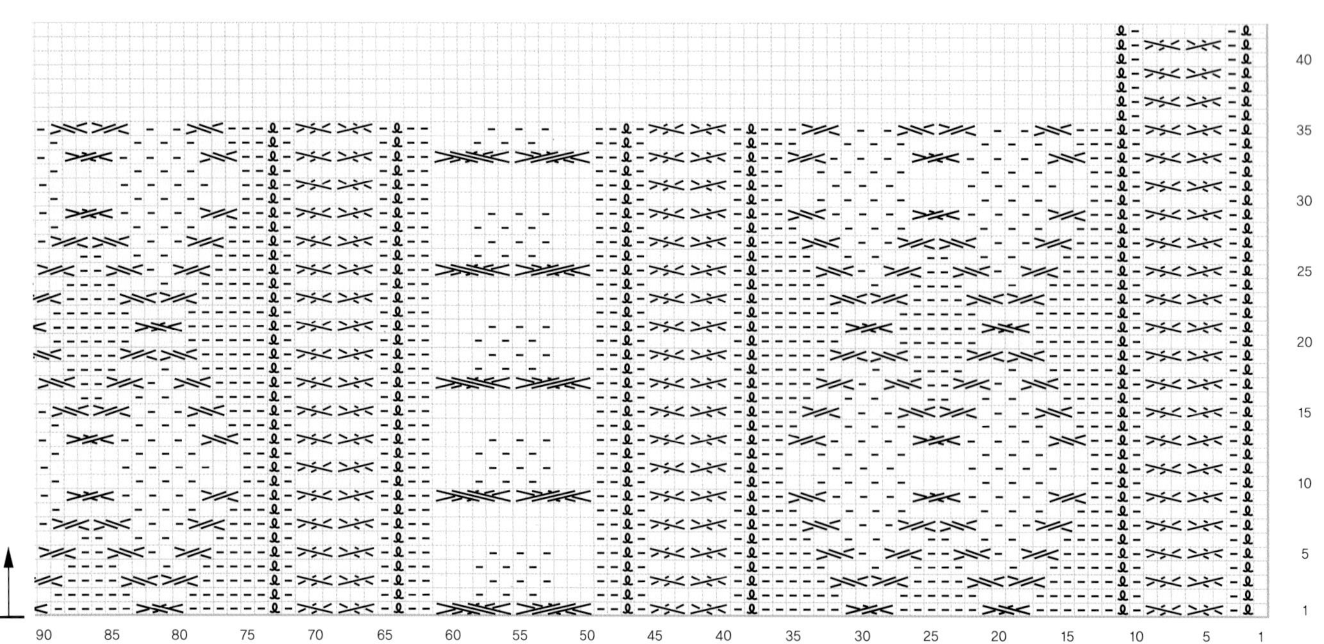

40
35
30
25
20
15
10
5
1
90
85
80
75
70
65
60
55
50
45
40
35
30
25
20
15
10
5
1

뜨는 방법

【소매】

① 밑실로 78코를 만들고 본실로 무늬뜨기하며 6단마다 가장자리 양옆으로 1코씩 늘리기 16회, 8단마다 1코씩 늘리기 9회해서 128코가 되게 168단까지 뜬다.

② 169단부터는 소매산을 만드는데 12코를 막음한 뒤, 2단마다 3코, 2코, 1코-15회, 2코, 3코 순으로 줄이고 마무리한다.

③ 밑실 시작 부분에서 78코를 주어 윗부분의 안과 겉을 바꾸어 무늬뜨기하는데 6단마다 1코씩 양옆 가장자리에서 늘리기 4회해서 86코가 되게 40단까지 뜬 다음 코바늘로 되돌아짧은뜨기로 마무리한다.

【단뜨기】

① 목단은 158코를 주어 1코 고무뜨기를 53단 뜨고 반으로 접어 감침질한다.

② 몸판 밑단은 밑실을 풀어내고 코바늘로 되돌아짧은뜨기해서 마무리한다.

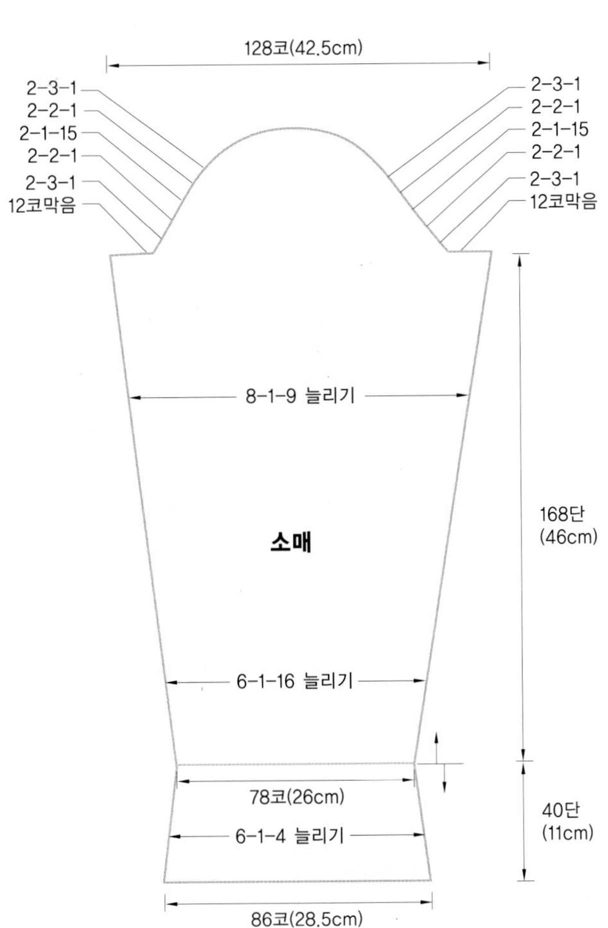

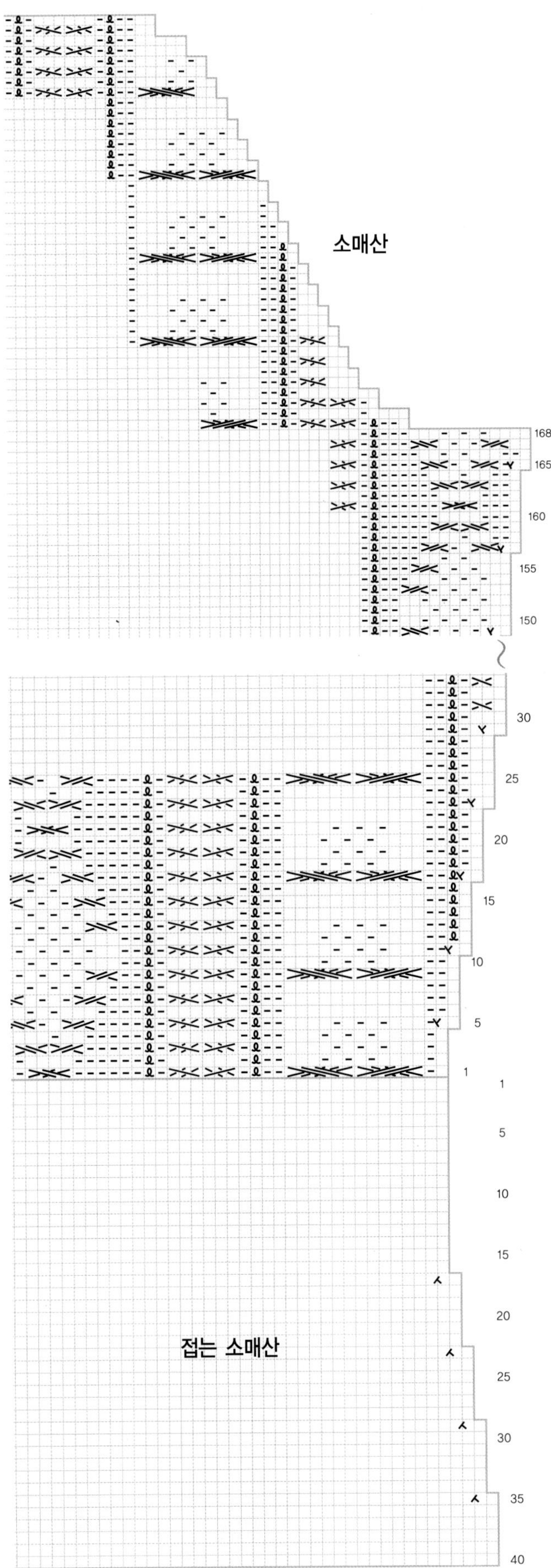

6 knitting

벽돌색 반코트

1. 앞판과 앞중심단은 같이 뜨고 속단은 따로 떠서 돗바늘로 붙인다.
2. 목단은 4코 꼬아뜨기로 길게 떠서 반으로 접어 붙인다.
3. 소매산과 몸판 소매둘레단과 일치하므로 돗바늘로 붙인다.
4. 소매 끝단은 접는 단으로 겉과 속을 주의해서 뜬다.

벽돌색 반코트

완성 치수

88 size

재료와 도구

실 순모 중세사(벽돌색), 밑실

바늘 2.5mm 줄바늘, 3.5mm 줄바늘, 돗바늘, 코바늘 3호

부속품 단추(10개), 주머니용 안감 조금

뜨는 방법

【뒤판】

❶ 3.5 줄바늘과 밑실로 184코 시작코를 만들고 본실로 무늬뜨기를 52단 뜨면 2.5mm 줄바늘로 3면에서 292코를 주어 이면뜨기로 18단 뜬 뒤 돗바늘로 마무리한다.

＊단뜨기가 끝나면 밑실은 풀어낸다.

❷ ❶이 되면 양옆 이면뜨기 단에서 각 9코씩 주어 202코가 되게 한 뒤 118단을 떠올리는데 10단마다 양옆 가장자리에서 각 1코씩 줄이기를 11회한다.

❸ ❷까지 되면 소매둘레를 만드는데 먼저 8코를 막음한 뒤 1단마다 1코씩 줄이기 22회하고 2단마다 1코씩 줄이기 37회하여 46코가 되게 한 뒤 막음코로 마무리한다.

【앞판】 – 한쪽면

❶ 3.5mm 바늘과 밑실로 106코 시작코를 만들고 본실로 무늬뜨기를 52단 뜨면 2.5mm 바늘로 2면에서 163코를 주어 이면뜨기를 18단 뜬 뒤 돗바늘로 마무리한다.

＊단뜨기가 끝나면 밑실은 풀어낸다.

❷ ❶이 되면 이면뜨기 단에서 9코를 주어 115코가 되게 한 뒤 12단을 뜬 다음 주머니 입구를 만드는데 앞중심을 기준으로 80코만 무늬뜨기를 하며 48단 뜨고 나면 주머니 입구 쪽에서 2.5mm 바늘로 48코를 주어 1코 고무뜨기 16단을 뜬 뒤 돗바늘로 마무리한다.

❸ ❷가 끝나면 남겨두었던 33코를 주머니 한쪽 입구 단에 붙여 무늬뜨기하면서 48단을 뜨는데 뒤판처럼 옆구리 쪽으로 10단마다 1코씩 줄인다.

❹ ❸이 다 되면 먼저 떠 두었던 부분과 연결해서 주머니 입구를 완성하고 58단을 더 뜬 후 소매둘레를 만드는데, 8코 막음한 뒤 1단마다 1코씩 줄이기 18회, 2단마다 1코씩 줄이기 39회 한다.

❺ 8코 막음한 후로 60단이 되면 앞목을 만드는데, 먼저 16코를 막음하고 2단마다 4코, 3코, 2코, 1코–15회하여 모든 코를 없앤다.

❻ 다른 쪽도 ❶~❺까지의 순서로 뜬다.

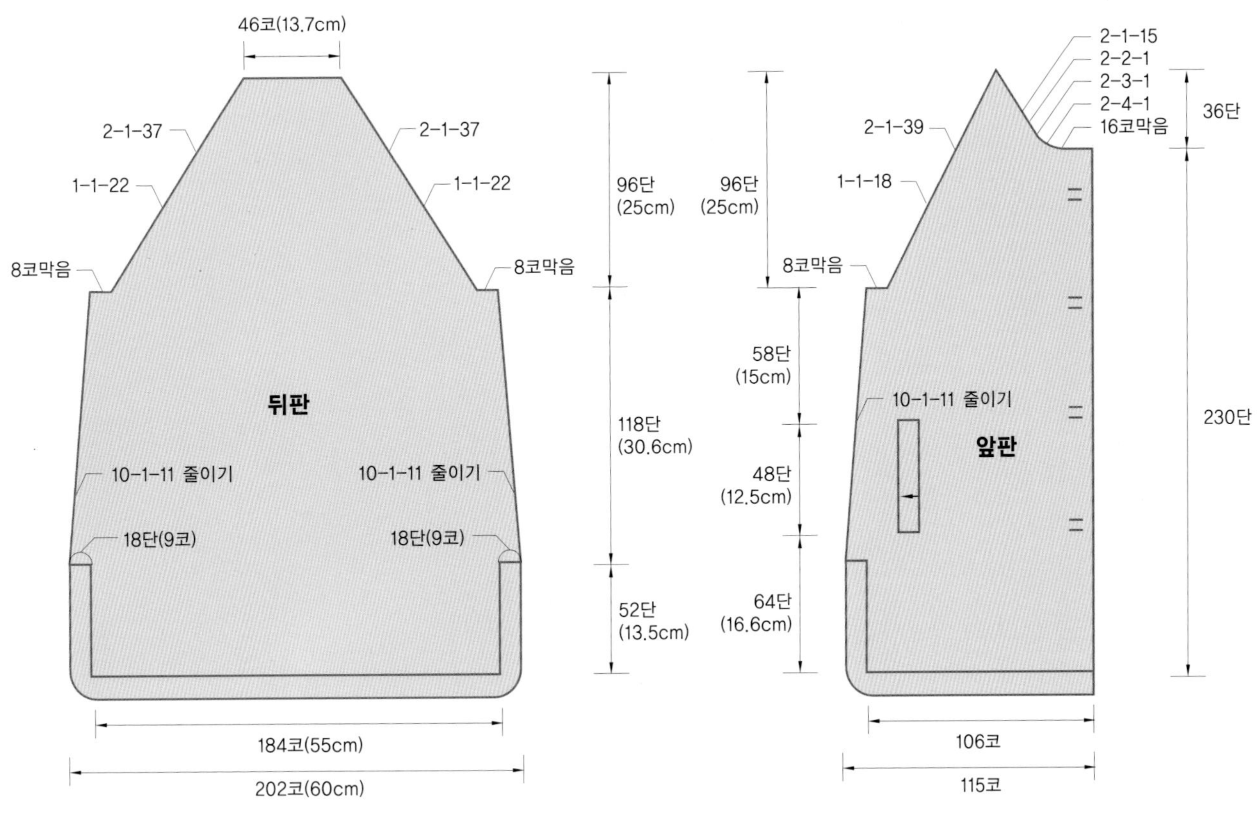
46코(13.7cm)
2-1-37
2-1-37
1-1-22
1-1-22
8코막음
8코막음
뒤판
10-1-11 줄이기
10-1-11 줄이기
18단(9코)
18단(9코)
184코(55cm)
202코(60cm)
96단
(25cm)
118단
(30.6cm)
52단
(13.5cm)
96단
(25cm)
58단
(15cm)
48단
(12.5cm)
64단
(16.6cm)
2-1-15
2-2-1
2-3-1
2-4-1
16코막음
36단
2-1-39
1-1-18
8코막음
10-1-11 줄이기
앞판
230단
106코
115코

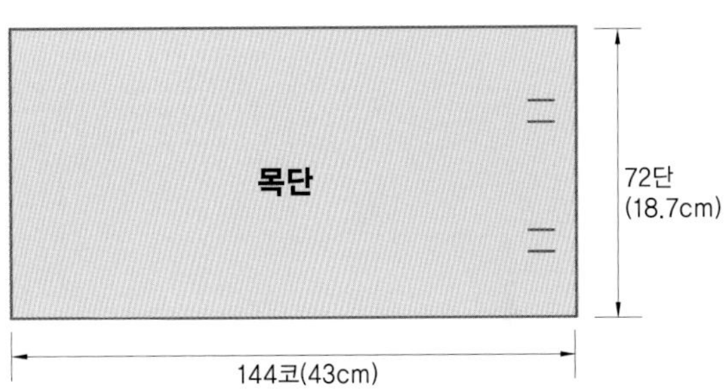
목단
72단
(18.7cm)
144코(43cm)

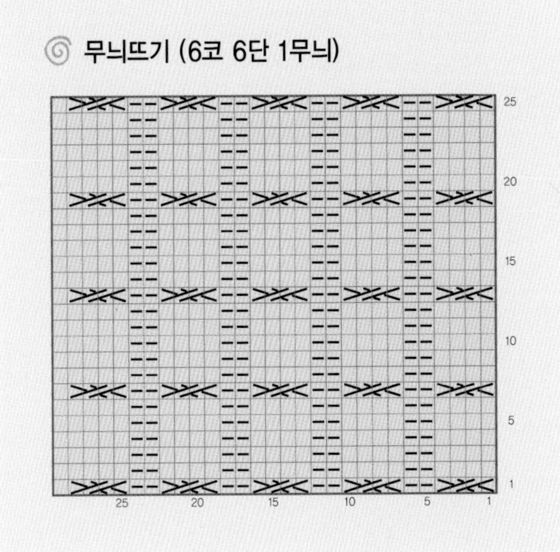
무늬뜨기 (6코 6단 1무늬)

뒤 판

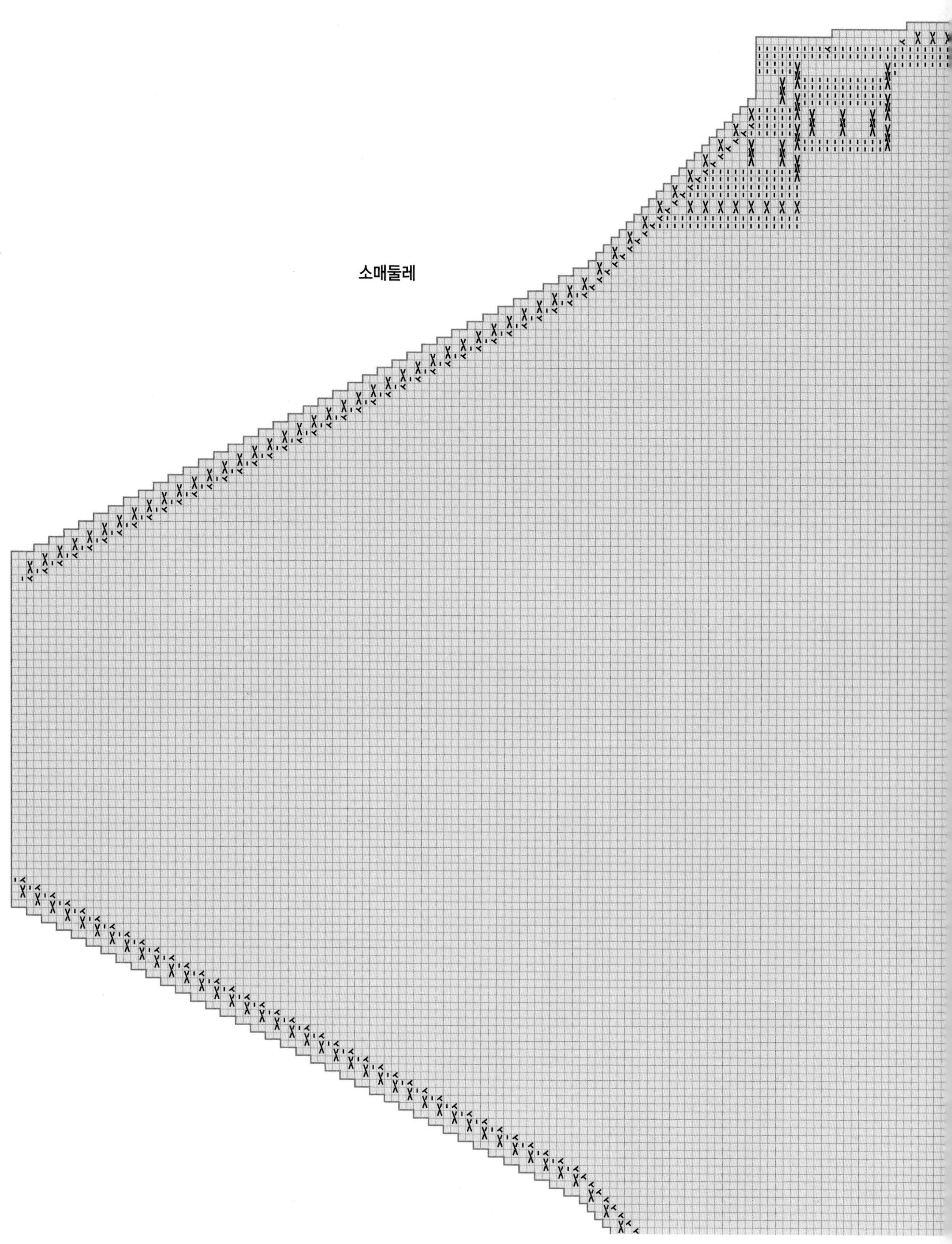

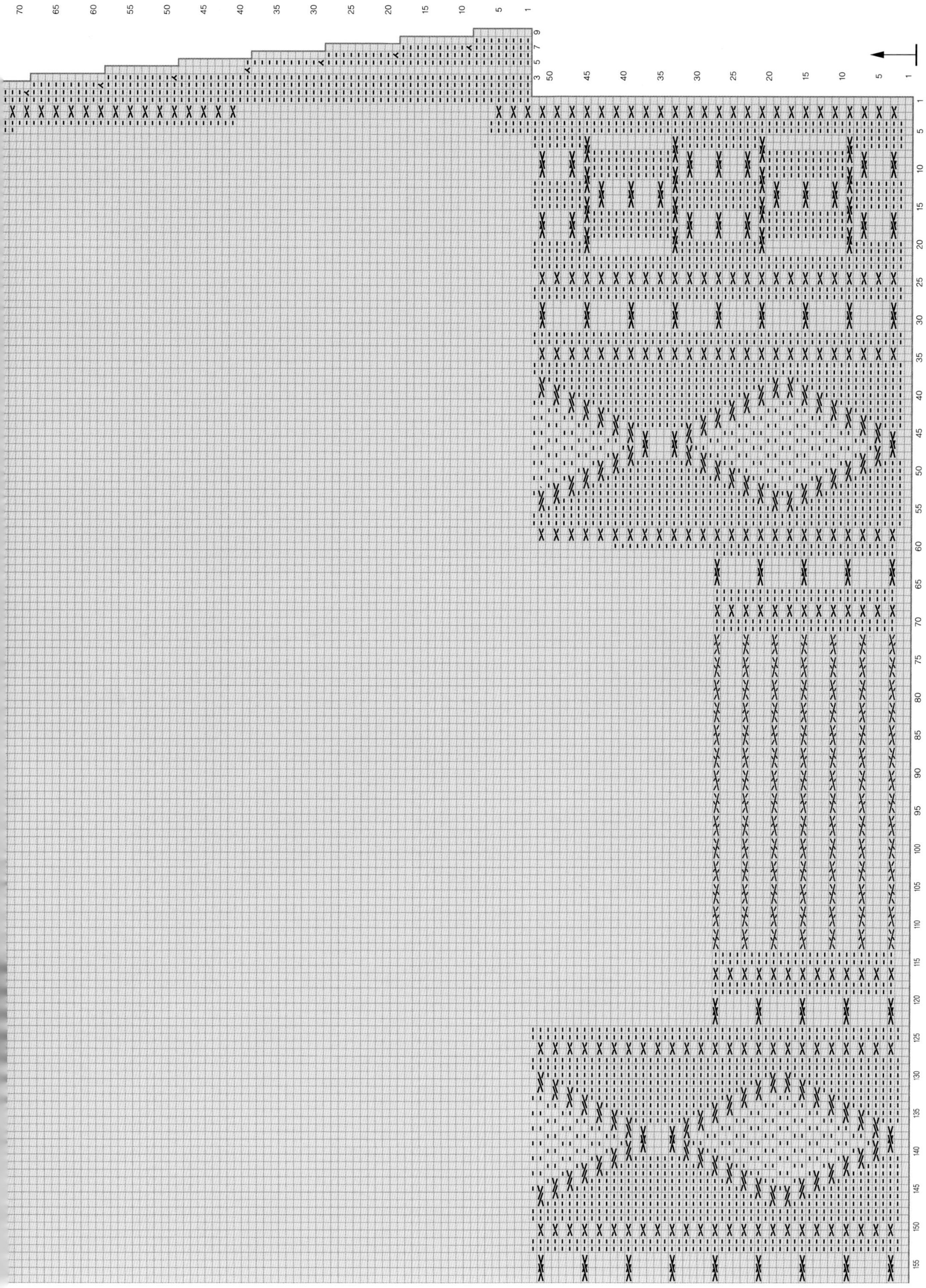

앞 판

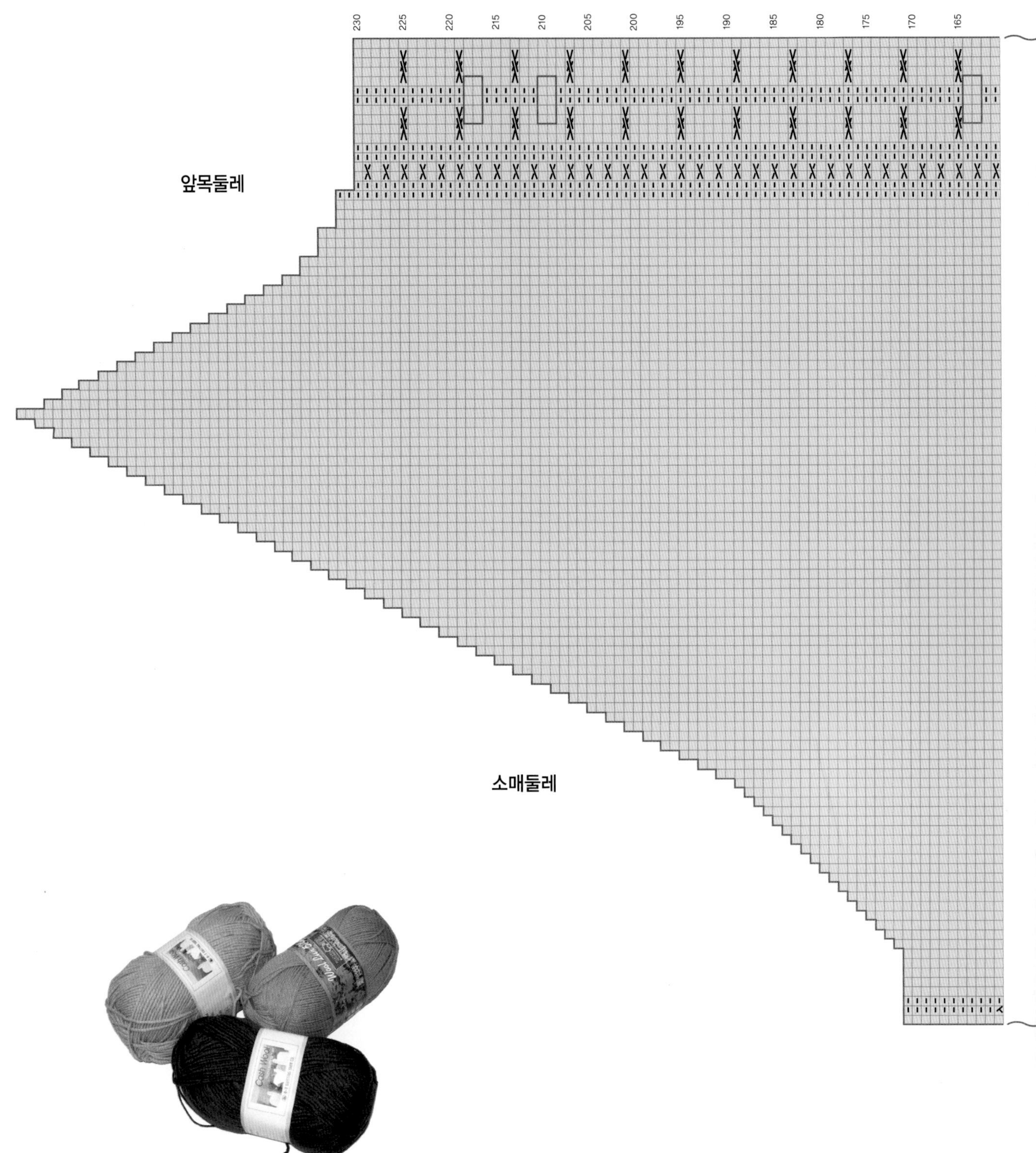

230
225
220
215
210
205
200
195
190
185
180
175
170
165
앞목둘레
소매둘레

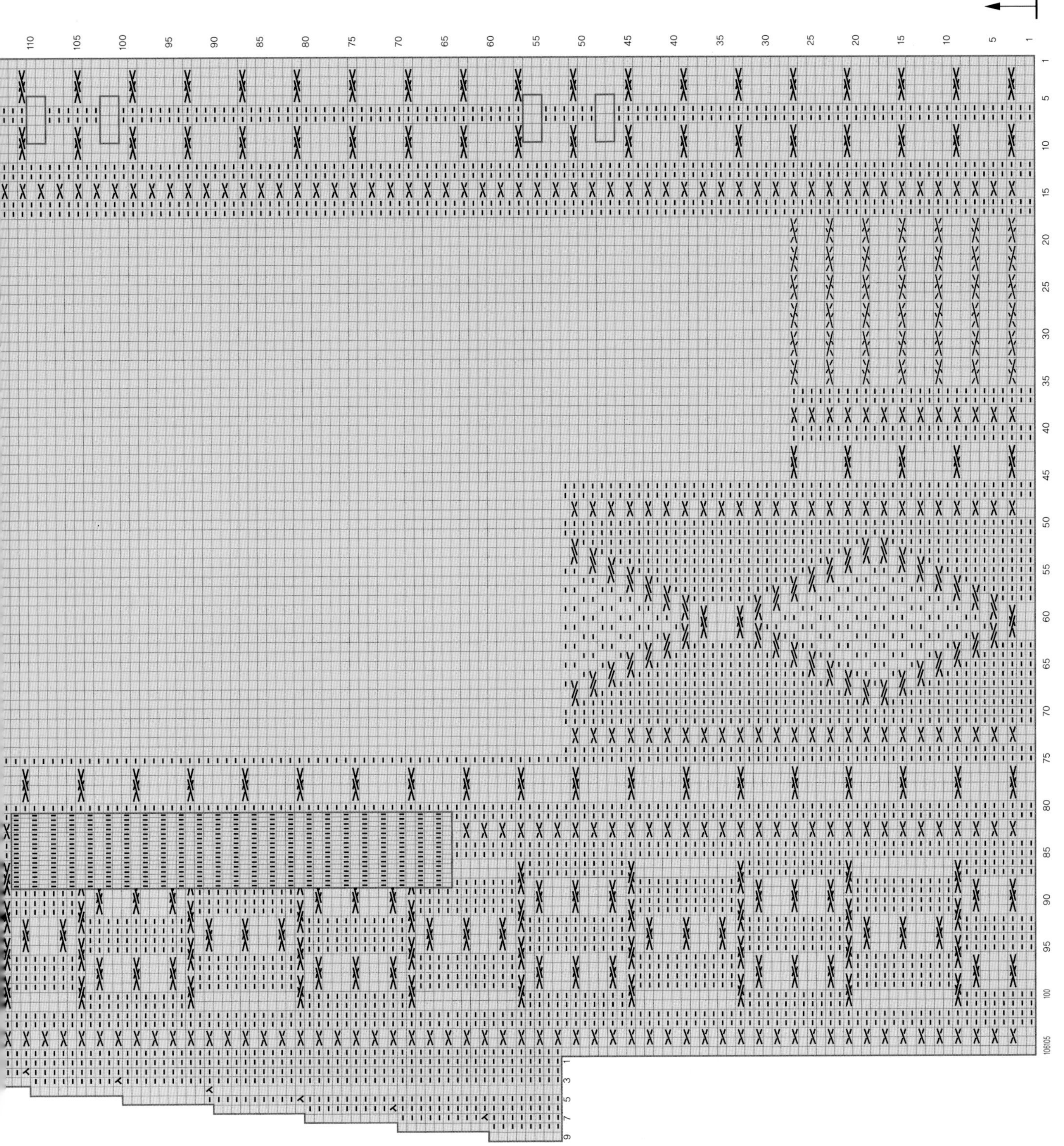

뜨는 방법

【소매】

① 3.5mm 바늘과 밑실로 96코를 만든 후 본실로 무늬뜨기를 156단 뜨는데 8단마다 양옆 가장자리에서 1코씩 늘리기 18회한다.

② ①이 다 되면 소매산을 만드는데 8코를 막음한 뒤 1단에 1코씩 줄이기 4회하고 2단마다 1코씩 줄이기 46회하여 18코가 되면 막음코로 마무리한다.

③ 밑실 시작 부분에서 3.5mm 바늘로 96코를 주어 무늬뜨기 16개로 시작하여 42단 뜨는데 12단마다 양옆 가장자리에서 1코씩 늘리기를 3회한다.

④ ③은 꺾는 단이므로 윗단과 달리 안과 겉이 반대되게 뜨고, 마지막은 막음코 처리 후 코바늘을 이용하여 되돌아뜨기로 장식한다.

【목단】

① 앞 · 뒤 소매둘레 부분을 돗바늘로 모두 붙이고, 3.5mm 바늘로 목둘레코 144코를 주어 무늬뜨기를 72단 뜨고, 반으로 접어 목단 시작 부분에 감침질한다.

② 앞판 속단은 각 10코씩 만들어 230단 메리야스뜨기해서 돗바늘로 붙인다.

③ 속단까지 붙이고 나면 코바늘로 되돌아뜨기해서 앞 중심선을 장식한다.

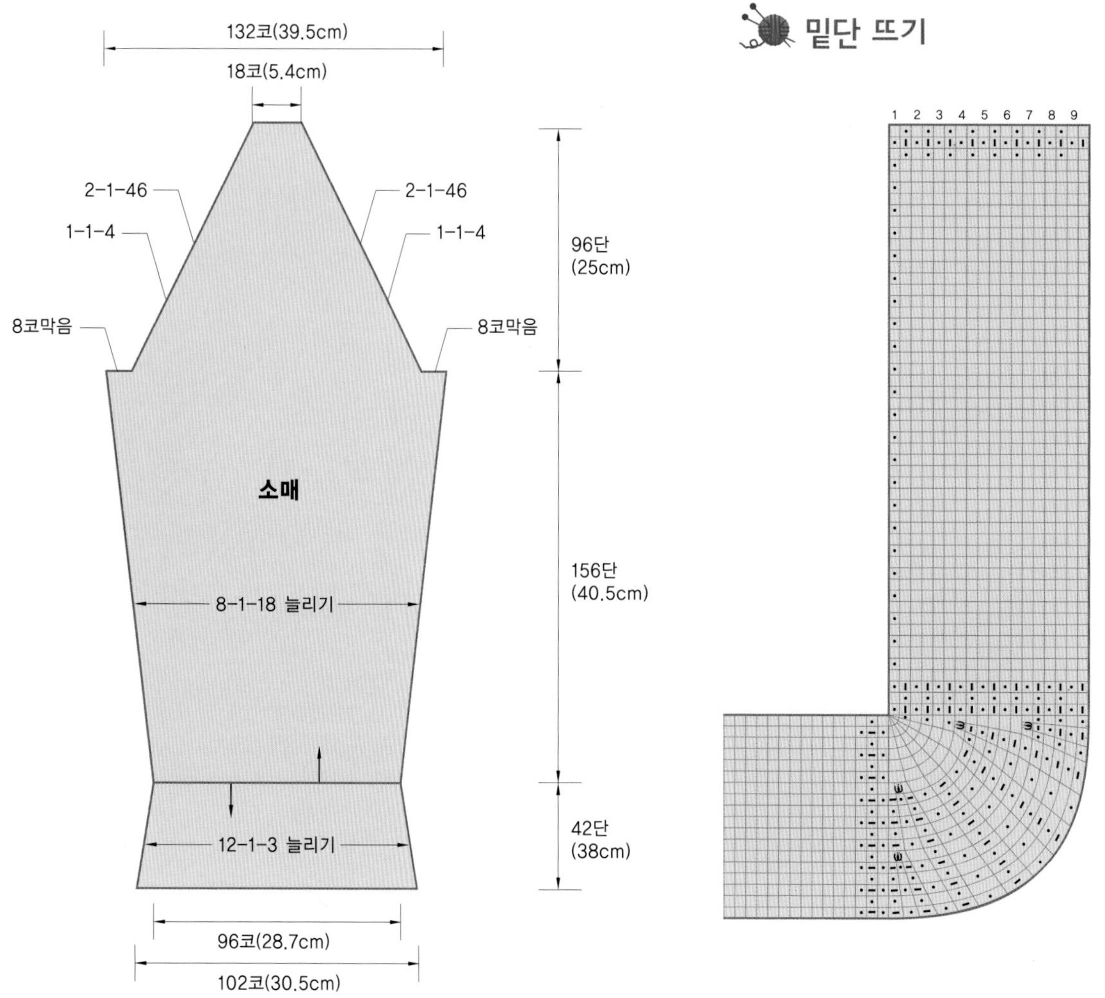

소 매

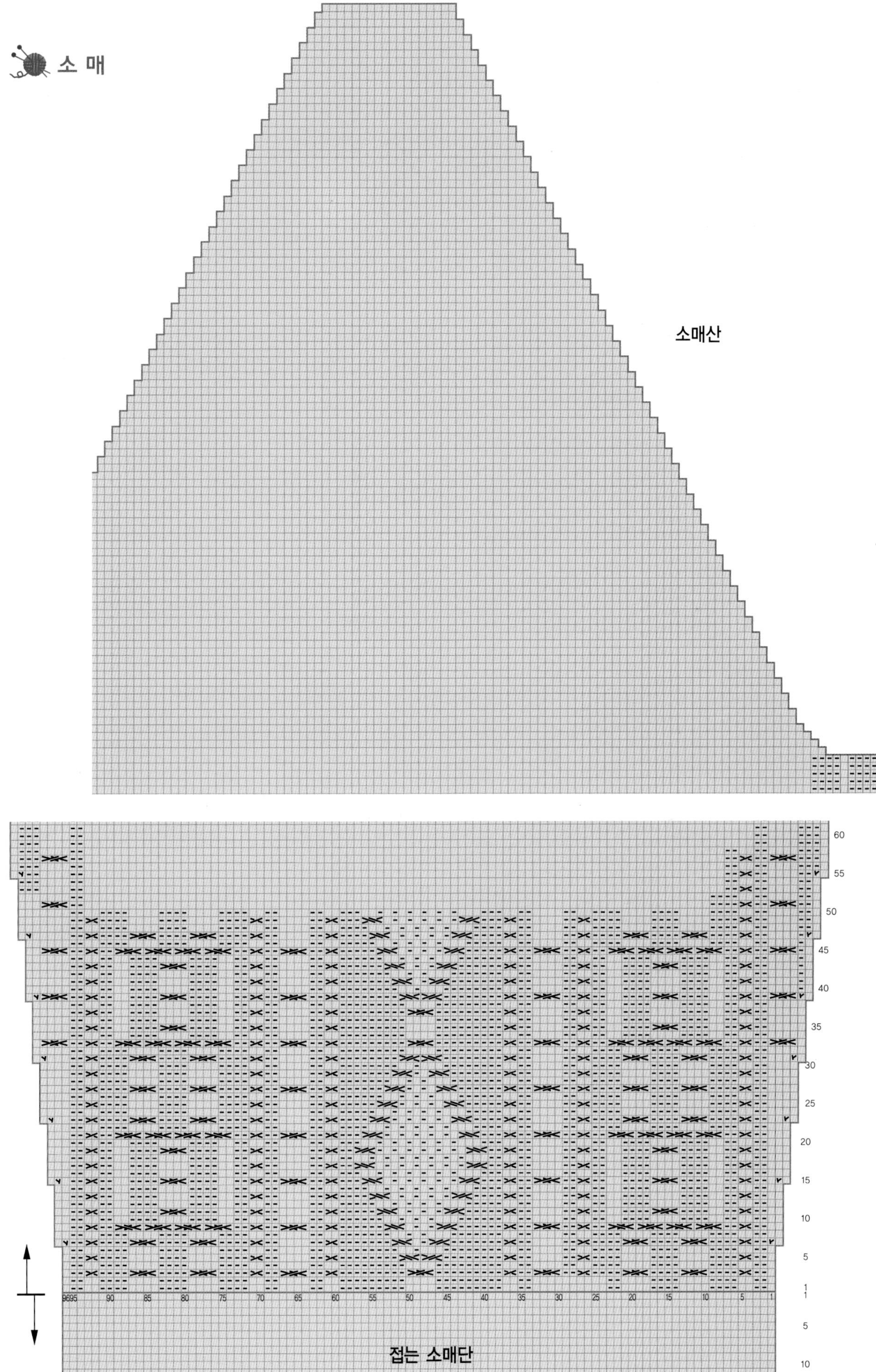

소매산
156
155
60
55
50
45
40
35
30
25
20
15
10
5
1
96 95
90
85
80
75
70
65
60
55
50
45
40
35
30
25
20
15
10
5
1
접는 소매단

7 knitting

분홍색 정장 투피스

1. 칼라와 목둘레 부분
2.앞중심단은 2코 고무뜨기로 한다.
3. 치마 고무 밸트 부분
4. 치마 밑단은 코바늘(피코뜨기)로 장식한다.

분홍색 정장 투피스

완성 치수

88 size

재료와 도구

실 순모 중세사(분홍색), 밑실

바늘 2.5mm 대바늘, 2.5mm 줄바늘, 3mm 대바늘, 3mm 줄바늘, 돗바늘, 코바늘 2호

부속품 단추 4개

뜨는 방법

【뒤판】

① 2.5mm 대바늘로 흔들코 182코 시작코로 2코 고무뜨기를 10단 뜨고, 11단째는 3mm 대바늘로 바꿔서 무늬뜨기를 110단 뜨는데 10단마다 양옆으로 각 1코씩 줄이기 6회해서 170코가 되게 한다.

② 121단부터 소매둘레를 만드는데 13코 막음 후 2단마다 4코, 3코, 2코-2회, 1코 순으로 줄여 120코가 되게 한 뒤 62단을 뜬다.

③ 63단에는 양어깨코 34코씩 뒷목코 52코가 되게 나눈 뒤 어깨코 34코만 6단씩 더 뜨고 마친다.

【앞판】

① 3mm 바늘로 밑실을 이용해 91코를 만든 뒤 본실로 무늬뜨기를 하는데, 앞중심 부분은 2단에 1코 늘리기 5회하고 옆구리 쪽으로는 10단마다 1코 줄이기 6회하여 90코가 되게 한 후 110단까지 뜬다.

② 111단의 앞중심 부분은 2코를 늘려주고, 옆구리쪽에는 소매둘레를 만드는데 13코 막음 후 2단마다 4코, 3코, 2코-2회, 1코 순으로 줄여 67코가 되게 하여 60단을 뜨고, 61단째에는 34코 어깨코만 8단 더 뜬 후 뒤판 어깨와 바로 붙인다.

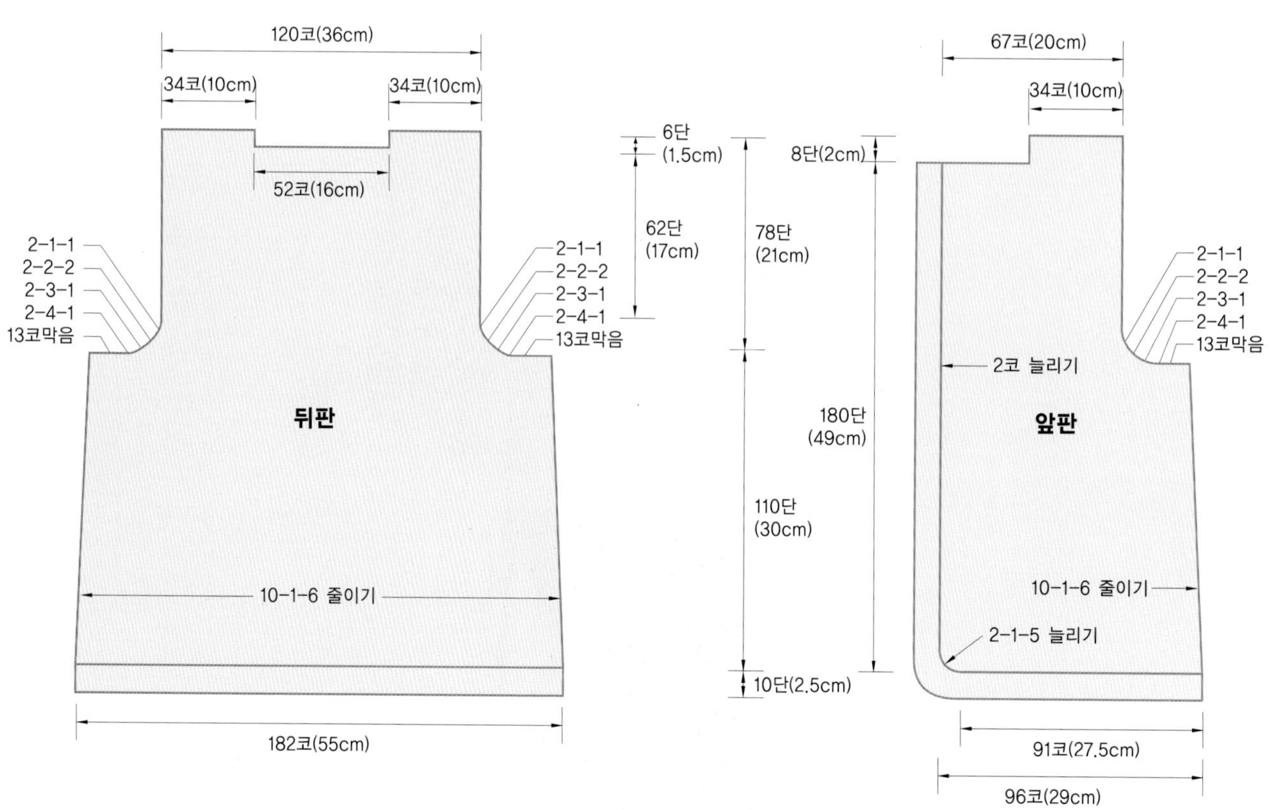

뒤 판

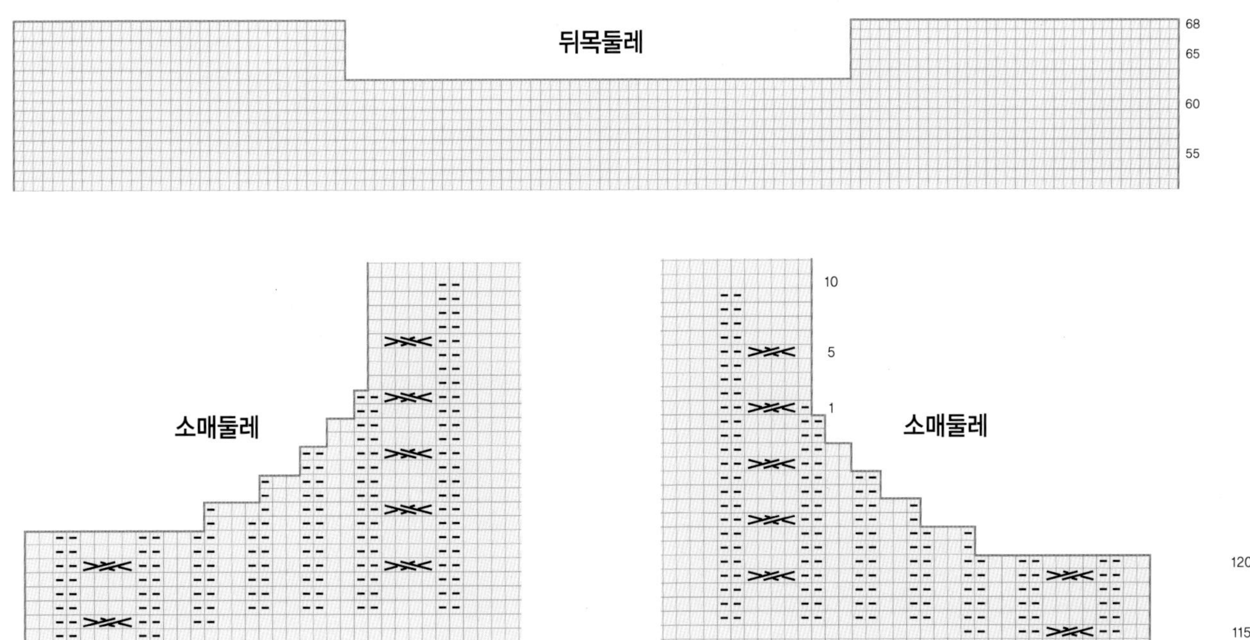

◆ 뒤판 무늬뜨기

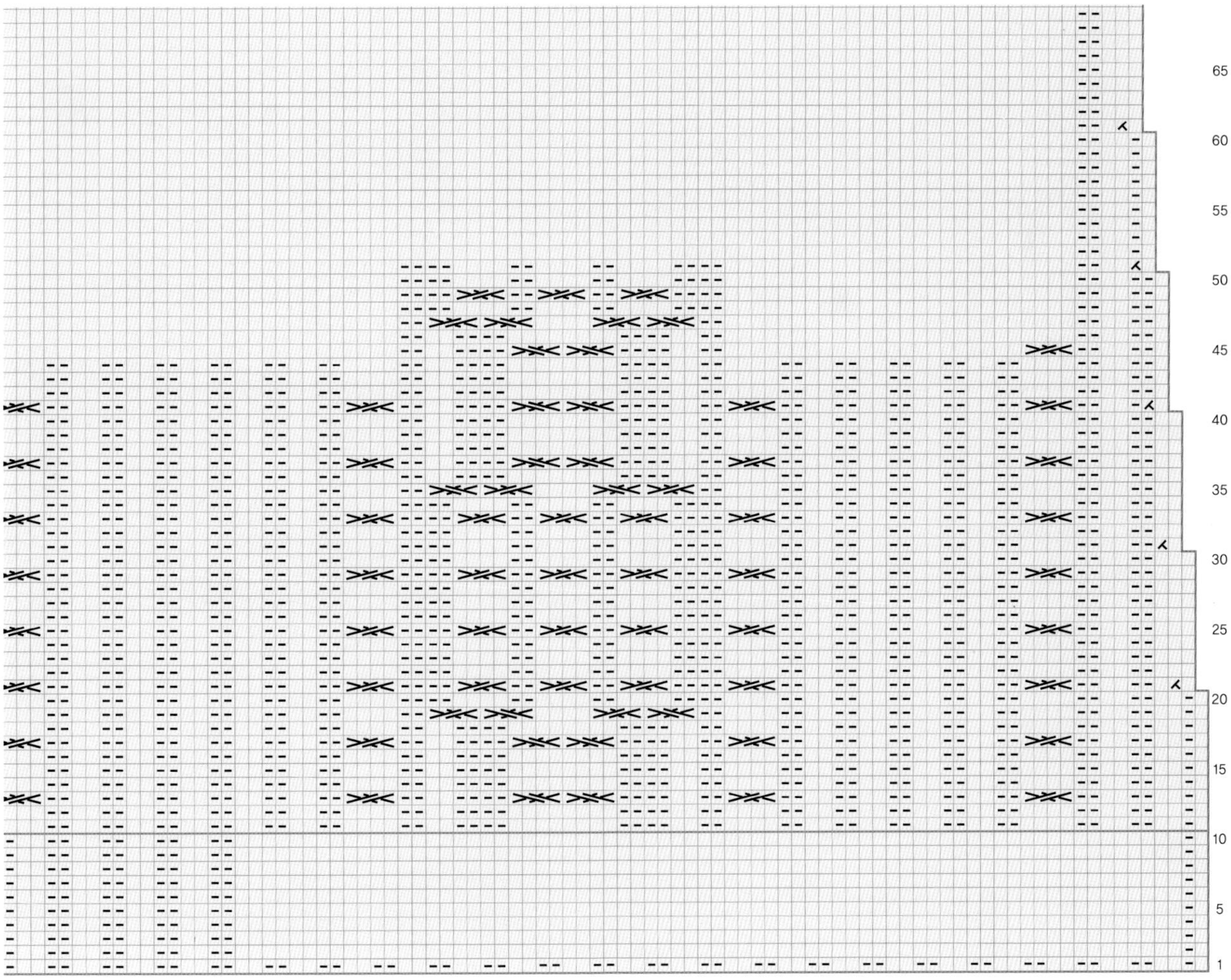

65
60
55
50
45
40
35
30
25
20
15
10
5
1

앞 판

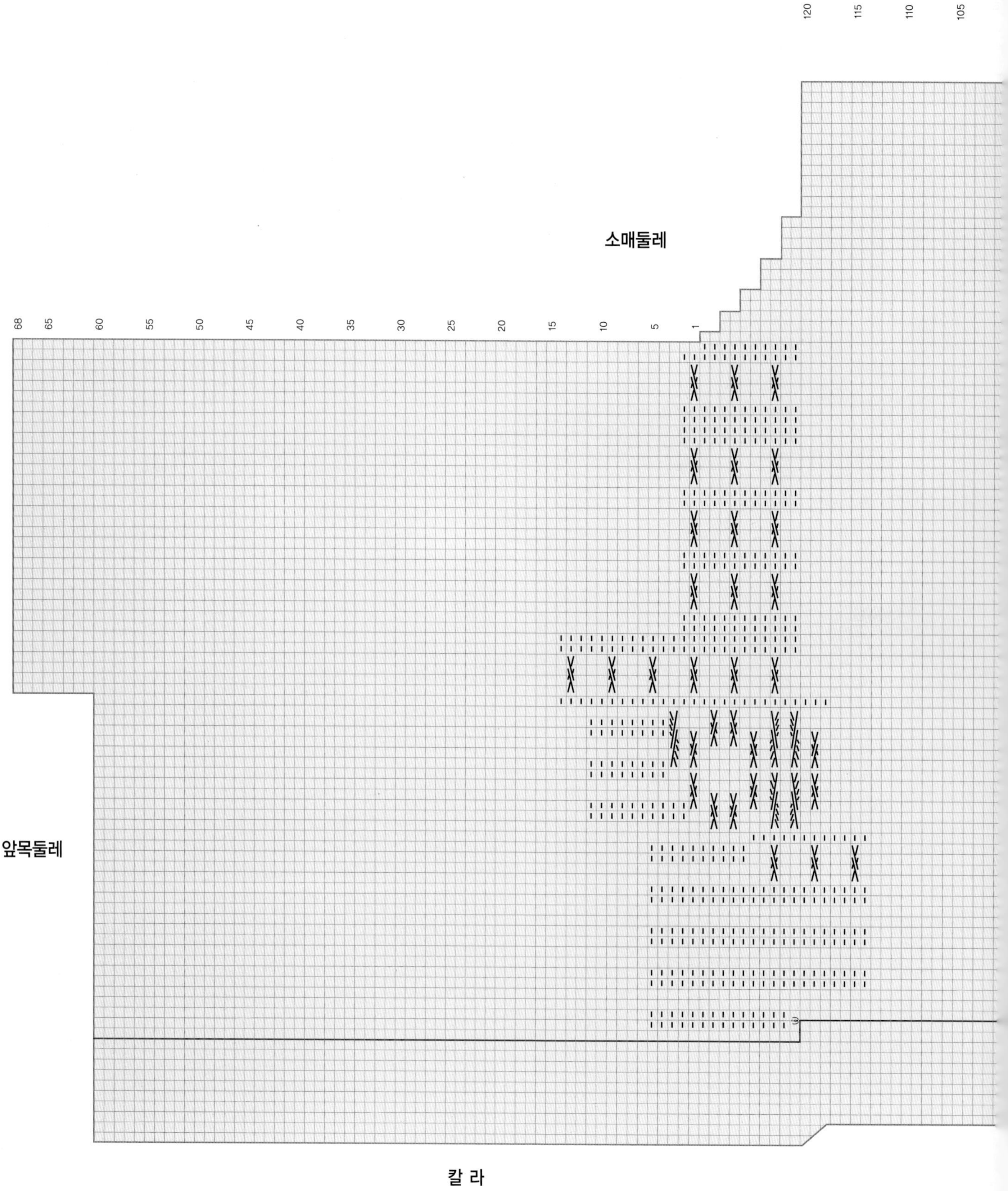

120 115 110 105

소매둘레

68 65 60 55 50 45 40 35 30 25 20 15 10 5 1

앞목둘레

칼 라

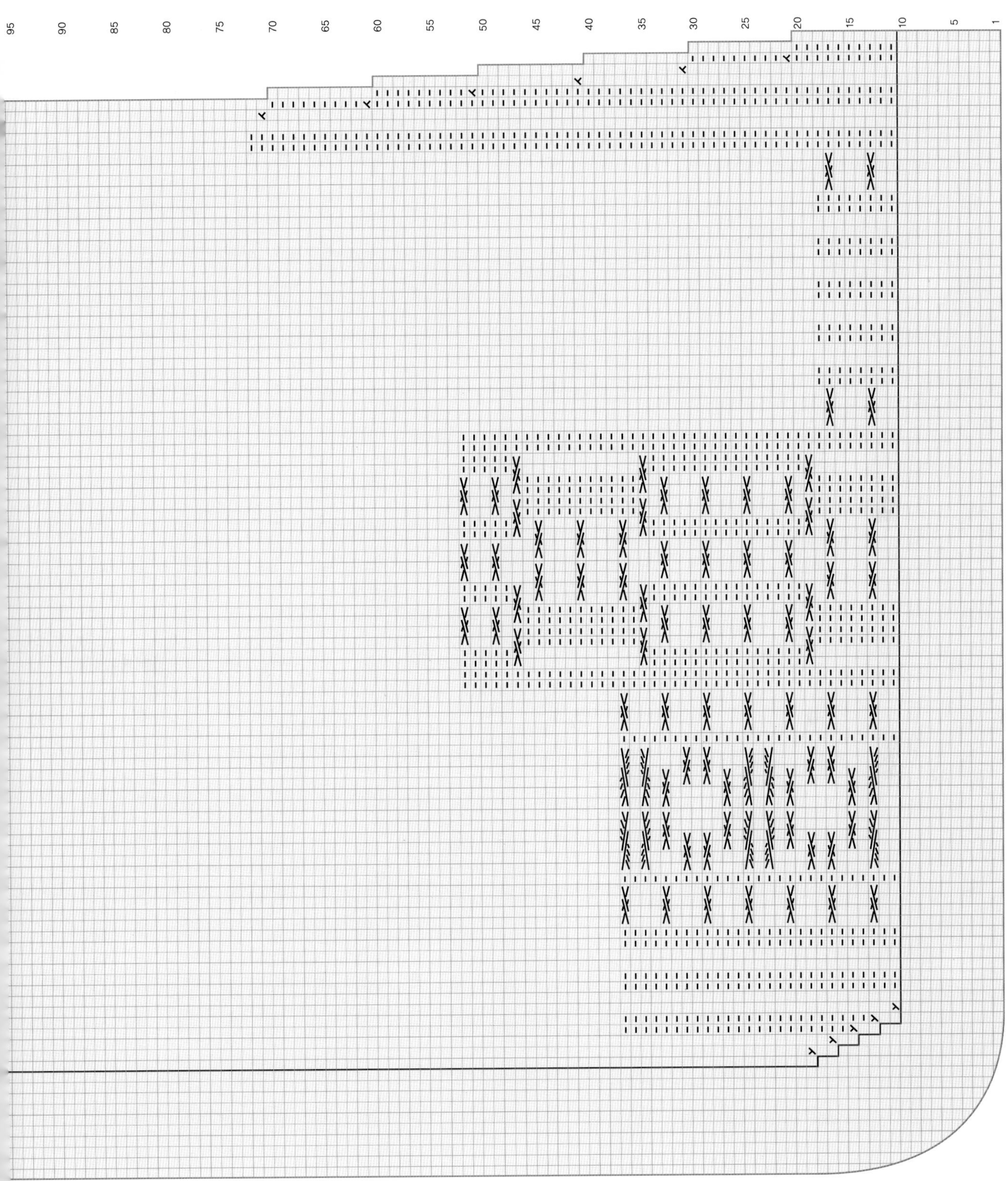

뜨는 방법

【소매】

1. 2.5mm 대바늘로 59코 시작코로 2코 고무뜨기 24단을 뜨고, 25단째는 3mm 대바늘로 바꾸며 116코가 되게 57코 늘린다.
2. 8단마다 1코씩 늘리기 16회하여 148코가 되게 무늬뜨기를 128단 뜬다.
3. 129단째는 소매산을 만드는데 10코를 막음 후 2단마다 3코, 2코, 1코-12회, 2코-2회, 3코 순으로 줄인 뒤 막음코로 마무리한다.

【치마】

1. 3mm 대바늘로 밑실을 이용하여 232코를 만든 뒤 본실로 무늬뜨기 60단 뜨고, 10단마다 양옆 가장자리에서 1코씩 줄이기 18회하여 196코가 되게 180단을 더 뜬다.
2. 241단째부터는 (158코가 되게 38코를 줄인 후) 2코 고무뜨기를 30단 뜨고 같은 방법으로 1장을 더 뜬다.
3. 똑같은 것 2장이 다 되면 양옆을 돗바늘로 붙인 뒤, 3mm 줄바늘로 총 392코가 된 것을 줄여 메리야스뜨기로 158코 20단을 뜨고 고무밸트를 넣고 반으로 접어 감친 후 마무리한다.
4. 치마 밑단은 밑실 부분을 풀고 코바늘 2호로 피코뜨기하여 마무리한다.

【단뜨기】

1. 앞단은 앞판 중심단과 밑실 시작 부분에서 2.5mm 줄바늘로 274코를 주어 2코 고무뜨기로 10단을 뜬 후 돗바늘로 마무리한다.
2. 목칼라 단은 72코를 주어 2코 고무뜨기를 하는데 중심 부분에서는 4단마다 코늘리기하고, 양옆 가장자리도 4단마다 코늘리기해서 46단을 뜬 후 돗바늘로 마무리한 다음 앞판 중심단 칼라와 붙여 고정한다.

* 밑실은 몸판 완성 후 풀어낸다.

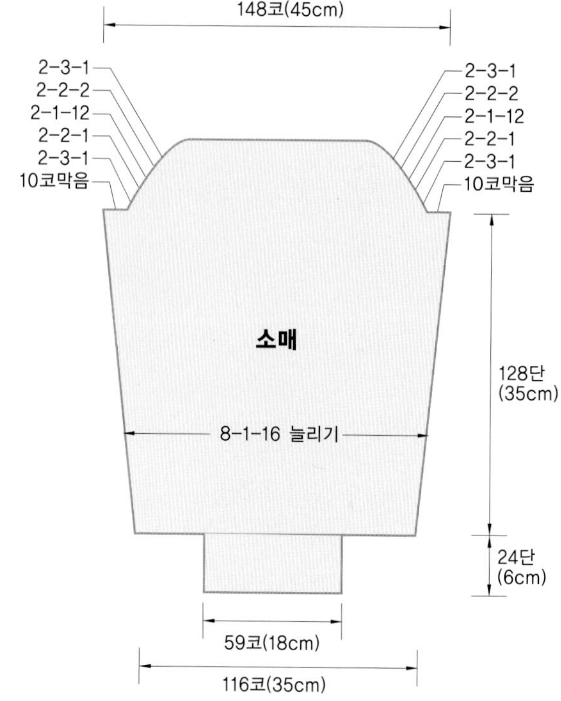

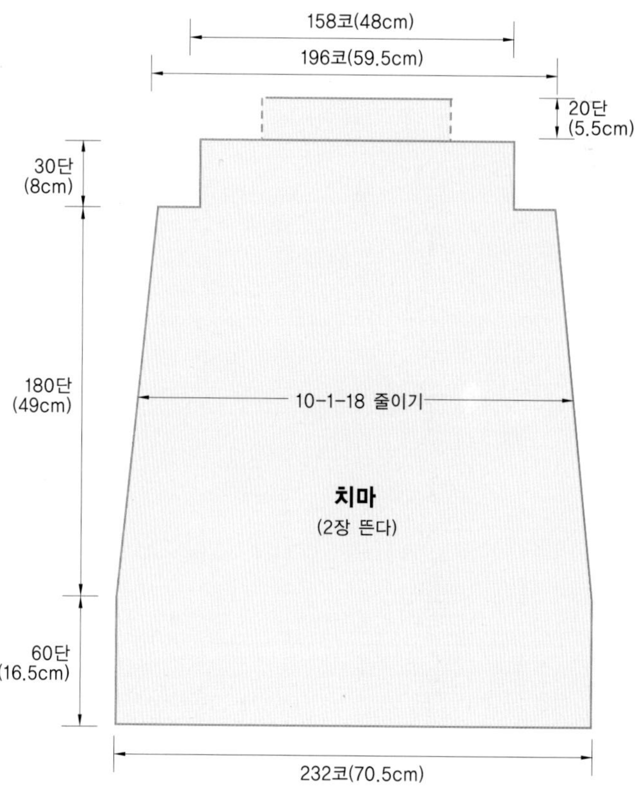

소 매

치마

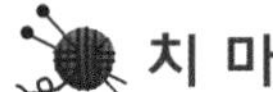

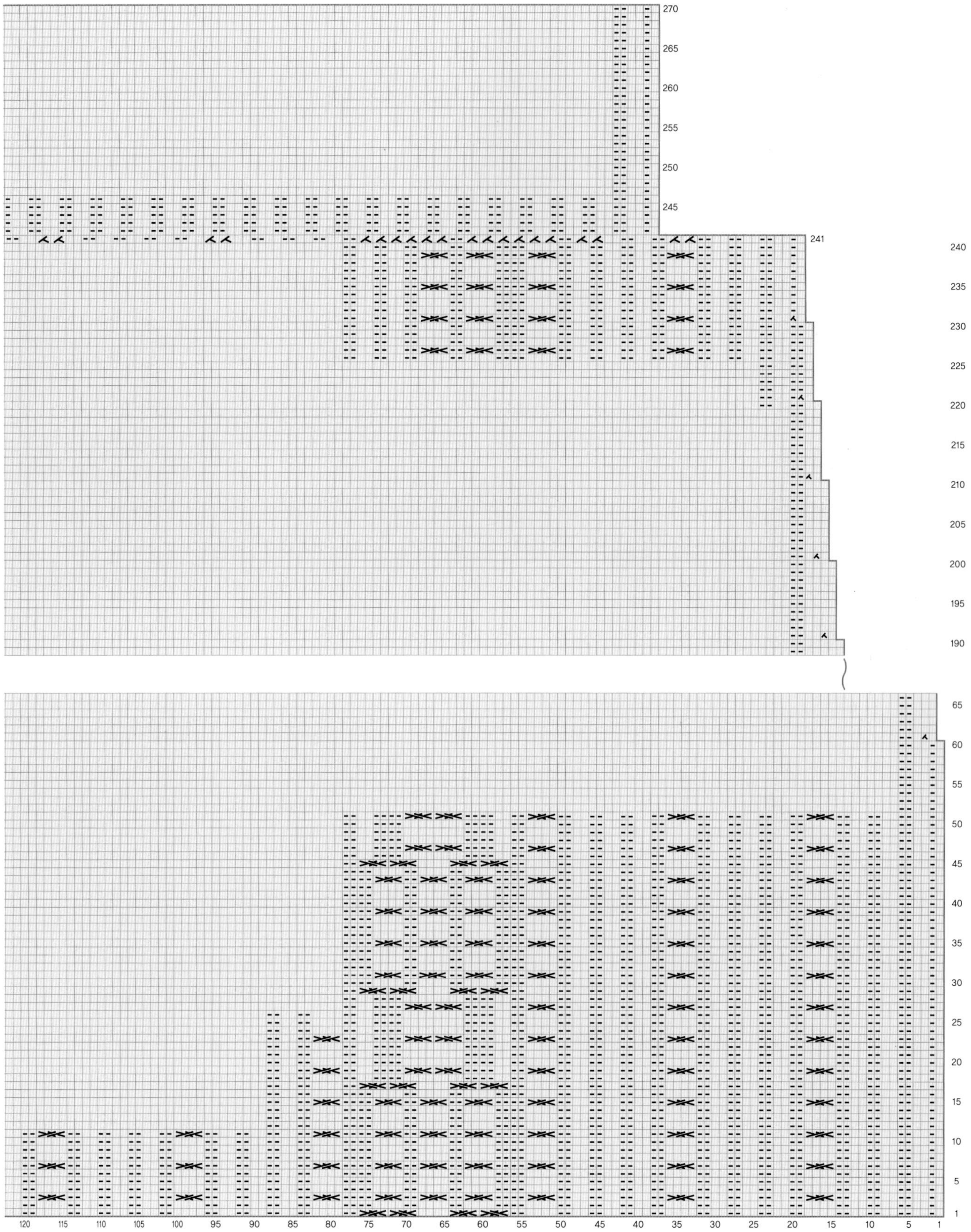

270
265
260
255
250
245
241
240
235
230
225
220
215
210
205
200
195
190
65
60
55
50
45
40
35
30
25
20
15
10
5
1
120
115
110
105
100
95
90
85
80
75
70
65
60
55
50
45
40
35
30
25
20
15
10
5
1

칼라

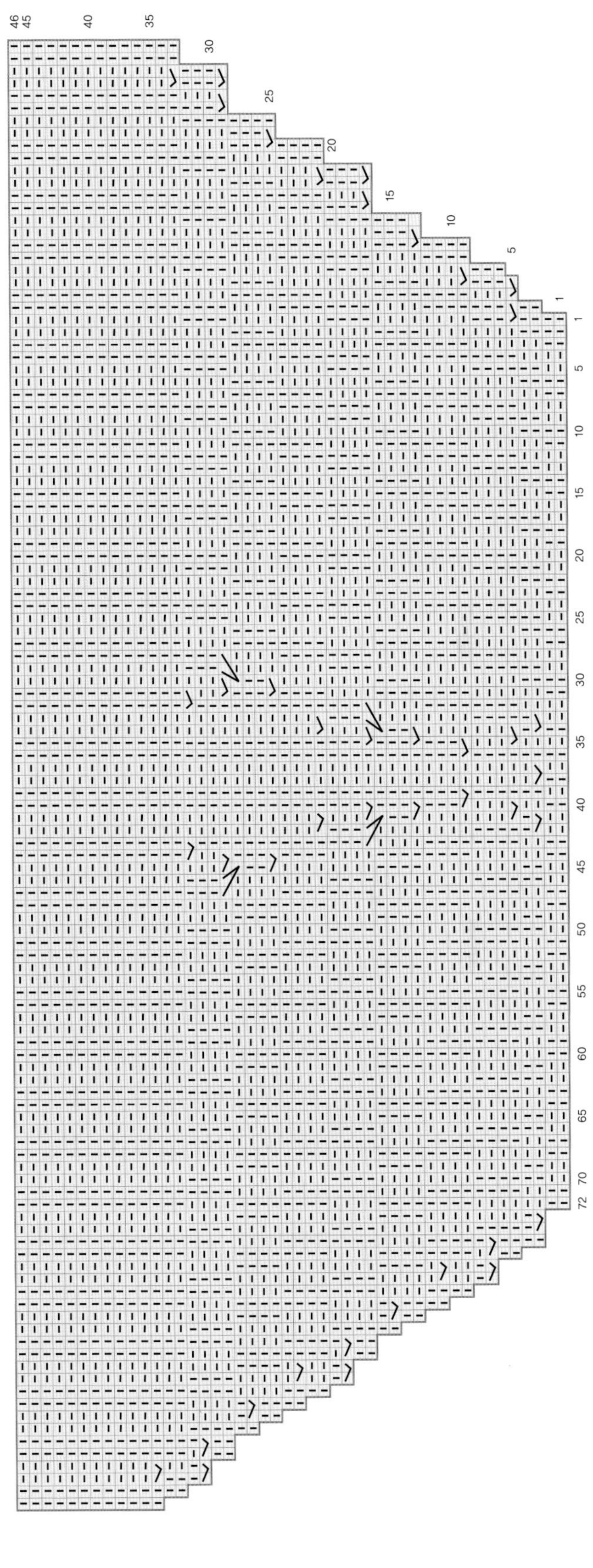

Orange color full two-piece dress

8 knitting

오렌지색 투피스 정장

1. 칼라와 목둘레 부분
2. 앞단과 밑단의 앞섶 부분은 한꺼번에 코를 주어 곡선으로 뜬다.
3. 치마 고무 밸트 부분
4. 치마의 뒤트임 부분은 곡선으로 뜬다.

오렌지색 투피스 정장

완성 치수

66 size

재료와 도구

실 순모 중세사(오렌지색), 밑실

바늘 2.5mm 줄바늘, 3.5mm 줄바늘, 돗바늘

부속품 단추 4개, 고무밸트

뜨는 방법

【뒤판】

1. 3.5mm 줄바늘과 밑실로 144코 시작코를 만들어 본실로 무늬뜨기를 하는데 10단 뜬 후, 11단부터는 6단마다 1코씩 양옆 가장자리에서 줄이기 7회하여 50단까지 뜨고, 51단부터는 6단마다 양옆 가장자리에서 늘리기 7회하며 100단까지 뜬다.
2. 101단째부터는 소매둘레를 만드는데 7코 막음한 뒤 2단마다 4코, 3코, 2코, 1코 순으로 줄여 110코가 되게 한 뒤 62단을 뜨고, 63단째는 양어깨코를 각 26코씩 뒷목코 58코가 되게 나누고, 양 어깨코는 각 6단씩 더 뜨고 마친다.

【앞판】

1. 밑실과 3.5mm 줄바늘로 66코 시작코를 만들어 본실로 무늬뜨기를 하는데 앞중심 쪽으로는 2단마다 1코씩 늘리기 8회하고, 옆구리 쪽으로는 11단째부터 6단마다 1코씩 줄이기 7회하며 50단까지 뜨고, 51단부터는 6단마다 1코 늘리기 7회하여 100단까지 뜬다.
2. 101단째에는 앞중심 쪽으로 2단에 1코 늘리기 10회하여 앞 칼라를 만들고, 옆구리 쪽으로는 소매둘레를 만드는데 7코 막음한 뒤 2단마다 4코, 3코, 2코, 1코 순으로 줄인 후 무늬뜨기 58단을 뜬 뒤, 어깨코 26코만 10단 더 무늬뜨기하고 뒤판 어깨와 마주 붙인다.

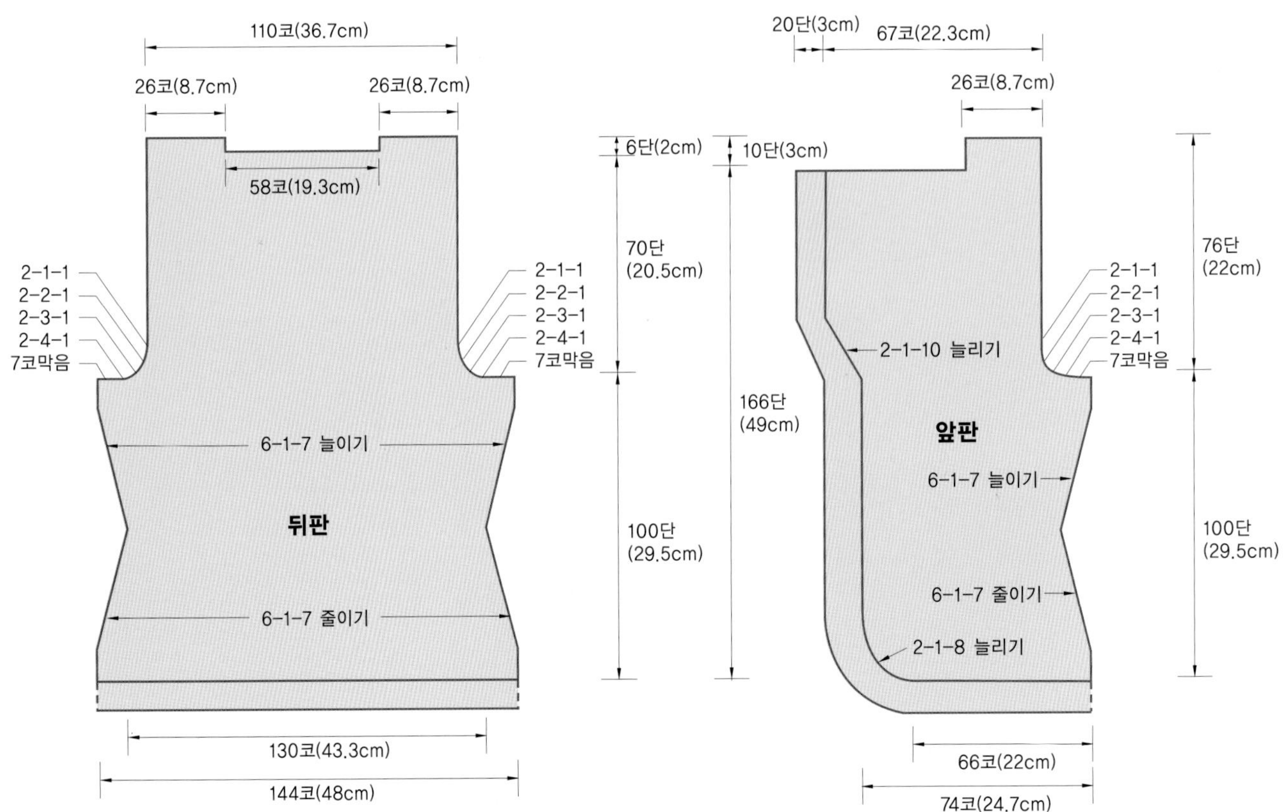

뒤 판 (무늬뜨기 시작)

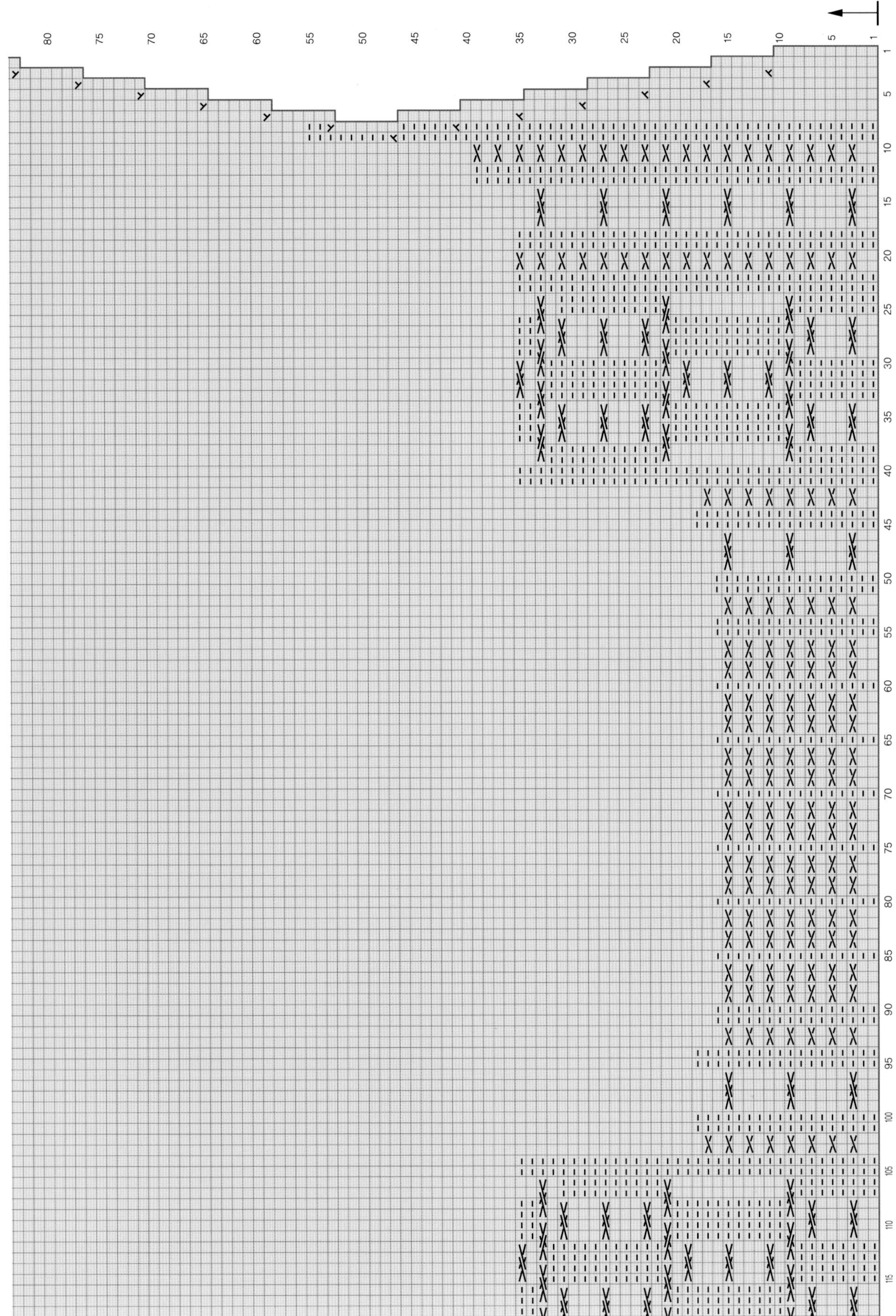

앞 판

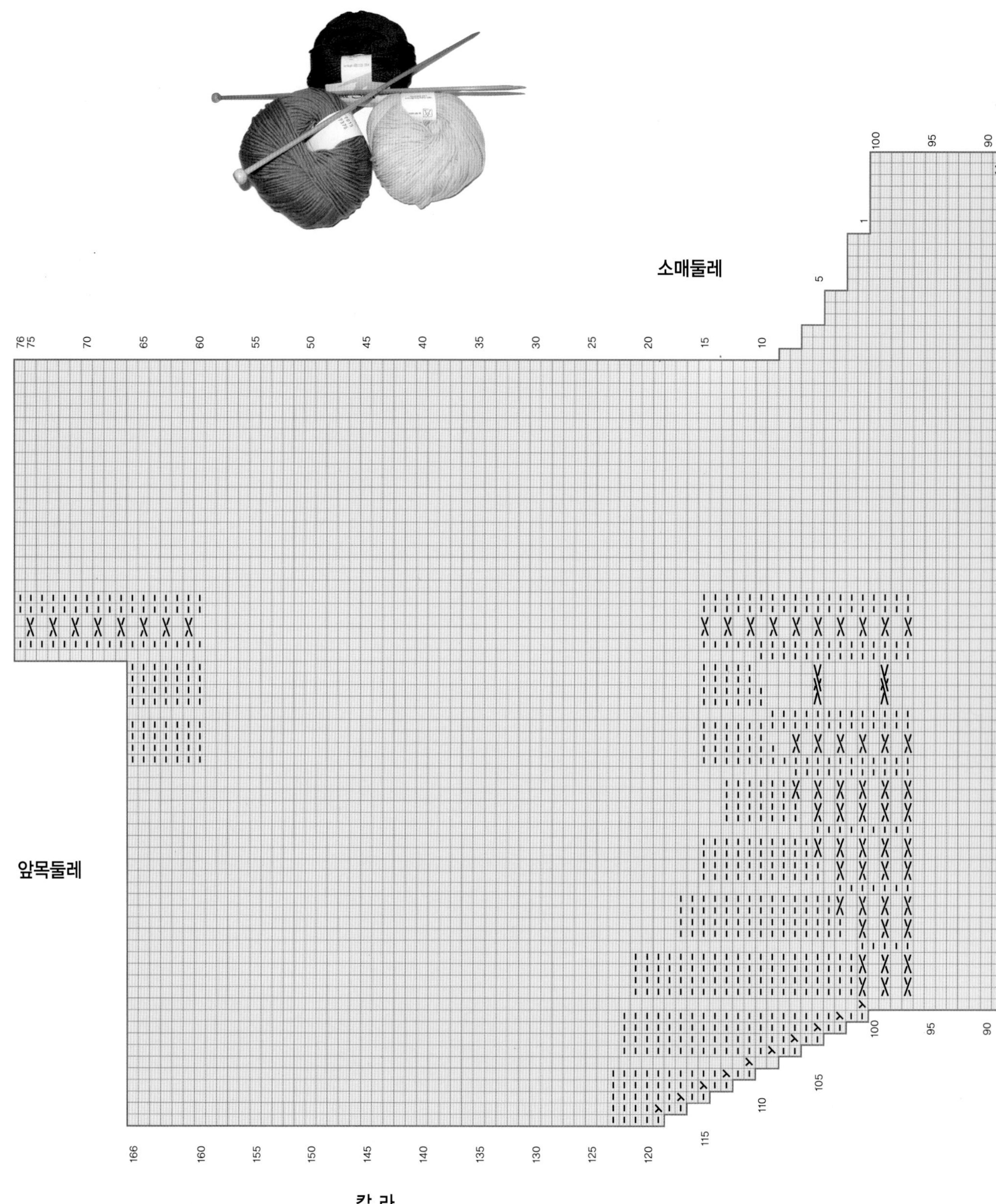

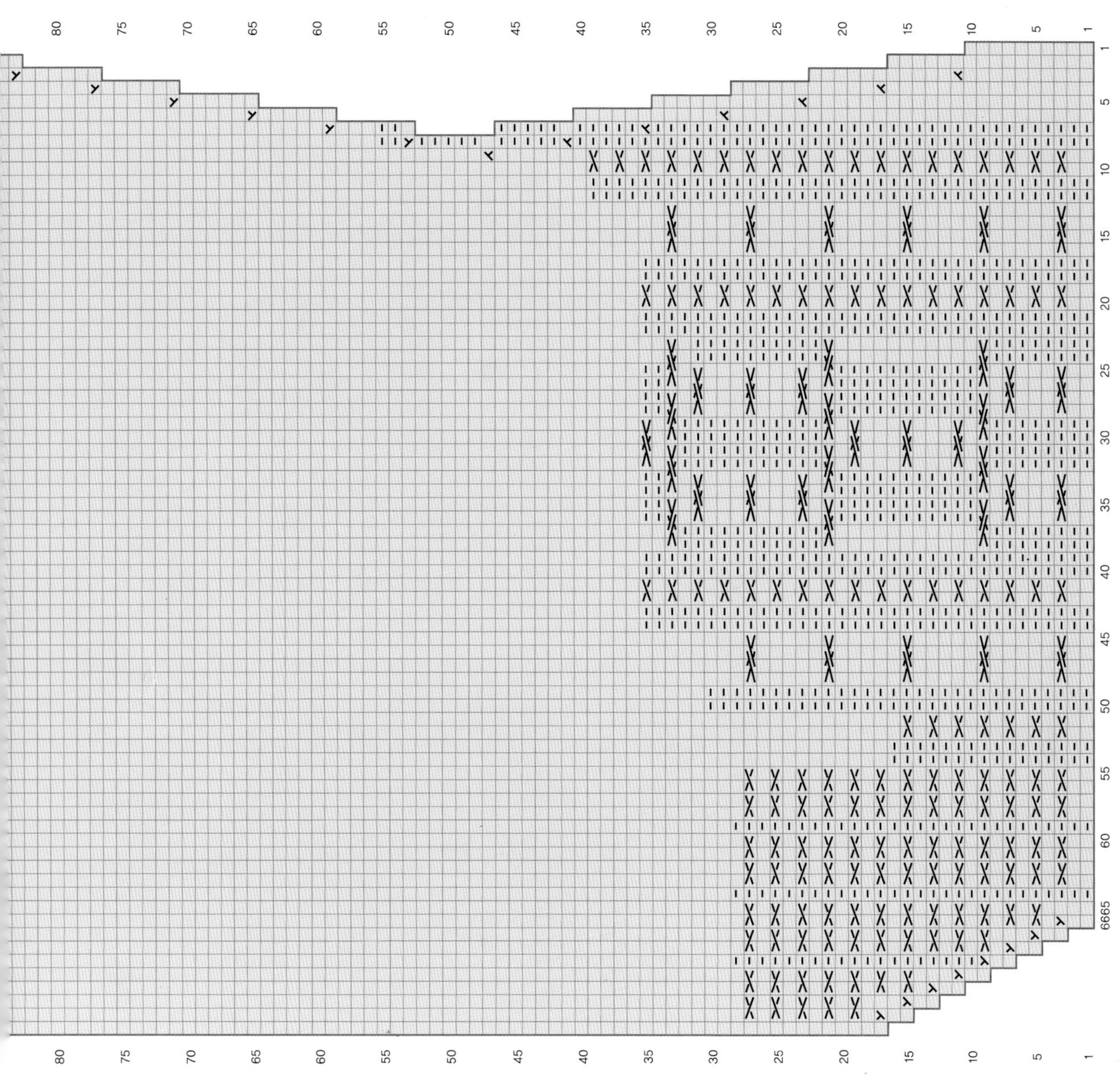

뜨는 방법

【소매】

1. 밑실과 3.5mm 줄바늘로 68코 시작코를 만들고 본실로 28단 무늬뜨기한 뒤, 2.5mm 줄바늘로 양옆 단부분과 밑실 시작 부분 3면에서 130코를 주어 이면뜨기 16단 뜨고 돗바늘로 마무리한다.
2. 양옆 단뜨기한 가장자리에서 각 7코씩 주어 82코가 되게 하여 무늬뜨기를 하는데 8단마다 양옆 가장자리에서 1코씩 늘리기 12회하며 98단을 더 올린다.
3. 99단째부터는 소매산을 만드는데, 6코 막음한 뒤 2단마다 3코, 2코, 1코-12회, 2코, 3코 순으로 줄인 뒤 막음코로 마무리한다.

【치마】

1. 밑실과 3.5mm 줄바늘로 282코 시작코를 만든 후 본실로 34단 뜨고 소매 밑단처럼 3면에서 356코를 주어 이면뜨기 12단 뜬 후 돗바늘로 마무리한다.
2. 이면뜨기 단 부분에서 14코를 주어 296코가 되게 한 후 원통뜨기로 무늬뜨기하며, 116단 뜬 뒤 16코를 줄여 280코를 7단 더 뜨고 난 뒤 12코를 줄여 268코가 되게 하여 7단 더 뜬다.
3. 또 10코를 줄여 258코가 되게 하여 3단을 더 뜨고, 10코를 줄여 248코가 되게 하여 3단 더 뜨고, 20코를 줄여 228코를 3단 더 뜬 뒤 114코가 되게 줄인 후 메리야스뜨기 14단을 떠서 고무밸트를 넣고 메리야스 시작 부분에 감침질해서 마무리한다.
   * 완성 후 밑실은 풀어낸다.

【단뜨기】

1. 왼쪽 앞중심 단부터 시작해 왼쪽 앞 밑실 시작코 부분, 뒤판 밑실 시작코 부분, 오른쪽 밑실 시작코 부분, 오른쪽 앞중심 단까지 2.5mm 줄바늘로 628코를 주어 이면뜨기 20단 뜨고 돗바늘로 마무리한다.
2. 목칼라는 72코를 주어 2코 고무뜨기를 하는데 중심 부분에서는 4단마다 코늘리기하고 양옆 가장자리로 4단마다 코를 늘리기해서 46단 뜬 후 돗바늘로 마무리하고 앞판 중심단 칼라와 붙여 고정한다.
   * 밑실은 몸판 완성 후 풀어낸다.

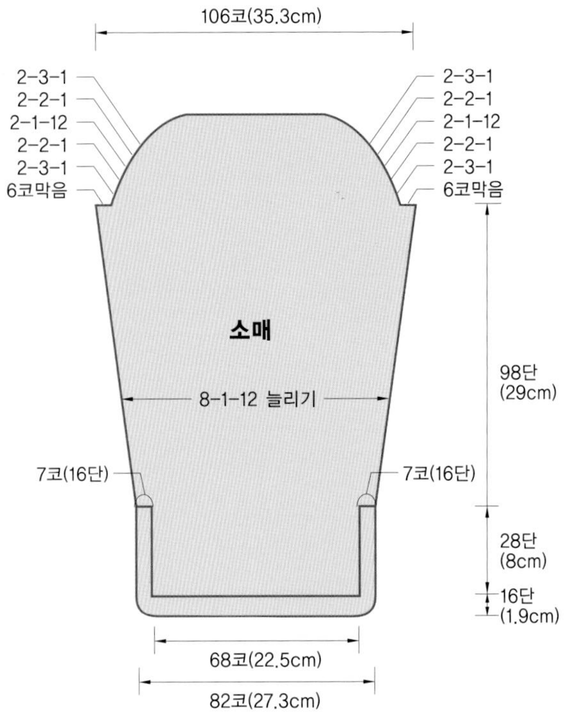

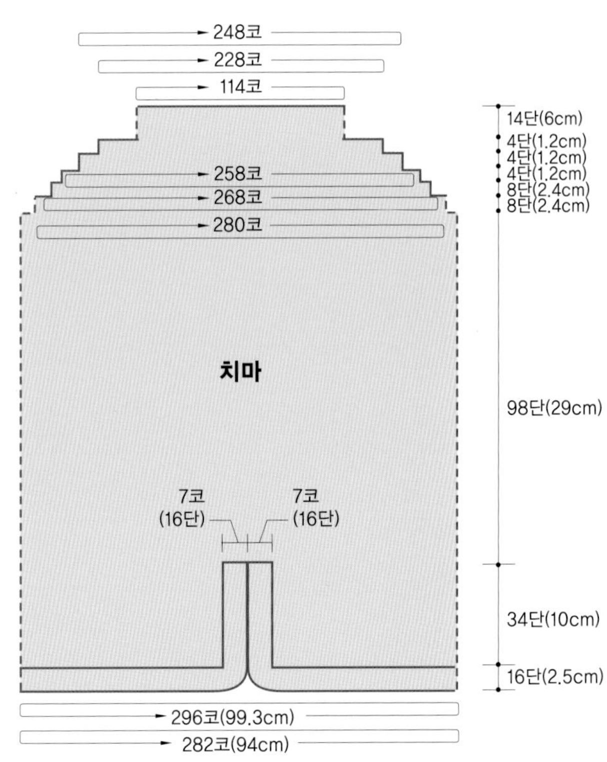

소 매

98
95
90
85
80
75
70
65
60
55
50
45
40
35
30
25
20
15
10
5
1
68 65 60 55 50 45 40 35 30 25 20 15 10 5 1

치 마

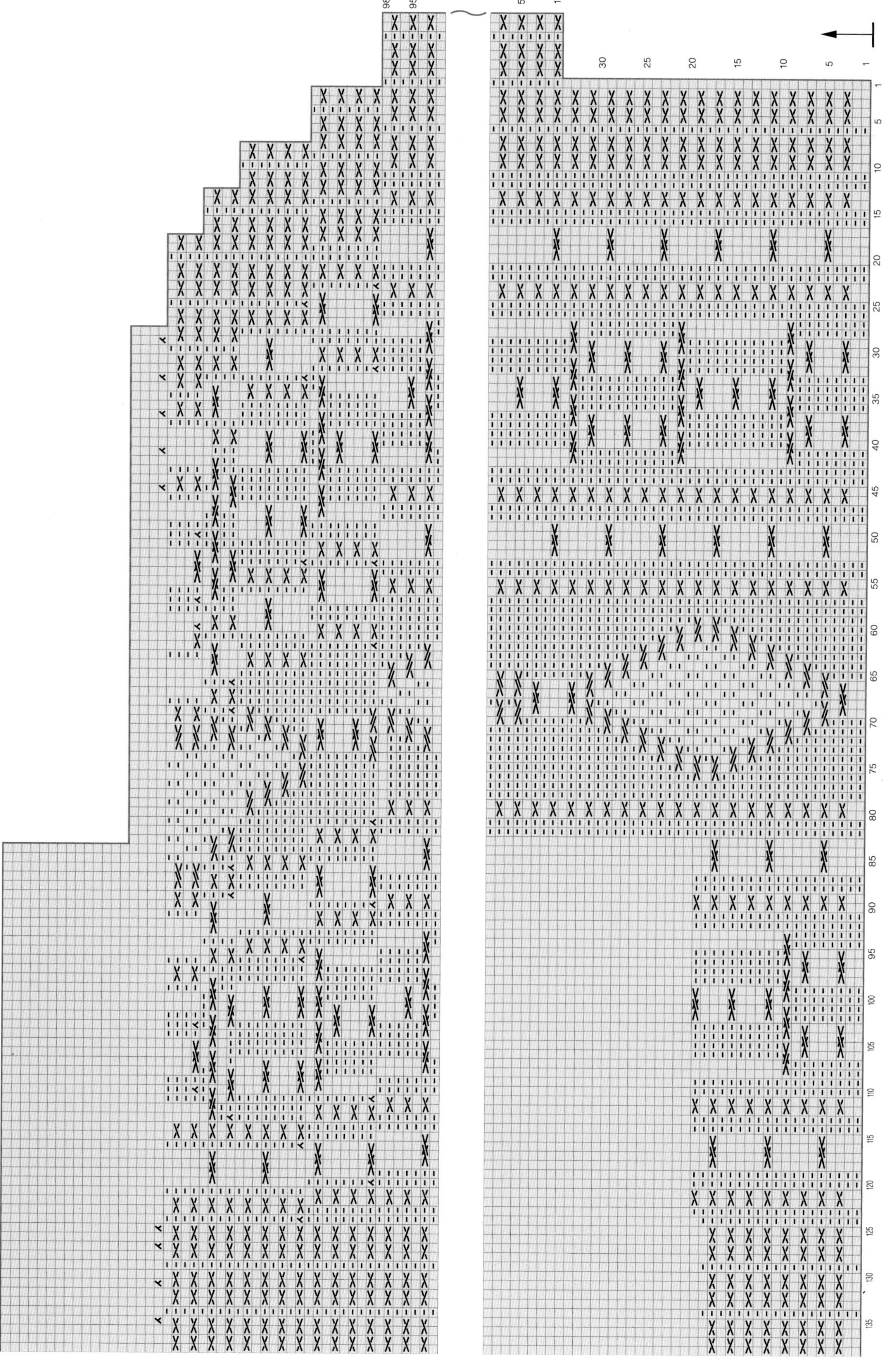

칼라

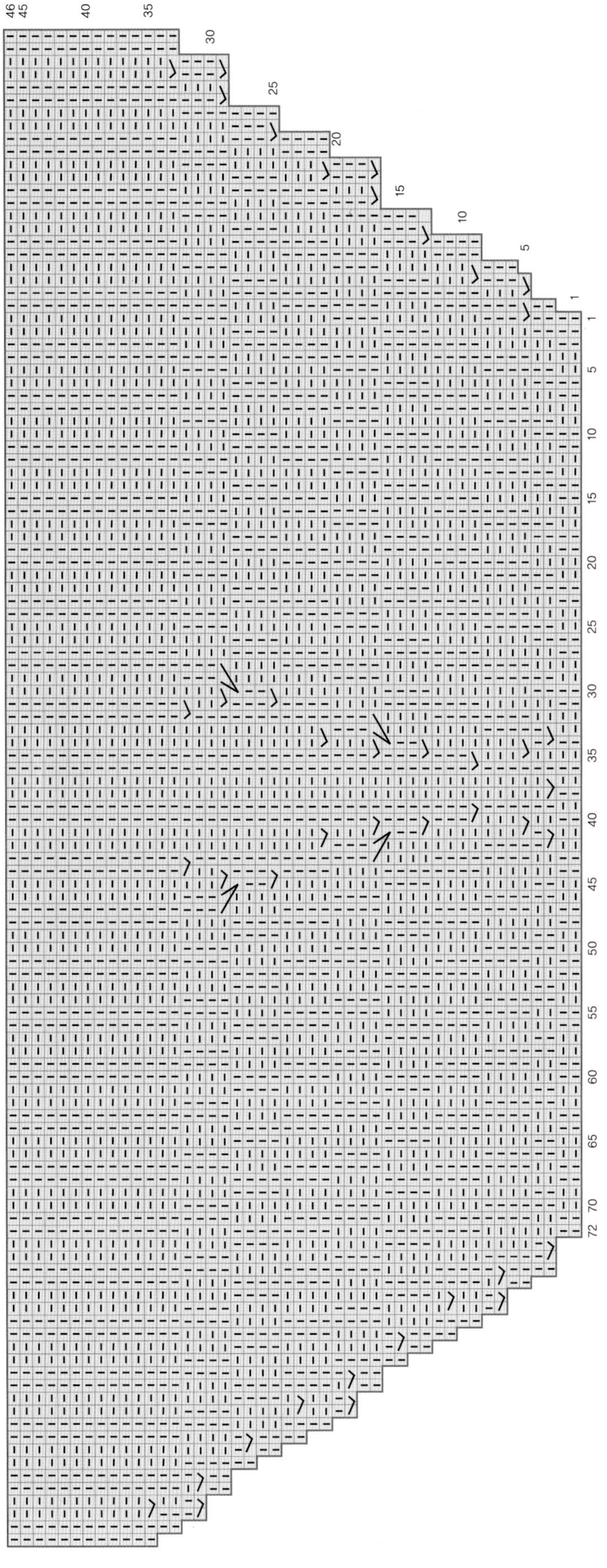

9 knitting

밤색 스키 웨어

1. 목칼라는 넓게 뜨고 단추를 달아 여러 스타일로 연출한다.
2. 1코 고무뜨기로 뜬 밑단 부분
3. 소매 부분
4. 몸판 무늬뜨기

밤색 스키 웨어

완성 치수

66 size

재료와 도구

실	알파카(밤색)
바늘	대바늘 6mm(줄바늘 6mm), 대바늘 4mm(줄바늘 4mm), 돗바늘
부속품	단추(5ea)

뜨는 방법

【뒤판】

① 4mm 대바늘로 흔들코 101코 시작코를 만들어 1코 고무뜨기로 60단을 뜬다.

② 61단부터는 6mm 대바늘로 바꿔 무늬뜨기하여 140단까지 뜬다.

③ 141단에는 11코를 막음하여 79코를 만든 후 68단을 더 떠서 소매둘레를 만든다.

④ 뒷목둘레는 203단째, 양어깨는 각 20코, 뒷목코는 39코가 되게 3등분한 후 양어깨코(20코) 부분만 6단씩 더 뜬다.

【앞판】

① 4mm 대바늘로 흔들코 107코 시작코를 만들어 1코 고무뜨기로 60단을 뜬다.

② 61단부터는 6mm 대바늘로 바꿔 무늬뜨기하며 120단까지 뜬다.

③ 121단에는 2등분하여 중심을 기준으로 9코를 남기고 오른쪽 · 왼쪽 부분 각 60단을 더 뜬다.

④ 141단에는 11코를 막음하여 한쪽면이 38코가 되게 180단까지 뜨고 181단부터 앞목을 만드는데 먼저 8코를 막음하고 2단마다 4코, 3코, 2코, 1코 순으로 줄여 20코가 되게 한 후 208단까지 뜬다.

⑤ 208단까지 뜨면 앞 · 뒤판 어깨를 맞붙인다.

⑥ 가운데 중심으로 남긴 곳 왼쪽 · 오른쪽 앞단 부분을 각 61코씩 주어 1코 고무뜨기 12단을 뜬 후 돗바늘로 마무리한다. 한쪽에는 단추구멍을 만들어 준다.

⑦ 양어깨와 앞단을 다 뜨고 붙인 후 목코를 123코 주어 1코 고무뜨기 36단을 뜬다. 앞단 단추구멍 낸 곳 반대편에 단추구멍을 내고 45단에 두 번째 단추구멍을 낸 후 54단까지 뜬 후 돗바늘로 마무리한다.

【소매】

① 4mm 대바늘로 흔들코 49코 시작코를 만들어 1코 고무뜨기로 24단을 뜨고, 6mm 대바늘로 70코가 되게 늘린 후 무늬뜨기하는데 8단마다 양옆 가장자리에서 1코씩 늘리기 12회하여 96단 94코 되게 뜬다.

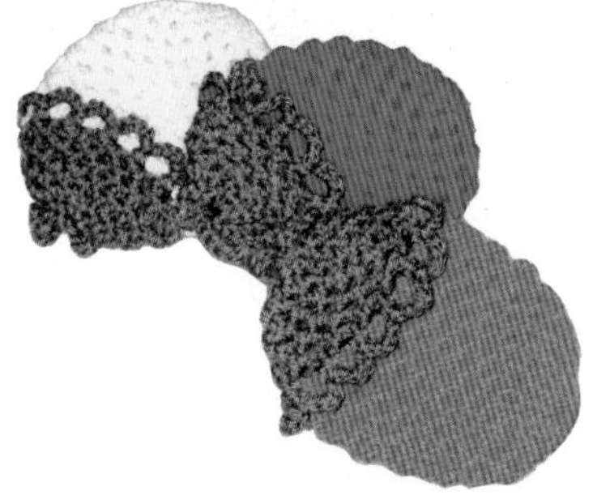

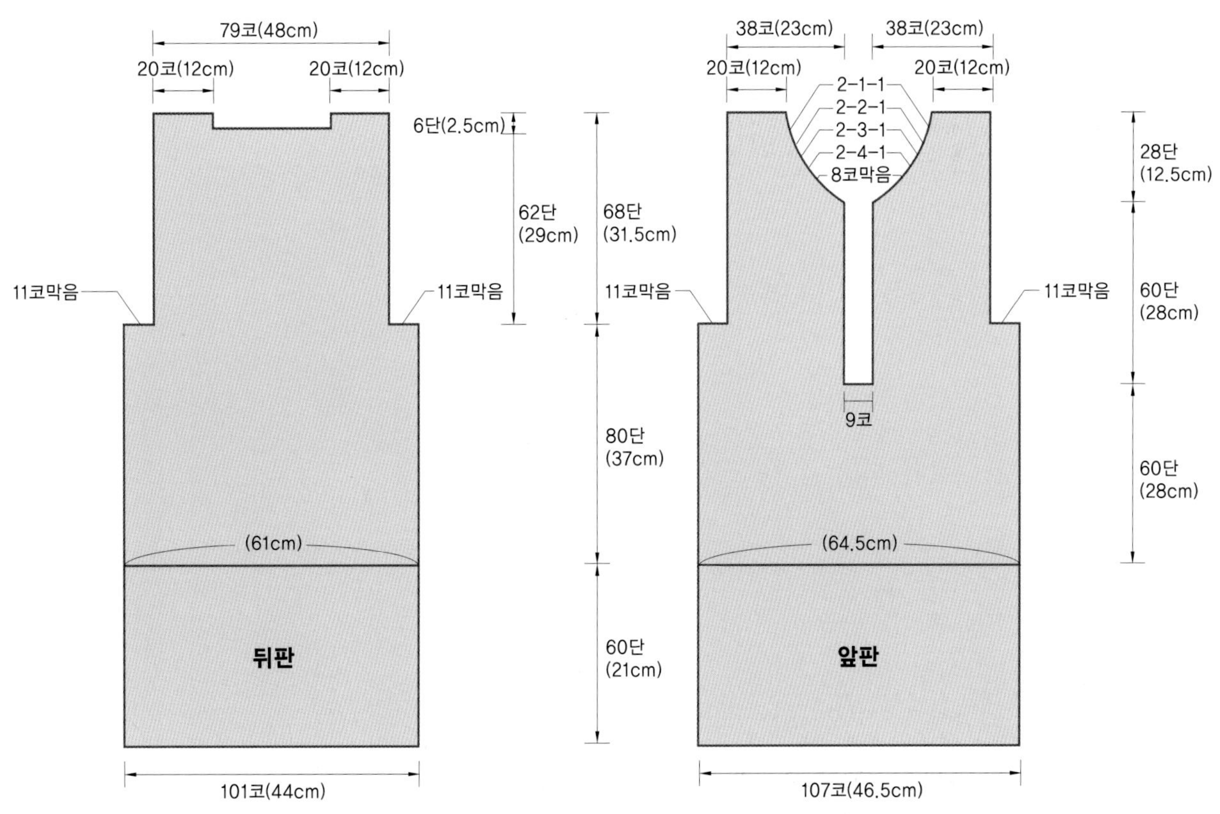
79코(48cm)
20코(12cm)
20코(12cm)
6단(2.5cm)
62단
(29cm)
68단
(31.5cm)
11코막음
11코막음
(61cm)
뒤판
80단
(37cm)
60단
(21cm)
101코(44cm)
38코(23cm)
38코(23cm)
20코(12cm)
20코(12cm)
2-1-1
2-2-1
2-3-1
2-4-1
8코막음
28단
(12.5cm)
11코막음
11코막음
60단
(28cm)
9코
60단
(28cm)
(64.5cm)
앞판
107코(46.5cm)

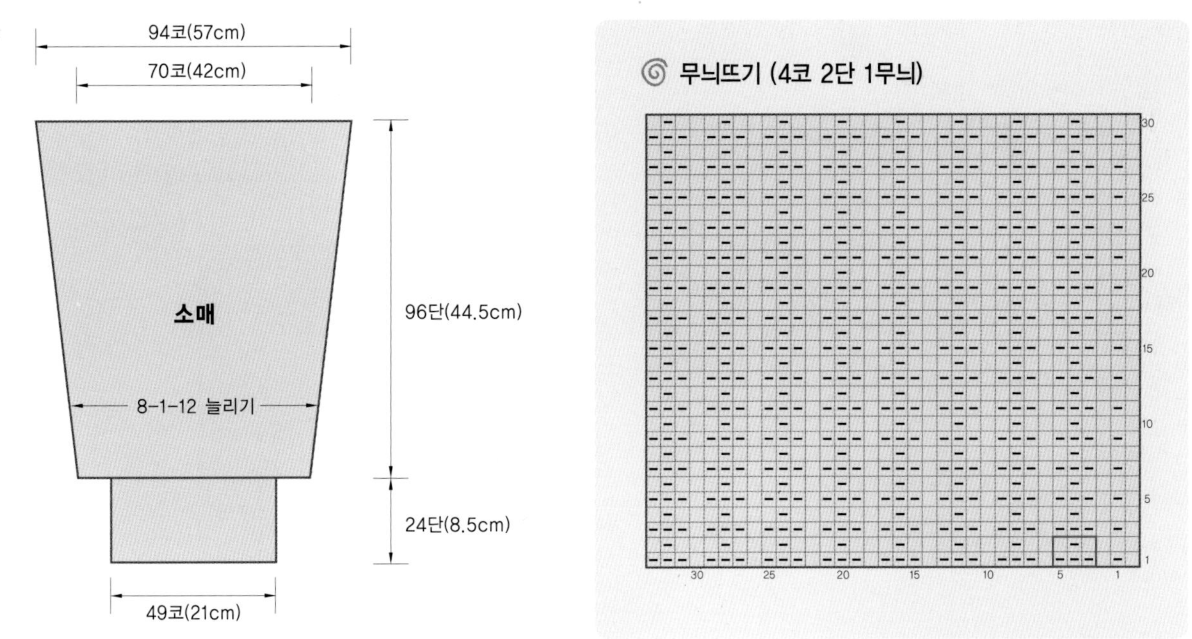
94코(57cm)
70코(42cm)
소매
96단(44.5cm)
8-1-12 늘리기
24단(8.5cm)
49코(21cm)
무늬뜨기 (4코 2단 1무늬)

앞판

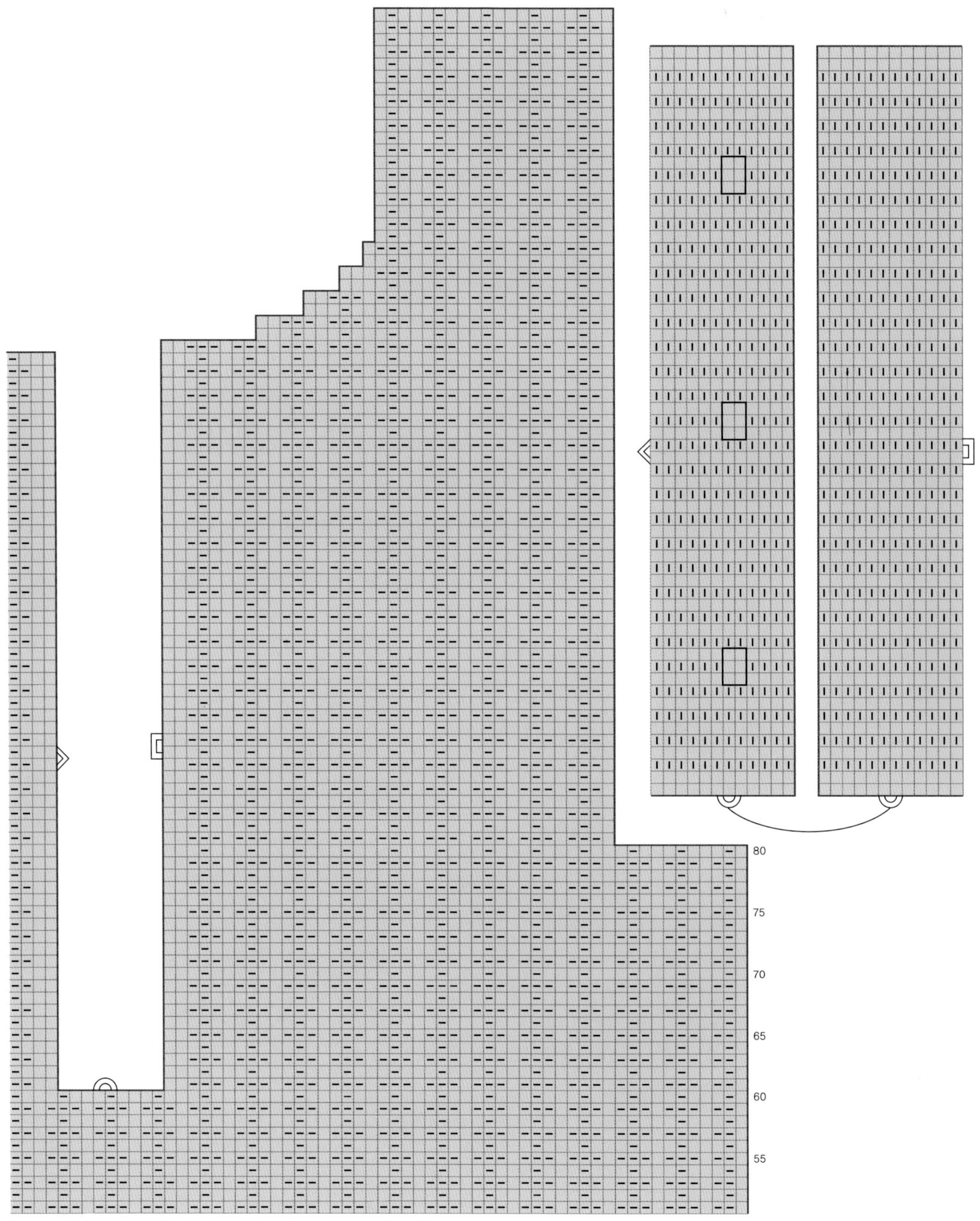

소매

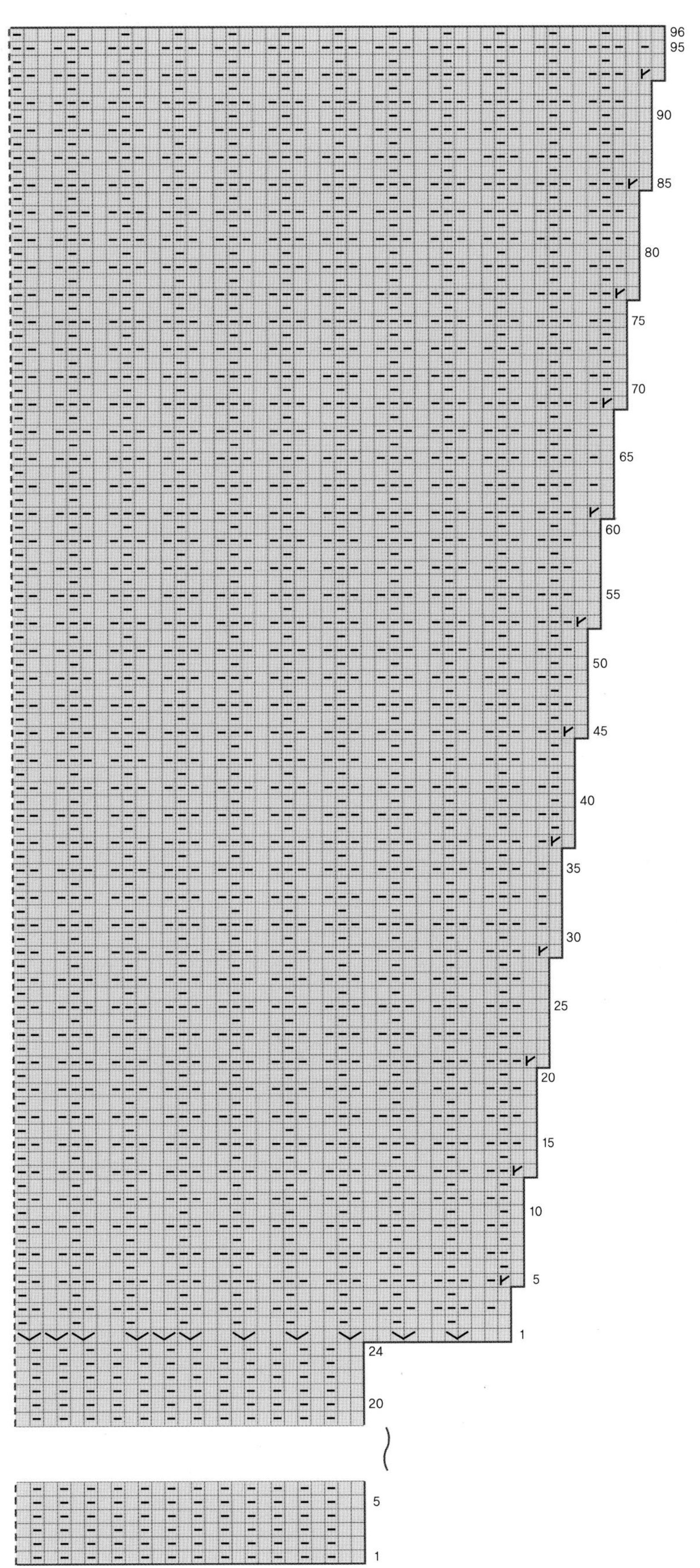

10 knitting
자주색 티셔츠

1. 목둘레는 라운드 넥으로 만든다.
2. 1코 고무뜨기로 뜬 밑단 부분
3. 1코 고무뜨기로 뜬 소매 부분
4. 몸판 무늬뜨기

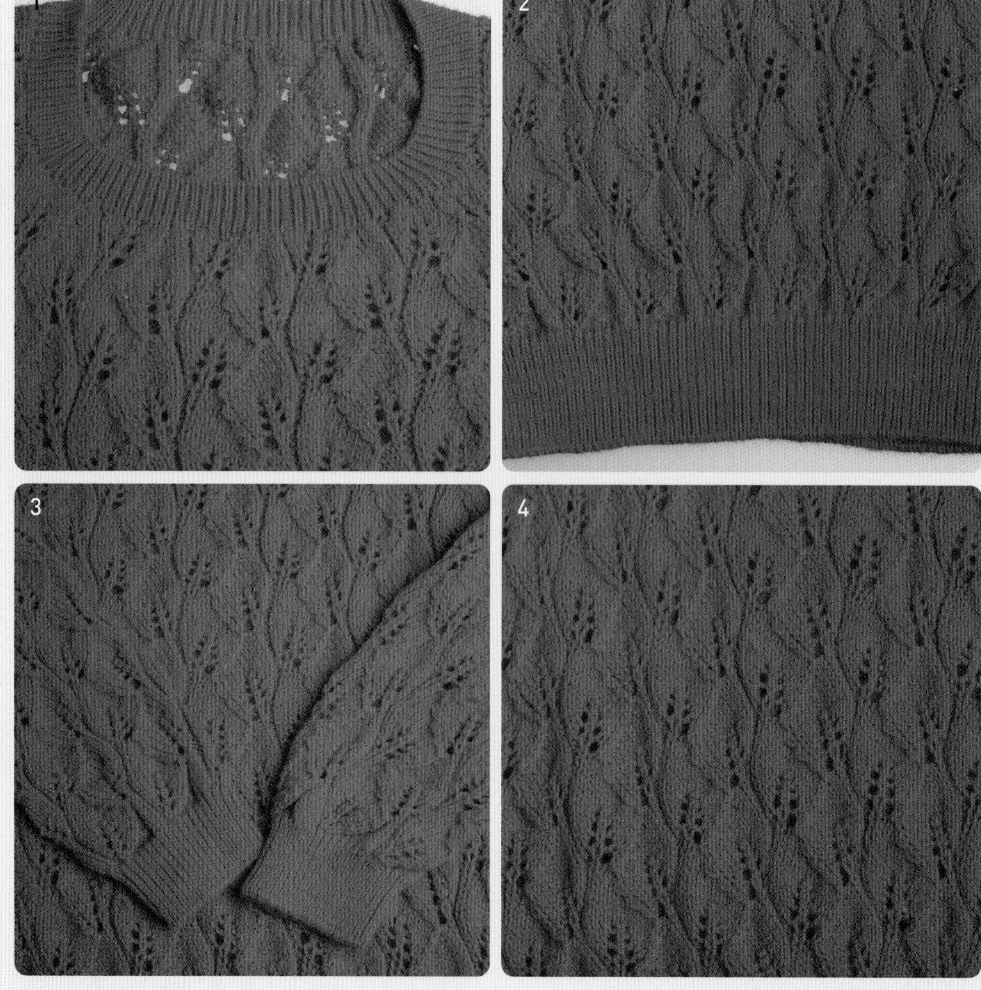

자주색 티셔츠

완성 치수

66 size

재료와 도구

실	매직워시 5P(자주색)
바늘	2.5mm 대바늘, 2.5mm 줄바늘, 3.5mm 대바늘, 돗바늘

뜨는 방법

【뒤판】

1. 2.5mm 대바늘로 흔들코 152코를 시작코로 1코 고무뜨기 30단을 뜨고, 31단째는 3.5mm 대바늘로 바꿔서 무늬뜨기 126단을 뜬다.
2. 157단부터 소매둘레를 만드는데 17코를 막음한 후 2단마다 4코, 3코, 2코-2회, 1코-2회 순으로 줄여 92코가 되게 하고 56단을 더 뜬다. 양어깨는 각 17코가 되고 뒷목코는 58코가 되게 나눈 뒤 양어깨코만 각 6단 더 뜬 후 마무리한다.

【앞판】

1. 2.5mm 대바늘로 흔들코 167코를 시작코로 해서 1코 고무뜨기 30단을 뜨고, 31단째는 3.5mm 대바늘로 바꿔서 무늬뜨기 126단을 뜬다.
2. 157단부터 소매둘레를 만드는데 17코를 막음한 후 2단마다 4코, 3코, 2코-2회, 1코-2회 순으로 줄여 107코가 되게 한 후 14단을 더 뜬다.
3. 183단째는 앞목둘레를 만드는데 가운데 43코를 막음한 뒤 양옆을 2단마다 5코, 4코, 3코, 2코, 1코 순으로 줄여 어깨코 각 17코가 되게 한 후 230단까지 뜨고 뒤판 어깨를 붙인다.
4. 어깨를 붙인 뒤 2.5mm 줄바늘로 목둘레를 212코 주어 1코 고무뜨기로 14단 뜬 후 돗바늘로 마무리한다.

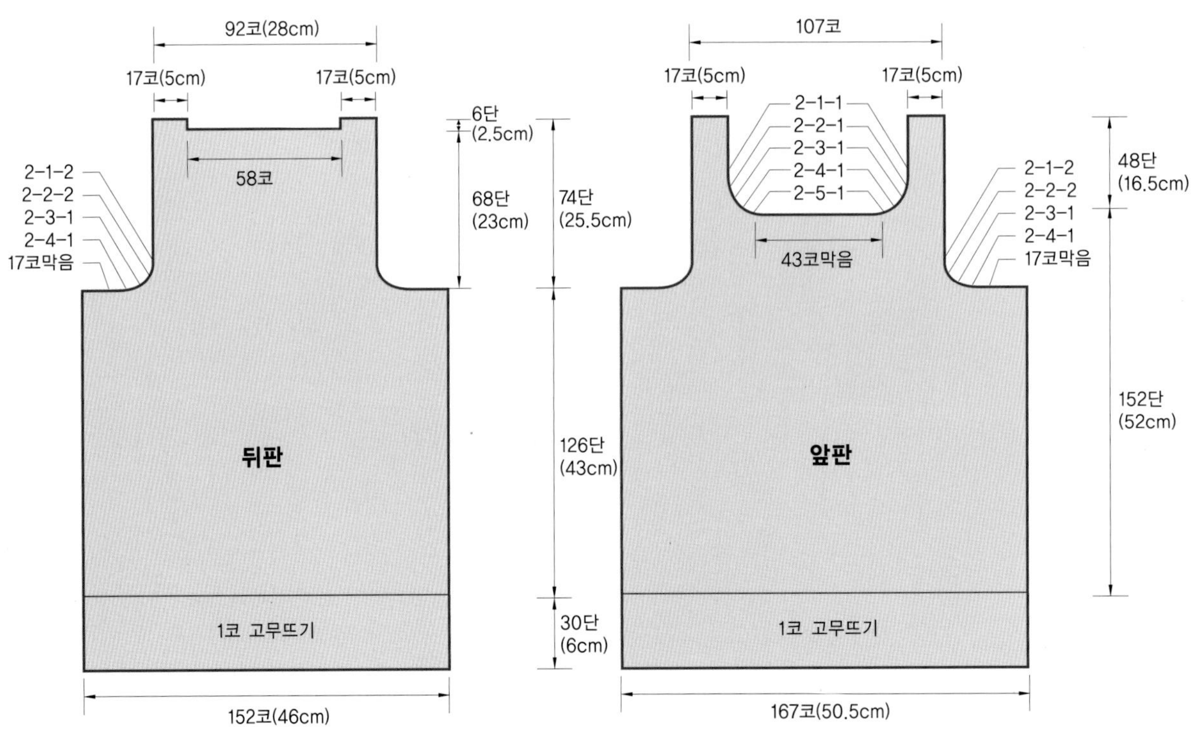

앞 판

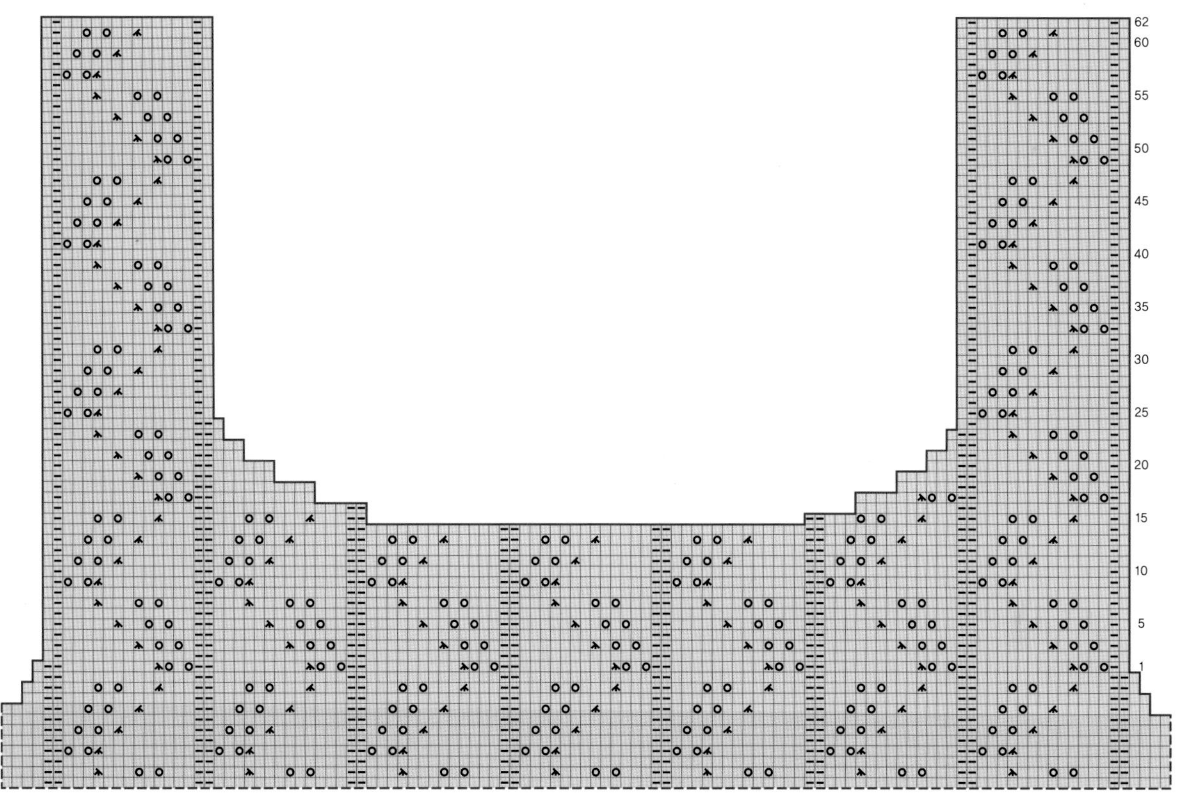

62
60
55
50
45
40
35
30
25
20
15
10
5
1

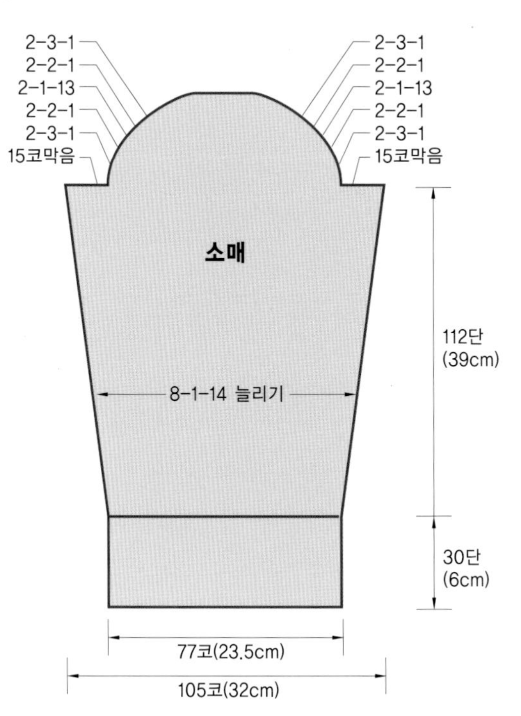

2-3-1
2-2-1
2-1-13
2-2-1
2-3-1
15코막음
2-3-1
2-2-1
2-1-13
2-2-1
2-3-1
15코막음
소매
8-1-14 늘리기
112단
(39cm)
30단
(6cm)
77코(23.5cm)
105코(32cm)

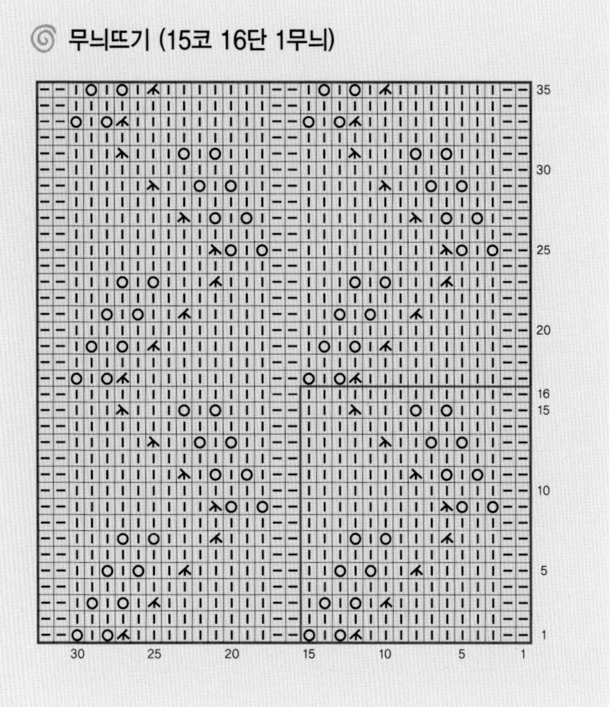

무늬뜨기 (15코 16단 1무늬)
35
30
25
20
16
15
10
5
1
30
25
20
15
10
5
1

뒤 판

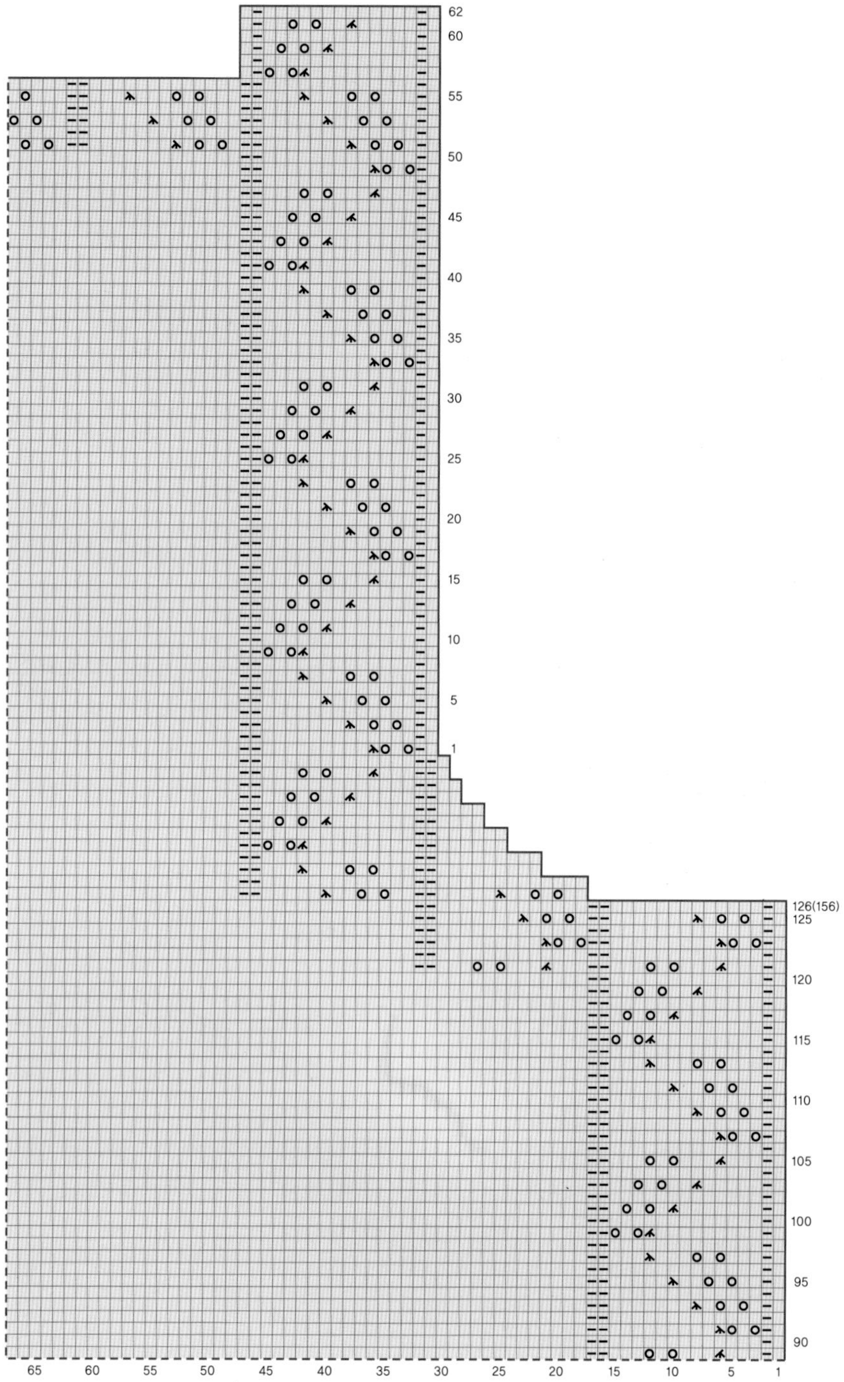

뜨는 방법

【소매】

❶ 2.5mm 대바늘로 흔들코 77코를 시작코로 해서 1코 고무뜨기 30단을 뜨고, 31단째는 3.5mm 대바늘로 바꿔 무늬뜨기하는데 8단마다 1코 늘리기 14회하여 142단까지 105코를 만든다.

❷ 143단부터는 소매산을 만드는데 먼저 15코를 막음한 뒤 2단마다 3코, 2코, 1코-13회, 2코, 3코 순으로 줄여서 마무리한다.

소매

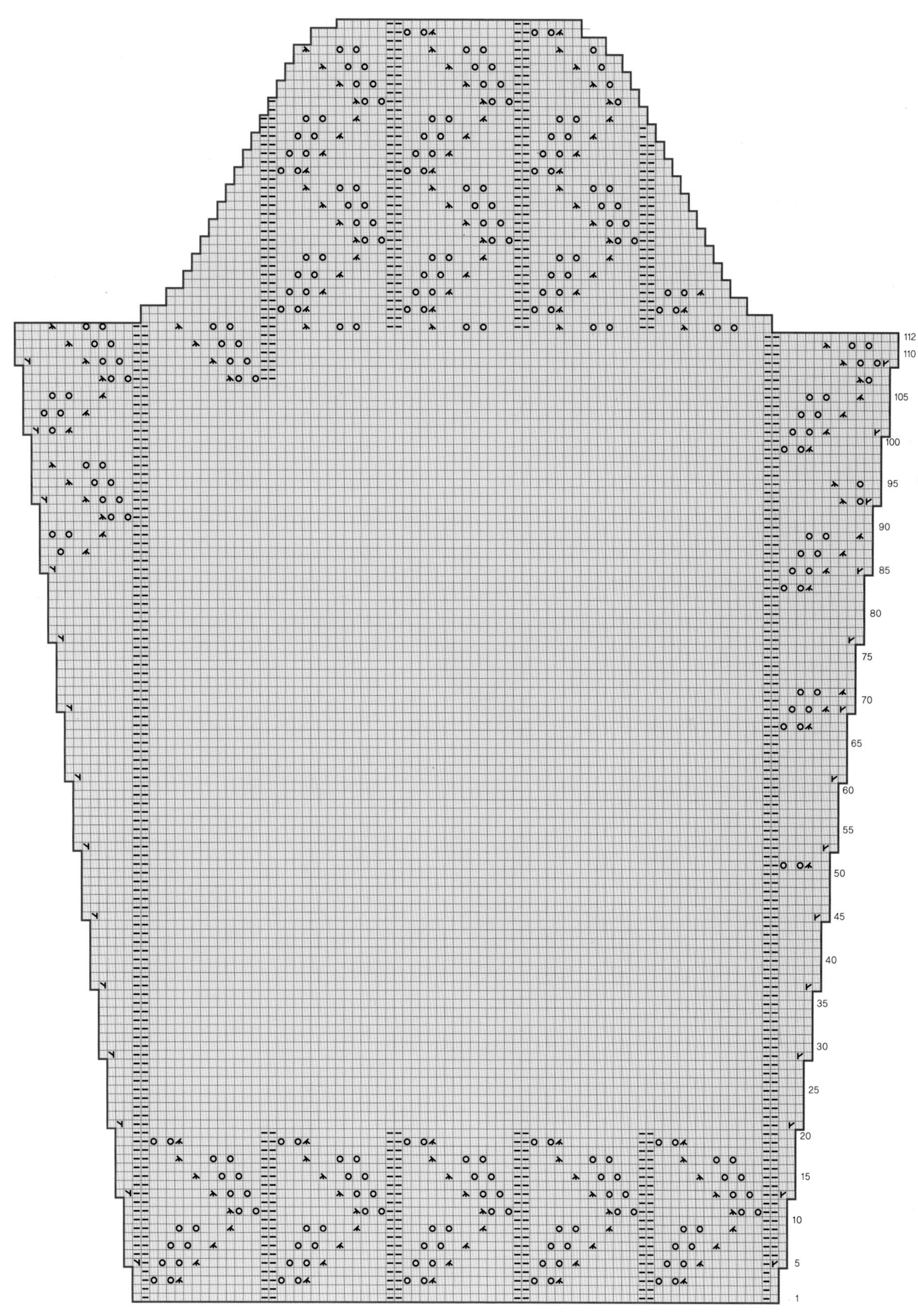
112
110
105
100
95
90
85
80
75
70
65
60
55
50
45
40
35
30
25
20
15
10
5
1

11 knitting

흰색 반팔 티셔츠

1. 목단은 앞 · 뒤 중심점에 두 줄을 세워 줄여 V넥을 만든다.
2. 앞 · 뒤판 중심 무늬뜨기
3. 옆솔기 붙이기
4. 몸판 밑단은 2코 고무뜨기로 한다.

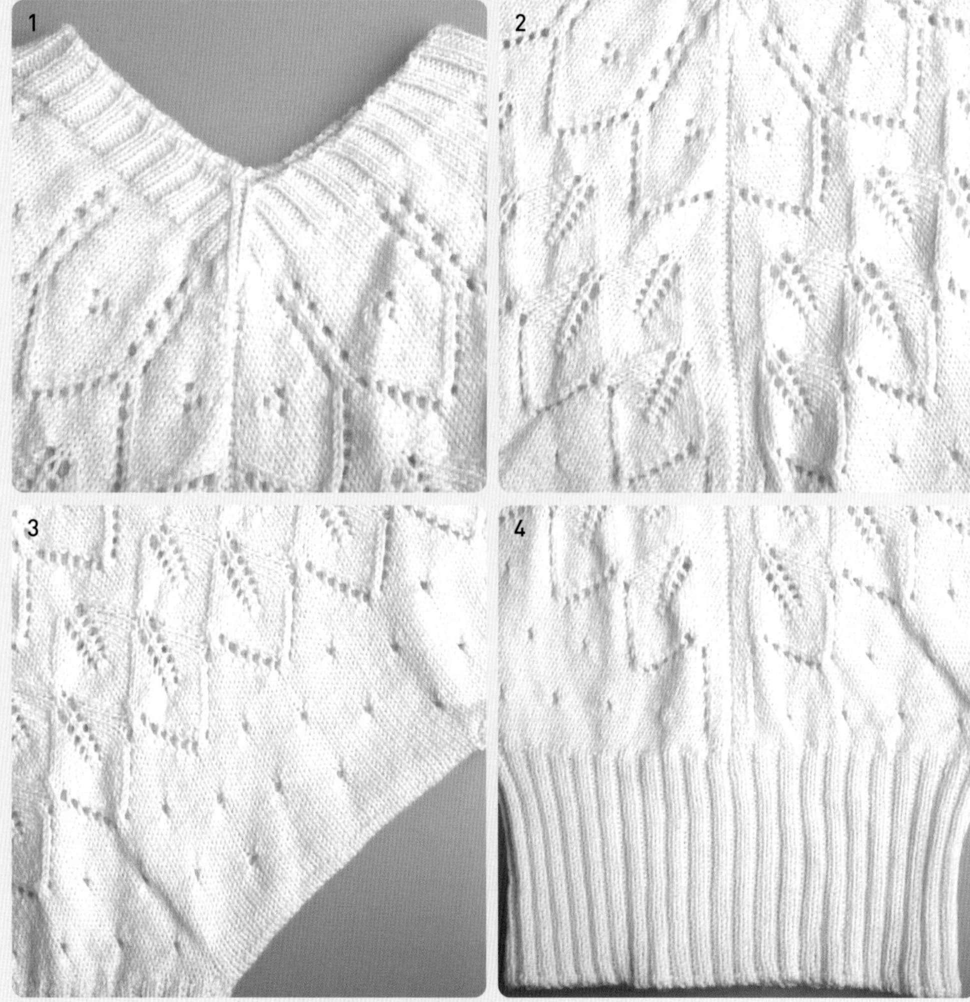

흰색 반팔 티셔츠

완성 치수
55 1/2 size

재료와 도구

실 순모 중세사(아이보리), 밑실

바늘 3mm 줄바늘, 3.5mm 줄바늘, 돗바늘

뜨는 방법

1. 3.5mm 줄바늘과 밑실을 이용해 164코를 만들고 본실로 무늬뜨기하는데 도안대로 원통뜨기를 한다.
2. 1이 끝나면 목단을 뜨는데 3mm 줄바늘로 밑실 시작 부분에서 164코를 주어 2코 고무뜨기를 하며 82코씩 나누어 앞 · 뒤 중심에 2줄씩 줄을 세워 12단 뜨고 돗바늘로 마무리한다.
3. 소매쪽은 3mm 바늘로 72코를 주어 2코 고무뜨기로 12단 뜨고 돗바늘로 마무리한다.
4. 앞판과 뒤판 부분쪽 밑단은 각각 176코를 주어 2코 고무뜨기로 44단 뜨고 돗바늘로 마무리한다. 옆솔기 부분도 돗바늘로 붙인다.

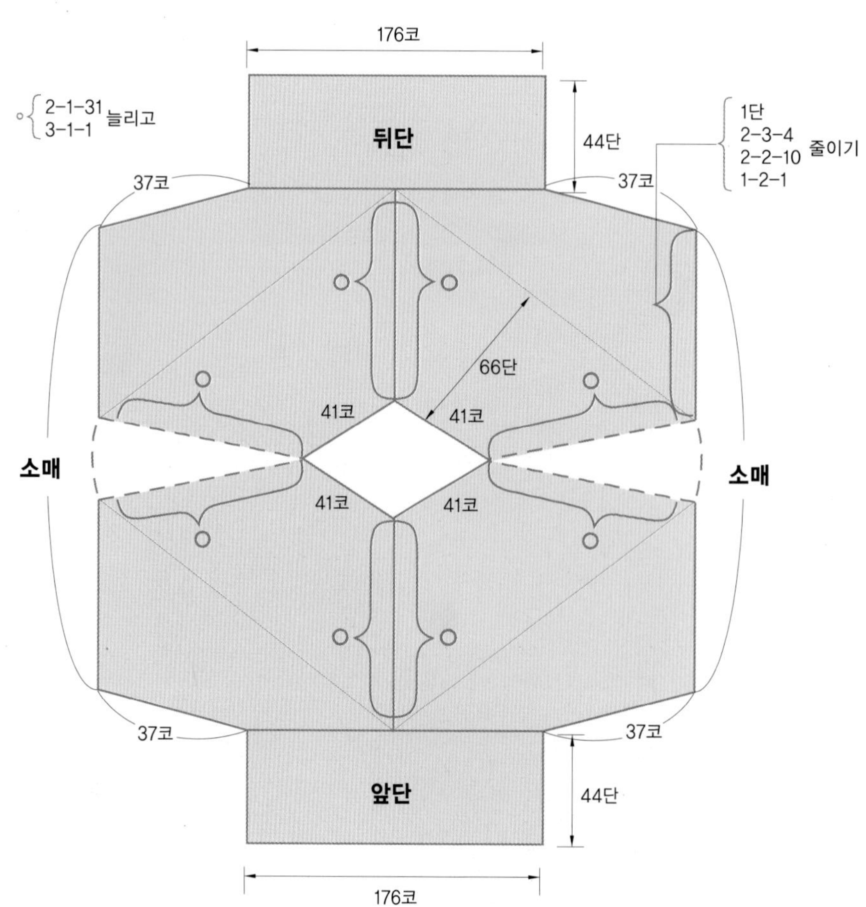

몸 판

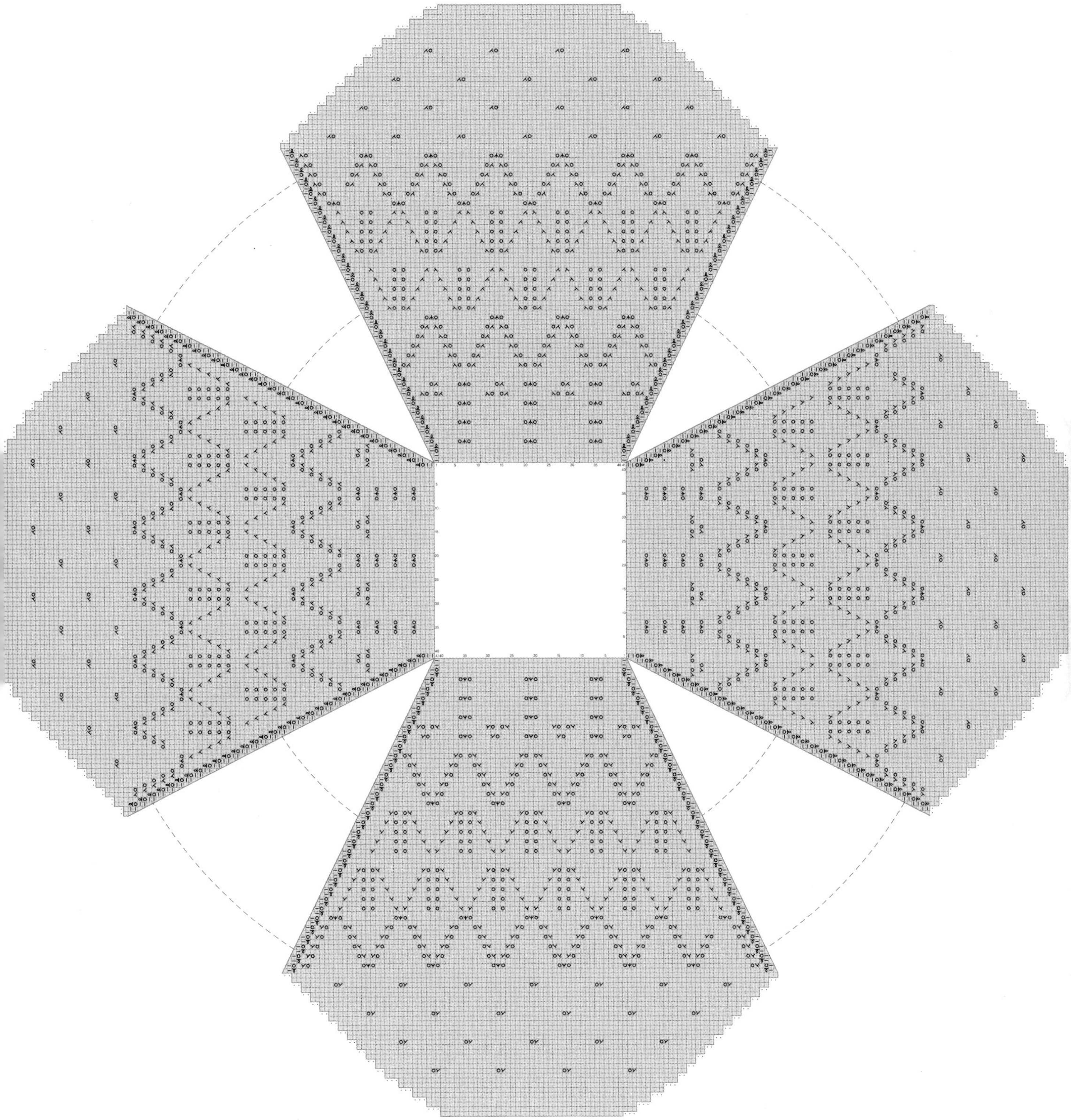

소매단, 목둘레

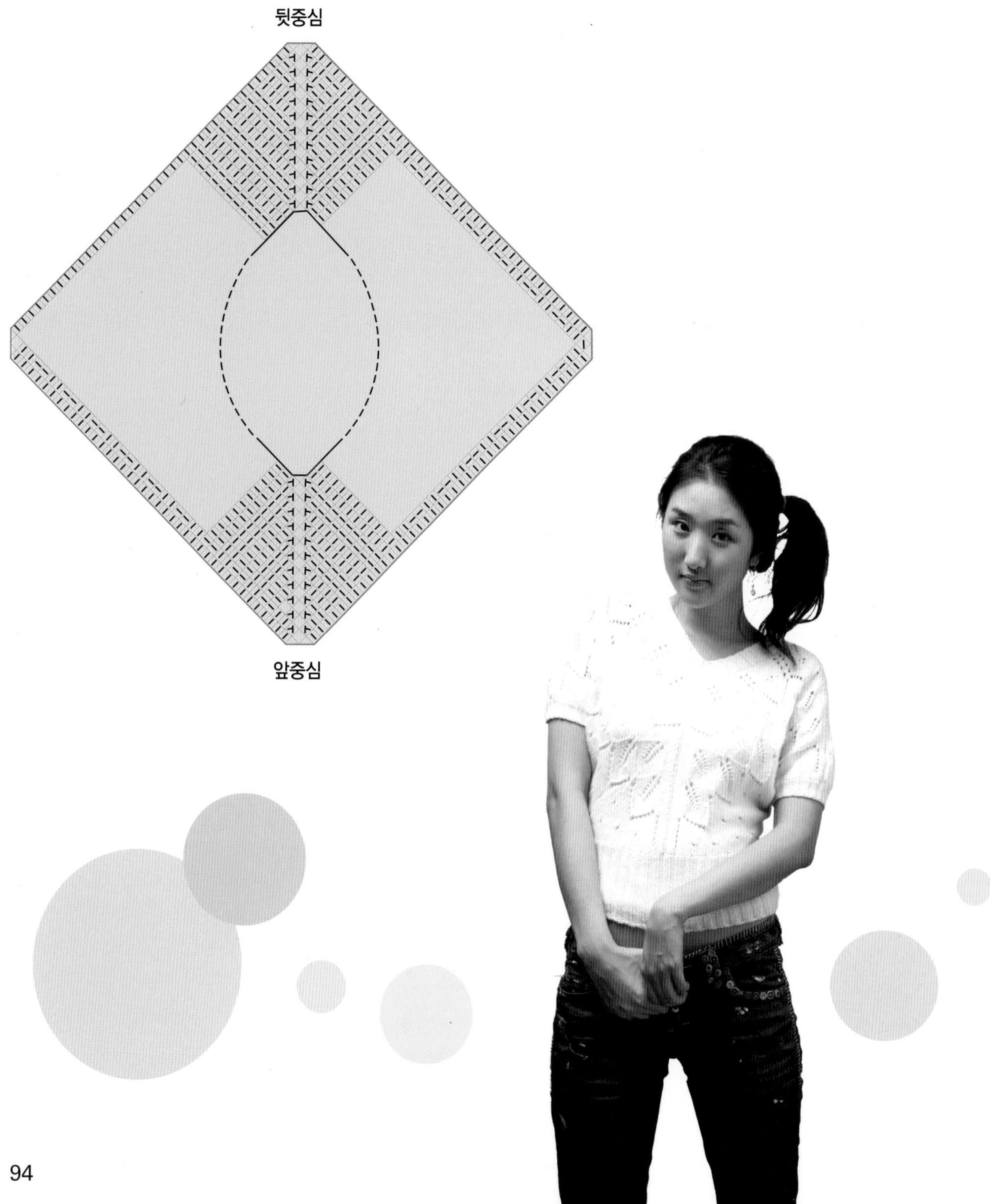

몸판 무늬뜨기

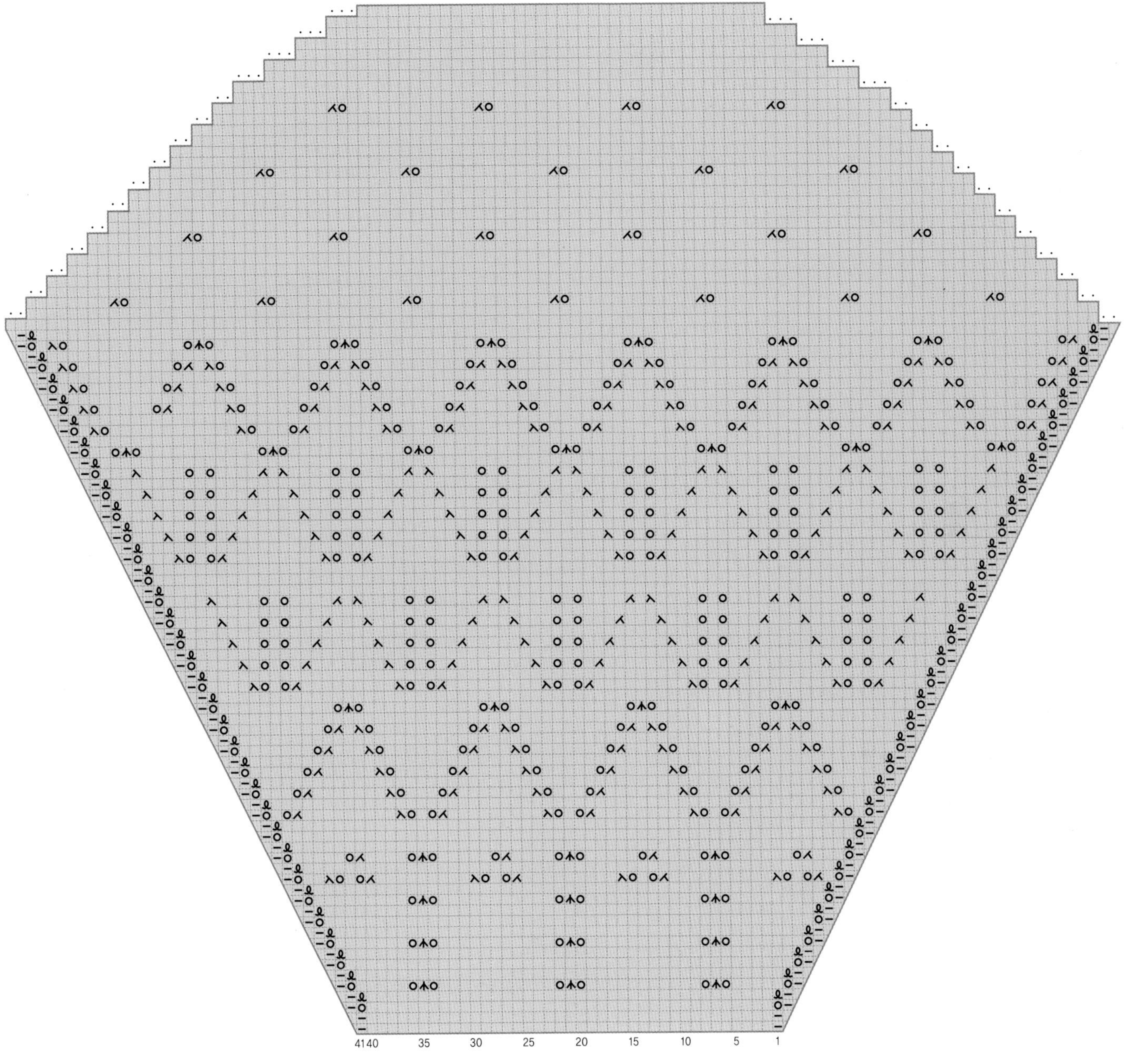

12 knitting 박스 티셔츠

1. 시원하게 파인 라운드 목선 부분
2. 몸판과 소매를 연결해서 뜬다.
3. 몸판 밑단은 기본코로 시작하고 코바늘로 되돌아짧은뜨기해서 마무리한다.
4. 바늘의 차이로 메리야스뜨기의 볼륨감이 달라진다.

박스 티셔츠

완성 치수

66 size

재료와 도구

실	모헤아(흰색)
바늘	10mm 줄바늘(2개), 6mm 줄바늘(1개), 돗바늘, 코바늘 6호

뜨는 방법

❶ 뒤판은 10mm 바늘 2개와 실로 기본코 38코를 만들고 6mm를 바늘로 안뜨기, 10mm 바늘 2개로 겉뜨기하여 메리야스뜨기로 50단을 뜬 다음, 양옆 가장자리에서 4단마다 2코씩 줄이기 3회한다.

❷ 앞판은 10mm 바늘 2개와 실로 기본코 44코를 만들고 뒤판처럼 6mm 바늘과 10mm 바늘 2개를 번갈아가며 메이야스뜨기로 50단을 뜬 다음, 양옆 가장자리에서 4단마다 2코씩 줄이기 3회한다.

❸ 소매는 10mm 바늘 2개와 실로 기본코 19코를 만들고 몸판처럼 바늘을 바꾸며 메리야스뜨기로 60단을 뜨는데 14단마다 양옆 가장자리에서 각 1코씩 늘리기 4회한다.

❹ ❸이 끝나면 양옆 가장자리에서 4단마다 2코씩 줄이기 3회한다.

❺ ❸, ❹처럼 소매 한쪽을 더 뜨고 옆솔기 부분들은 돗바늘로 이어준다. 앞 · 뒤 양소매코 전체를 원통처럼 이어 전체코 112코에서 소매 진통 사방에서 각각 2단마다 3코씩 줄이기 3회하여 목코 76코가 되게 한 후 16단 뜨고 막음코로 마무리한다.

❻ 끝단은 코바늘을 이용하여 되돌아짧은뜨기로 장식 마무리한다.

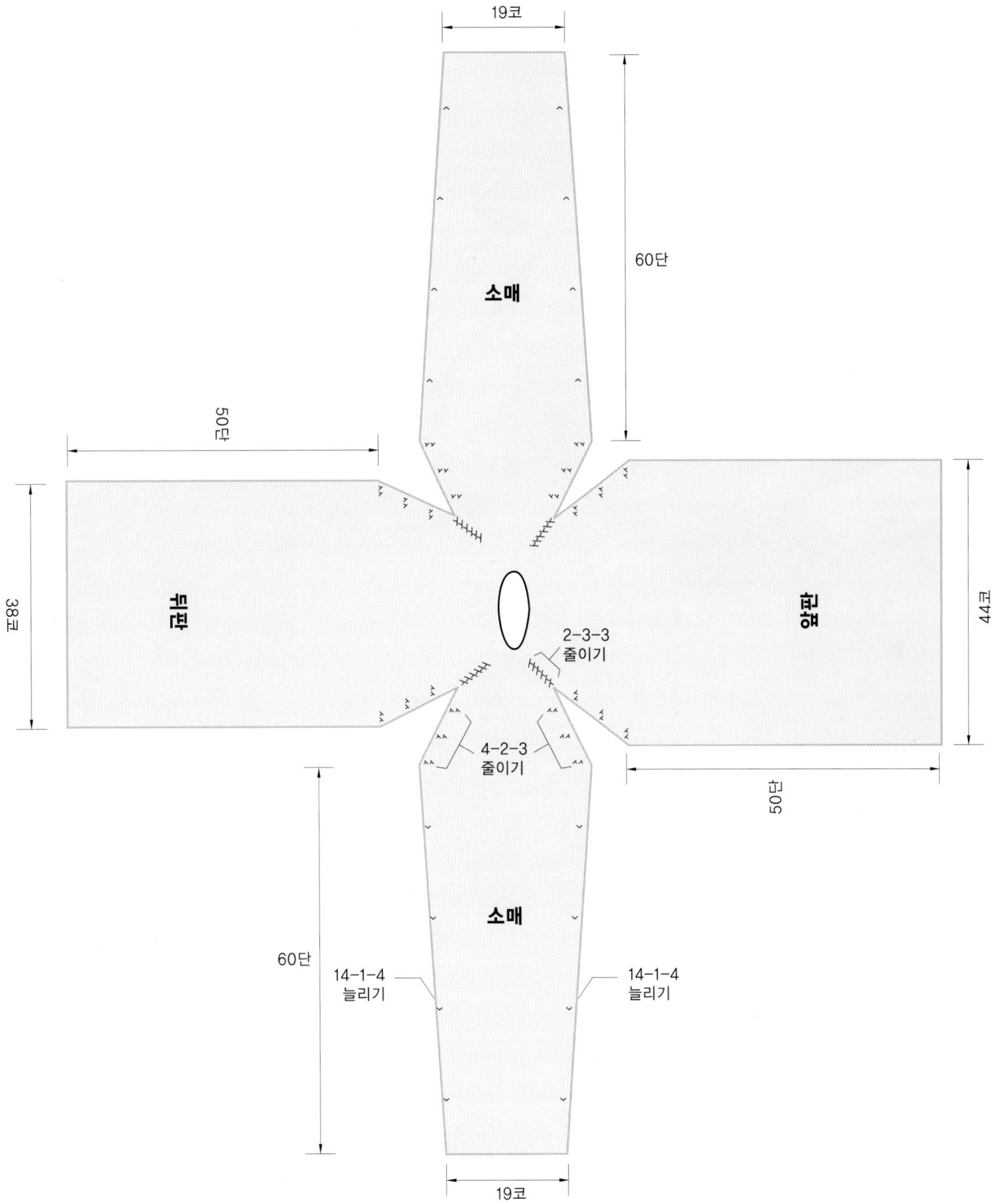

19코

60단

소매

50단

38코

뒤판

2-3-3
줄이기

앞판

44코

4-2-3
줄이기

50단

60단

소매

14-1-4
늘리기

14-1-4
늘리기

19코

p.a.r.t 2

MERINO
LANA MERINO EXTRAFINE
50 GRAMS AT NET STANDARD CONDITION
MADE IN ITALY (BIELLA)
Super Wash
Merino Fine Wool 100%
Farbe/Col:
415
Partie/Lot:
5159
50g cond.
ca. 150 m/mt
100% Extra Fine Merino
Lana Extra Fine
TORINO
Net Weight 40g(±5g)

남성 및 어린이용

1_보라색 남성 가디건

2_검정색 남성 점퍼

3_무지개 남성 티셔츠

4_어린이 그린색 조끼

5_어린이 체리핑크 박스티

6_어린이 오렌지색 투피스

7_어린이 보라색 투피스

8_어린이 노란색 투피스

9_어린이 빨간색 쓰리피스

1 knitting

보라색 남성 카디건

1. 2코 고무뜨기로 칼라단을 뜬다.
2. 몸판과 소매 연결 부분
3. 주머니 입구단은 2코 고무뜨기로 뜬다.
4. 앞중심단과 밑단은 2코 고무뜨기로 뜬다.

보라색 남성 카디건

완성 치수

110 size

재료와 도구

실 제일모직 공작사(보라 나염)
바늘 대바늘 4mm, 대바늘 3mm (줄바늘 3mm), 돗바늘
부속품 단추(5ea)

뜨는 방법

【뒤판】

1. 3mm 대바늘로 흔들코 114코 시작코를 만들어 2코 고무뜨기 24단을 뜨고, 25단째는 4mm 대바늘로 136코가 되게 22코를 늘린 후 무늬뜨기하며 120단까지 뜬다.
2. 121단부터 소매둘레를 만드는데 먼저 10코를 막음한 후 2단마다 4코, 3코, 2코, 1코–2회 순으로 줄여 94코가 되게 한 뒤 56단을 더 뜬다.
3. 187단의 양어깨코는 각 28코, 뒷목코는 38코가 되게 나눈 뒤 양어깨코 28코를 각각 6단을 더 뜨고 마무리한다.

【앞판】

1. 3mm 대바늘로 흔들코 58코 시작코를 만들어 2코 고무뜨기 24단을 뜨고, 25단째는 4mm 대바늘로 65코가 되게 7코를 늘린 후 무늬뜨기하며 50단까지 뜬다.
2. 옆구리 쪽으로 18코를 남기고 47코를 34단 뜨고, 주머니 입구 부분에 3mm 대바늘로 34코를 주어 2코 고무뜨기 10단을 뜨고 돗바늘로 마무리한다.
3. 주머니 속부분은 25단 안쪽에서 37코를 메리야스뜨기로 50단까지 뜨고, 남겨두었던 18코와 주머니 입구단과 연결해서 34단을 더 떠서 먼저 떴던 부분과 붙이고 120단까지 무늬뜨기한다.
4. 121단부터 옆구리 쪽에서 10코 막음한 후 2단마다 4코, 3코, 2코, 1코–2회 순으로 줄여 소매둘레를 만들고, 앞판 중심 부분은 4단마다 1코 줄이기 16회하여 어깨코가 28코 되도록 한 후 192단까지 뜬 다음 뒤판 어깨와 붙인다.
5. 3mm 줄바늘로 오른쪽 앞판→뒷목→왼쪽 앞판에서 434코를 주어 2코 고무뜨기로 14단 뜨고, 오른쪽 · 왼쪽 앞판 부분에서 밑으로 각 120코를 남기고 194코 양옆 가장자리를 경사뜨기하며 23단을 더 떠서 칼라를 만든 후 돗바늘로 마무리한다.

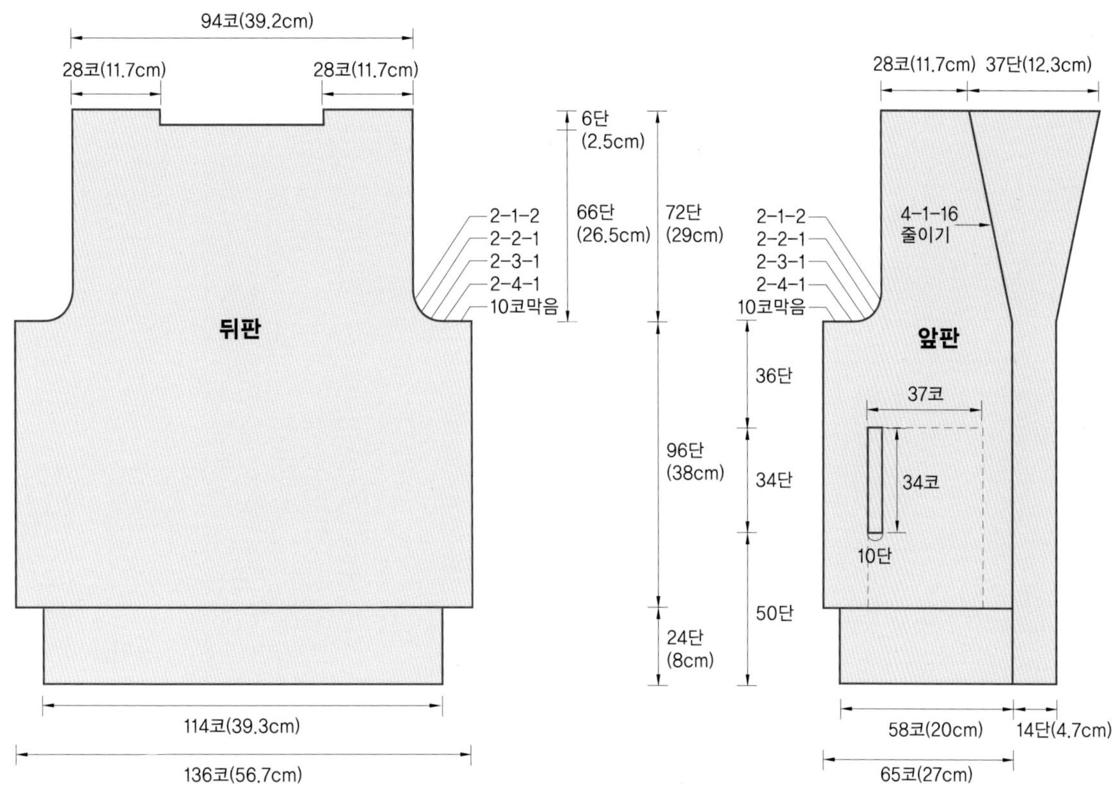
94코(39.2cm)
28코(11.7cm)
28코(11.7cm)
6단
(2.5cm)
66단
(26.5cm)
72단
(29cm)
2-1-2
2-2-1
2-3-1
2-4-1
10코막음
뒤판
96단
(38cm)
24단
(8cm)
114코(39.3cm)
136코(56.7cm)
28코(11.7cm)
37단(12.3cm)
4-1-16
줄이기
2-1-2
2-2-1
2-3-1
2-4-1
10코막음
앞판
36단
37코
34단
34코
10단
50단
58코(20cm)
14단(4.7cm)
65코(27cm)

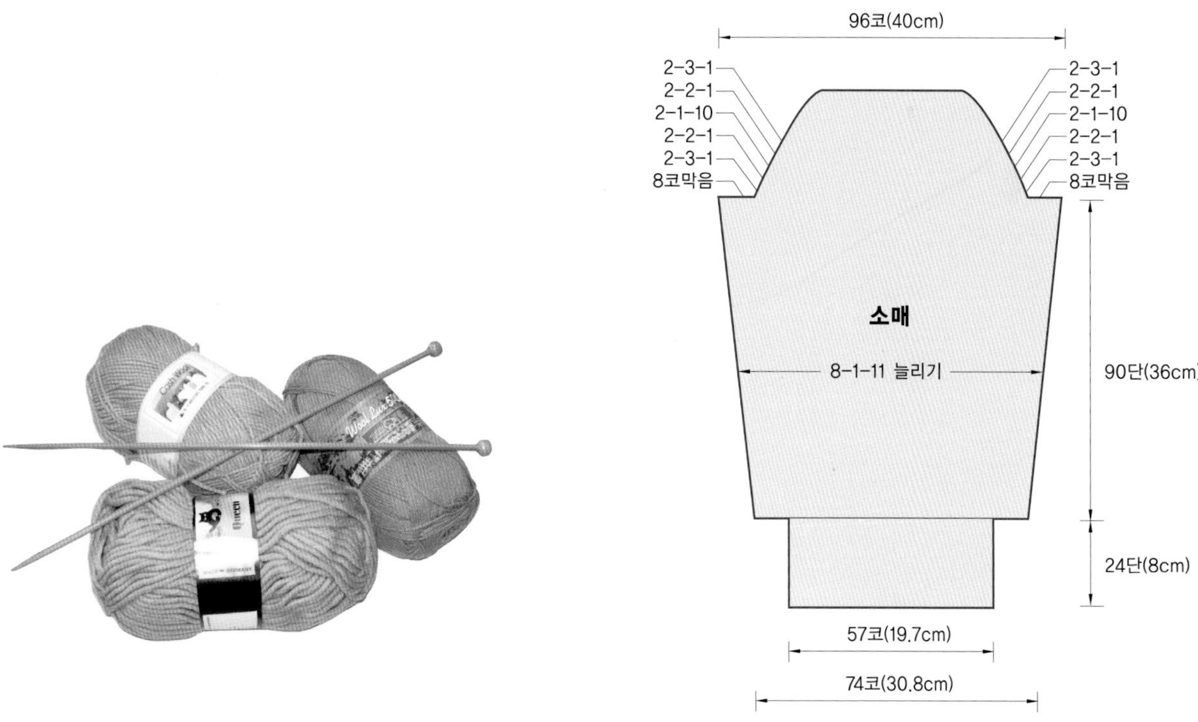
96코(40cm)
2-3-1
2-2-1
2-1-10
2-2-1
2-3-1
8코막음
2-3-1
2-2-1
2-1-10
2-2-1
2-3-1
8코막음
소매
8-1-11 늘리기
90단(36cm)
24단(8cm)
57코(19.7cm)
74코(30.8cm)

뒤 판

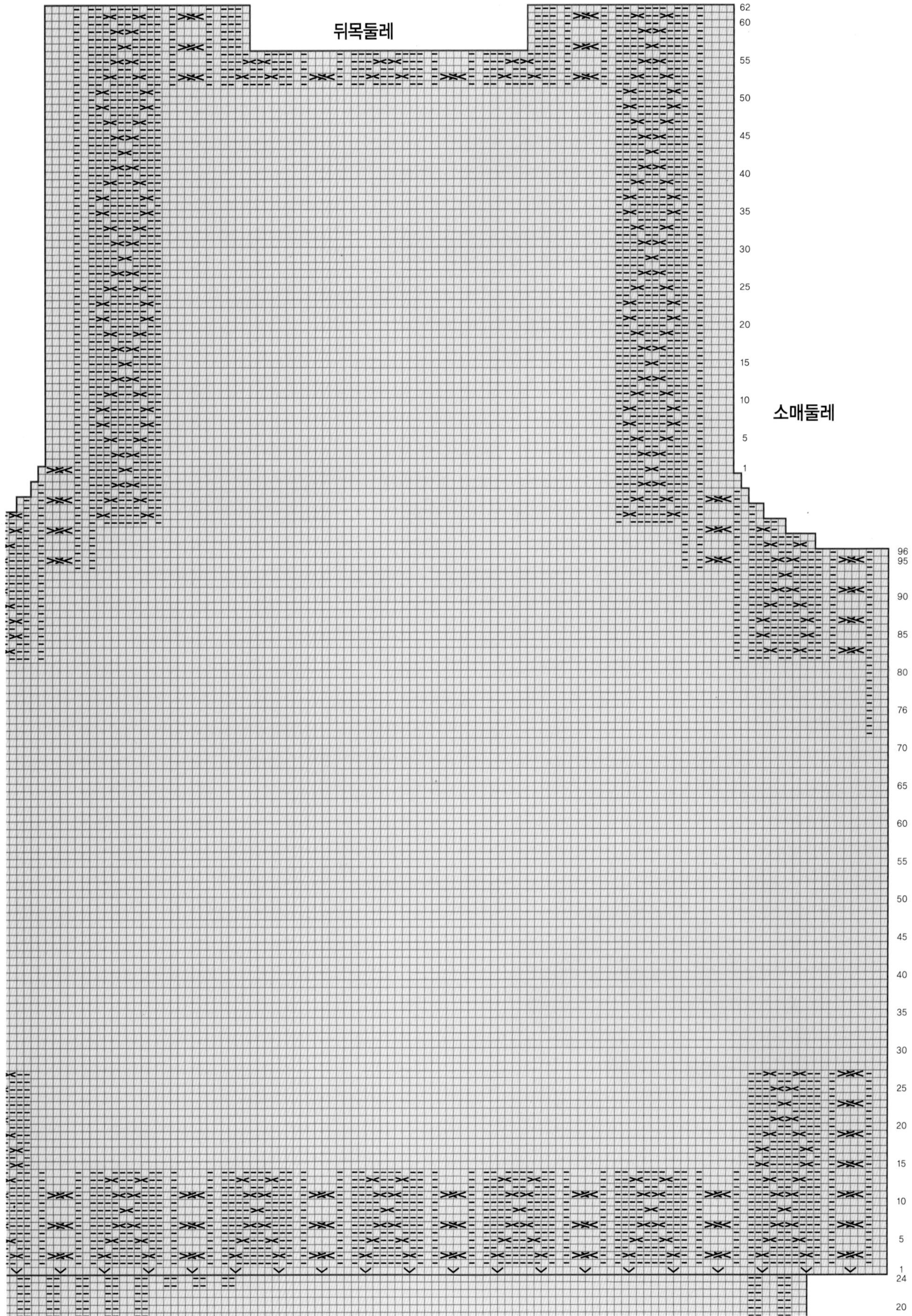

앞판

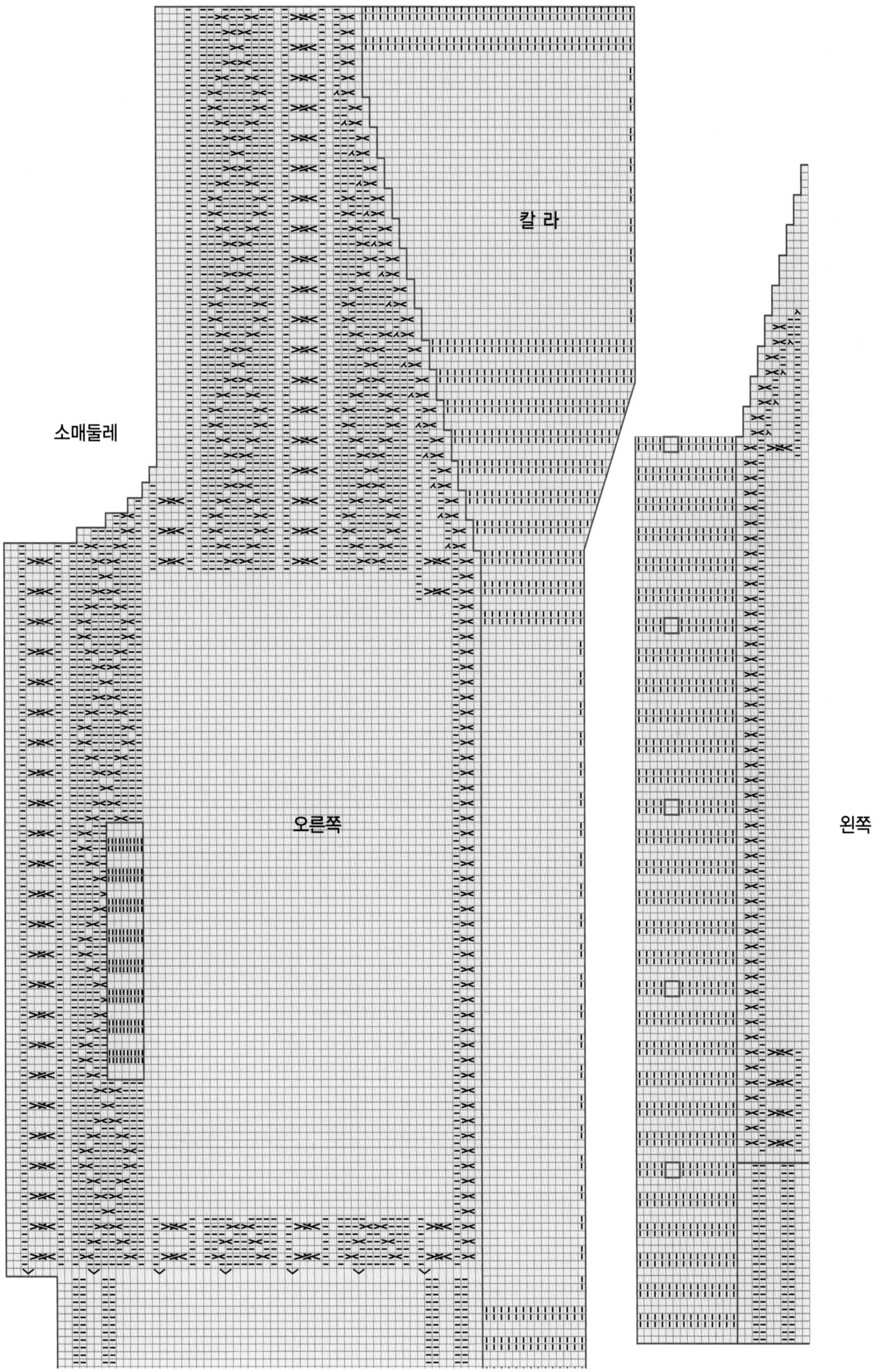

뜨는 방법

【소매】

① 3mm 대바늘로 흔들코 57코 시작코로 2코 고무뜨기 24단을 뜨고, 25단째는 4mm 대바늘로 74코가 되게 17코를 늘려 무늬뜨기하는데 8단마다 양옆 가장자리에서 1코씩 늘리기 11회하며 90단 뜬다.

② 115단째부터는 소매단을 만드는데, 먼저 8코 막음하고 2단마다 3코, 2코, 1코-10회, 2코, 3코 순으로 줄이고 마무리한다.

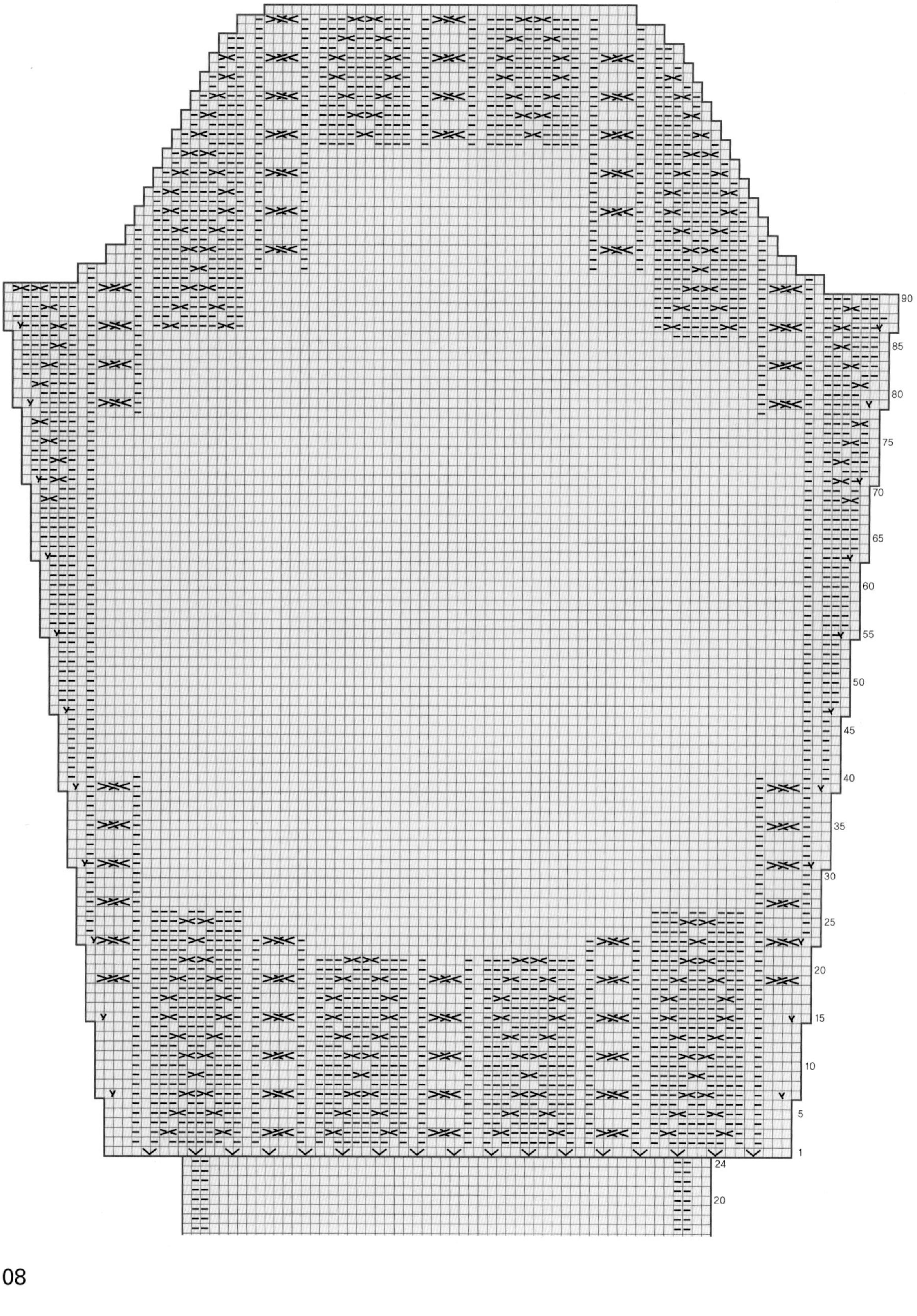

뜨개실의 종류

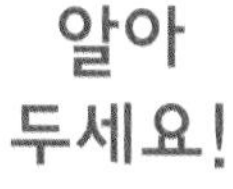

* **초극세모사 :** 모사 중에서에 가장 가는 실이다. 다른 소재와 섞어서 쓰거나, 색깔이 다른 실과 합사해서 변화를 줄 때 쓰인다.
* **극세모사 :** 초극세모사를 2올로 꼰 정도 굵기의 실이다. 한 올로 뜨면 아무래도 모양이 흐트러지기 쉬우므로, 코바늘뜨기에서는 약간 촘촘하게 뜨도록 한다.
* **준세모사 :** 극세모사와 중세모사의 중간 굵기의 실이다. 비교적 되게 꼬여 있어서 뜨개코가 깨끗하고 탄력이 있으므로 코바늘뜨기는 물론 편물기에도 모두 적합하다.
* **중세모사 :** 가장 이용도가 높은 모사로서, 실용적인 것에 많이 이용되고 있다. 튼튼하고 뜨기 쉬우므로 특히 편물기에는 최적이다. 중세모사에는 되게 꼬은 것, 희끗희끗한 것, 곱슬마디가 있는 것 등 색다른 실도 있는데, 모두 화사한 느낌을 풍기므로 뜨개코에는 너무 구애되지 말고 단순한 것을 택하는 편이 좋다.
* **준태모사 :** 중세모사보다 굵은 실로서 실용도가 높다. 실이 굵기 때문에 대바늘뜨기로도 능률적으로 뜰 수 있으며, 또 편물기로도 뜰 수 있다. 두텁고 튼튼한 뜨개감이 되므로 스포티한 것, 방한용 등에 알맞다.
* **극태모사 · 초극태모사 :** 극태모사는 준태모사보다 굵은 모사이며, 초극태모사는 극태모사보다 굵은 실이다. 초극태모사는 메이커에 따라 굵기가 다르며, 상당히 굵은 것도 있다.
* **캐시미어 :** 인도 카슈미르 지방의 염소 털로 만든 실이다. 부드럽고 보온성이 뛰어난 고급사지만 약하다는 결점이 있다. 용도는 볼레로처럼 위에 걸쳐 입는 여자용 재킷, 숄 · 머플러 등 화려한 느낌으로 뜨면 효과적이다.
* **앙고라 :** 앙고라 토끼털로 만든 실이다. 가볍고 부드러우며 보온성도 높아 값비싼 소재이다. 양모와 혼방하여 중세모사 굵기로 뽑은 모사가 편물용으로 나와 있다. 용도는 블라우스, 카디건, 볼레로 등의 드레시한 외출용에 적합하다.
* **모헤어 :** 앙고라 염소털로 만든 실이다. 털이 길고 광택이 있다. 털이 서로 얽히기 때문에 특히 메리야스뜨기 등 단순한 뜨개코 편물에 효과적이다. 용도는 카디건, 숄, 재킷 등에 적합하다.
* **링이 있는 실 :** 링이 작은 실과 링이 큰 실이 있다. 링이 작은 실은 기계에 걸리지만, 링이 큰 실은 대바늘뜨기에 적당하며 링을 살려 단조로운 뜨개코로 한다. 용도는 작은 링의 경우는 풀오버, 카디건, 투피스 등에 사용되고, 코트 등에도 적합하다. 큰 것은 재킷, 코트, 숄, 모자 등에 알맞다.
* **마디가 있는 실 :** 균일하게 마디가 있는 실과 불규칙적으로 마디가 있는 실이 있다. 신축성이 약간 부족하기 때문에 극세모사나 중세모사 등 보통 실과 합사해서 뜨면 입는데 편하다. 용도는 투피스, 원피스, 코트 등 화사한 옷에 많이 사용된다.

2 knitting

검정색 남성 점퍼

1. 목칼라는 4코 꼬아뜨기로 넓게 떠서 반으로 접어 터들목을 만든다.
2. 몸판과 소매산의 단수를 같게 하여 돗바늘로 붙인다.
3. 앞중심단에 속단을 덧대 주고 지퍼를 단다.
4. 소매단에는 단추 2개를 달아 장식한다. 주머니는 입구만 만들고 속은 천으로 만들어 단다.

검정색 남성 점퍼

완성 치수

105 size

재료와 도구

실 순모 중세사 (검정색)

바늘 2.5mm 대바늘, 3.5mm 대바늘, 돗바늘, 코바늘 3호

부속품 지퍼, 주머니용 안감 조금

뜨는 방법

【뒤판】

① 2.5mm 대바늘을 이용하여 흔들코 143코 시작코를 만들어 1코 고무뜨기로 30단을 뜬다.

② ①을 뜬 후 3.5mm 대바늘로 바꾸고 174코가 되게 늘려 무늬뜨기 120단을 뜬 다음 소매둘레를 만드는데 8코 막음한 뒤 1단마다 양옆 가장자리에서 1코씩 줄이기 16회하고 2단마다 양옆 가장자리에서 1코씩 줄이기 23회하여 마지막 콧수가 48코가 되게 한 후 막음코로 마무리한다.

【앞판】

① 2.5mm 대바늘을 이용해 흔들코 91코 시작코를 만들어 1코 고무뜨기로 30단을 뜬다.

② ①을 뜬 후 3.5mm 대바늘로 바꾸고 98코가 되게 늘려 무늬뜨기 30단을 뜬 뒤 주머니 입구를 만드는데 옆구리 쪽으로 24코를 남긴 74코만 무늬뜨기 40단 뜨고, 2.5mm 대바늘로 41코를 주어 1코 고무뜨기 14단 뜬 뒤 돗바늘로 마무리한다.

③ 24코 남긴 부분과 주머니 입구단과 붙인 후 40단을 뜬 뒤 나머지 주머니 입구단과 붙여 먼저 무늬뜨기했던 부분과 연결해서 50단 더 무늬뜨기한다.

④ ③까지 완성되면 소매둘레를 만드는데, 8코 막음한 뒤 2단마다 옆구리 쪽으로 1코 줄이기 30회 하고 앞중심에서 목둘레를 만드는데 8코 막음하고 2단마다 4코, 3코, 2코, 1코-14회를 하는데 소매둘레 쪽도 2단마다 1코씩 줄이기를 계속해서 48회까지 하여 모든 코를 소멸시킨 후 마무리한다.

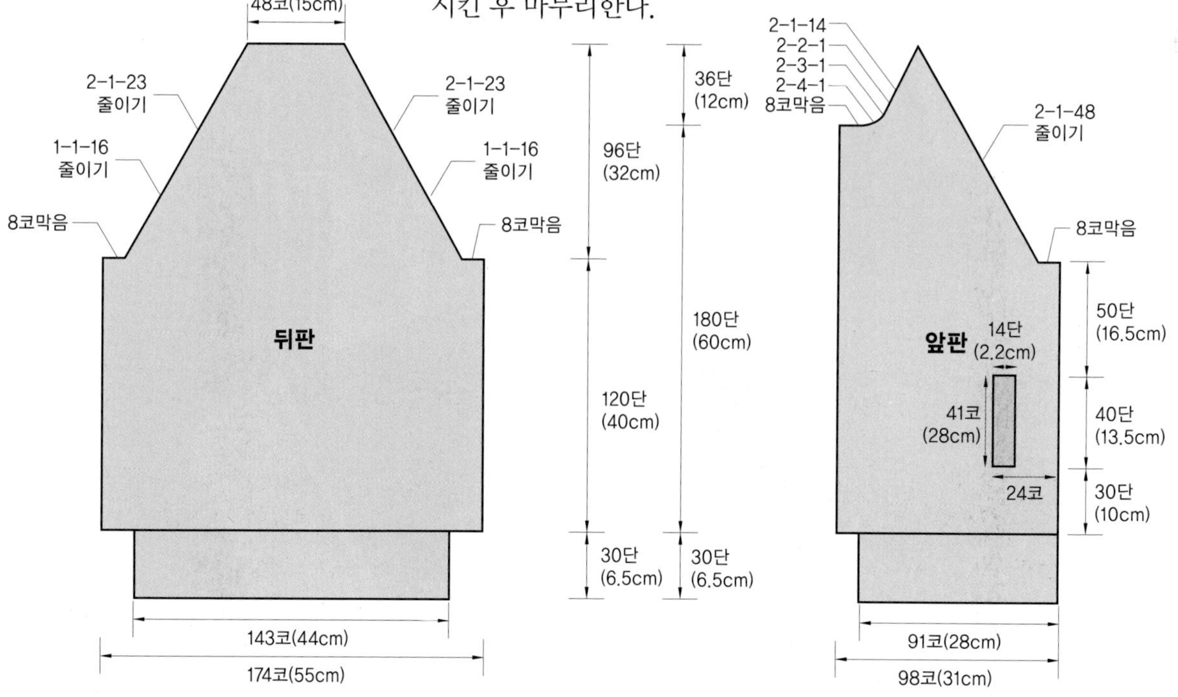

뒤 판

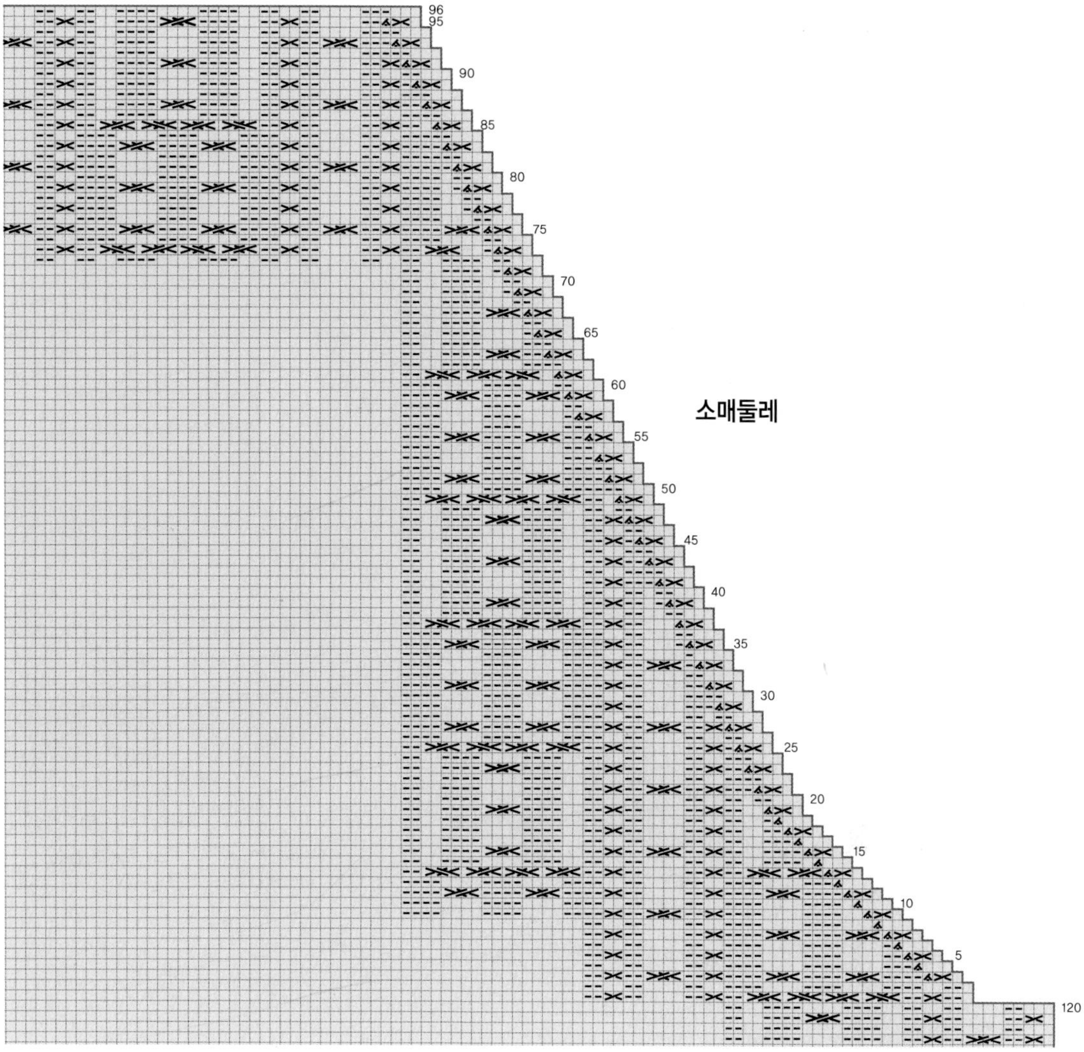

소매둘레

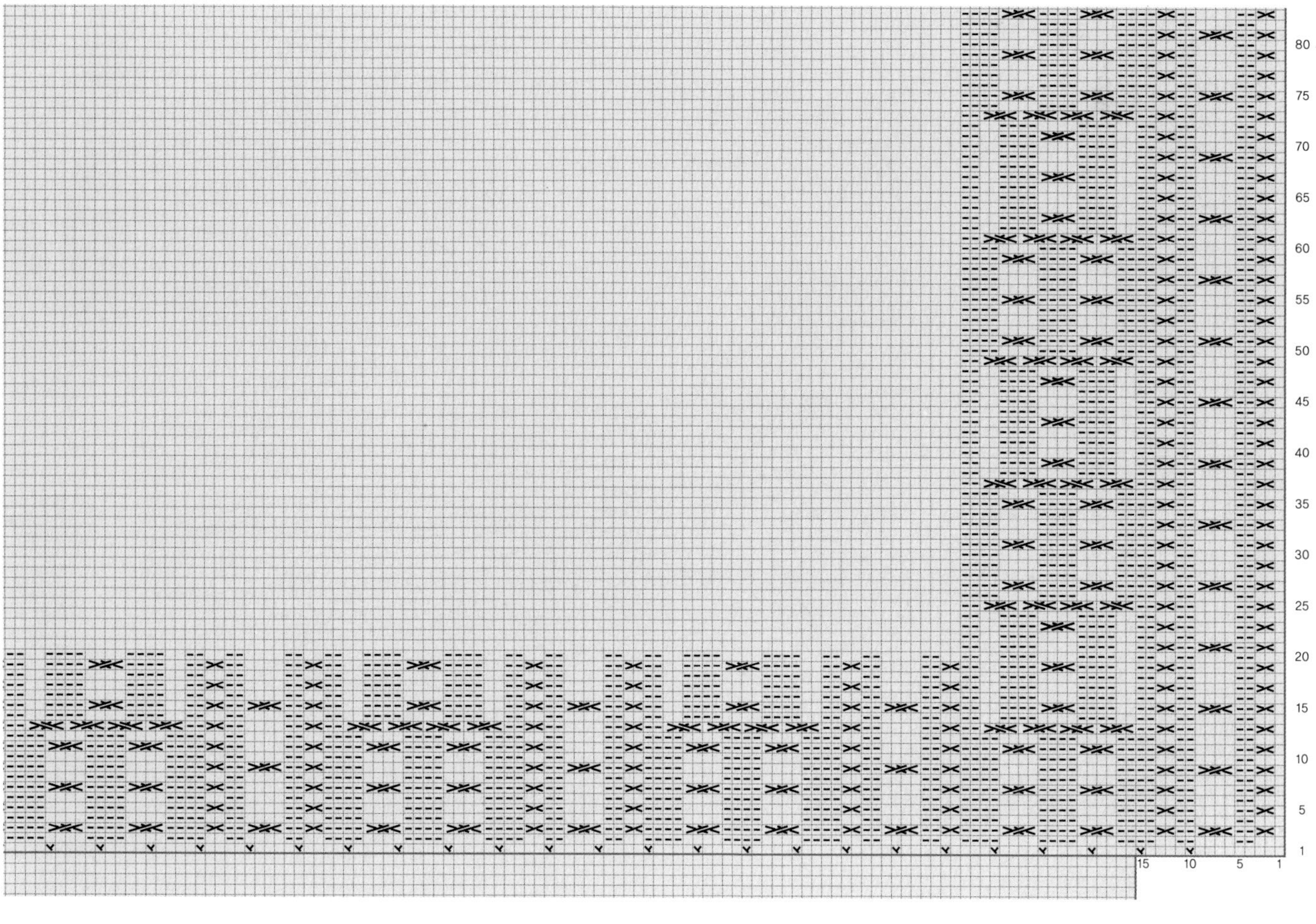

앞판

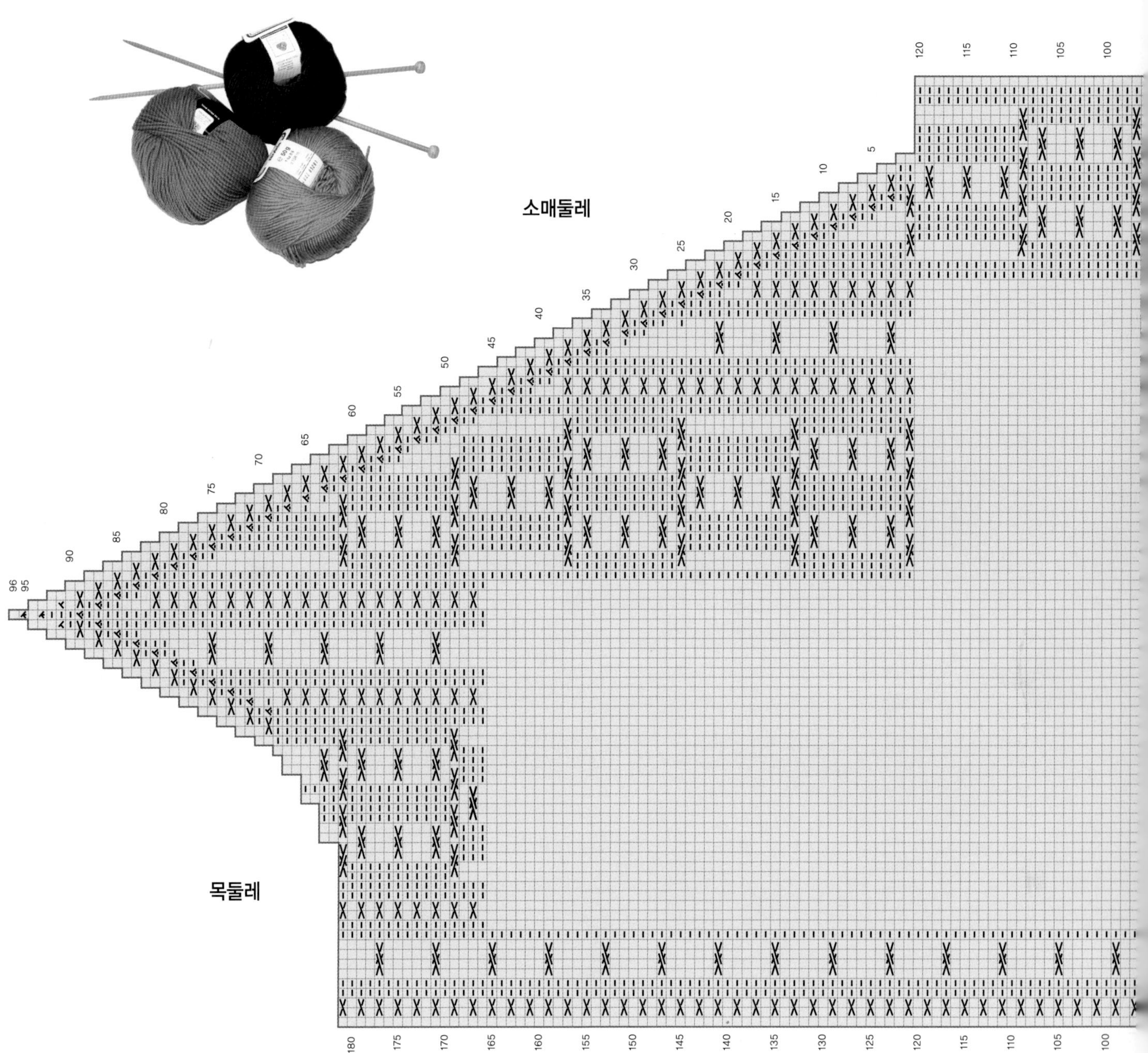

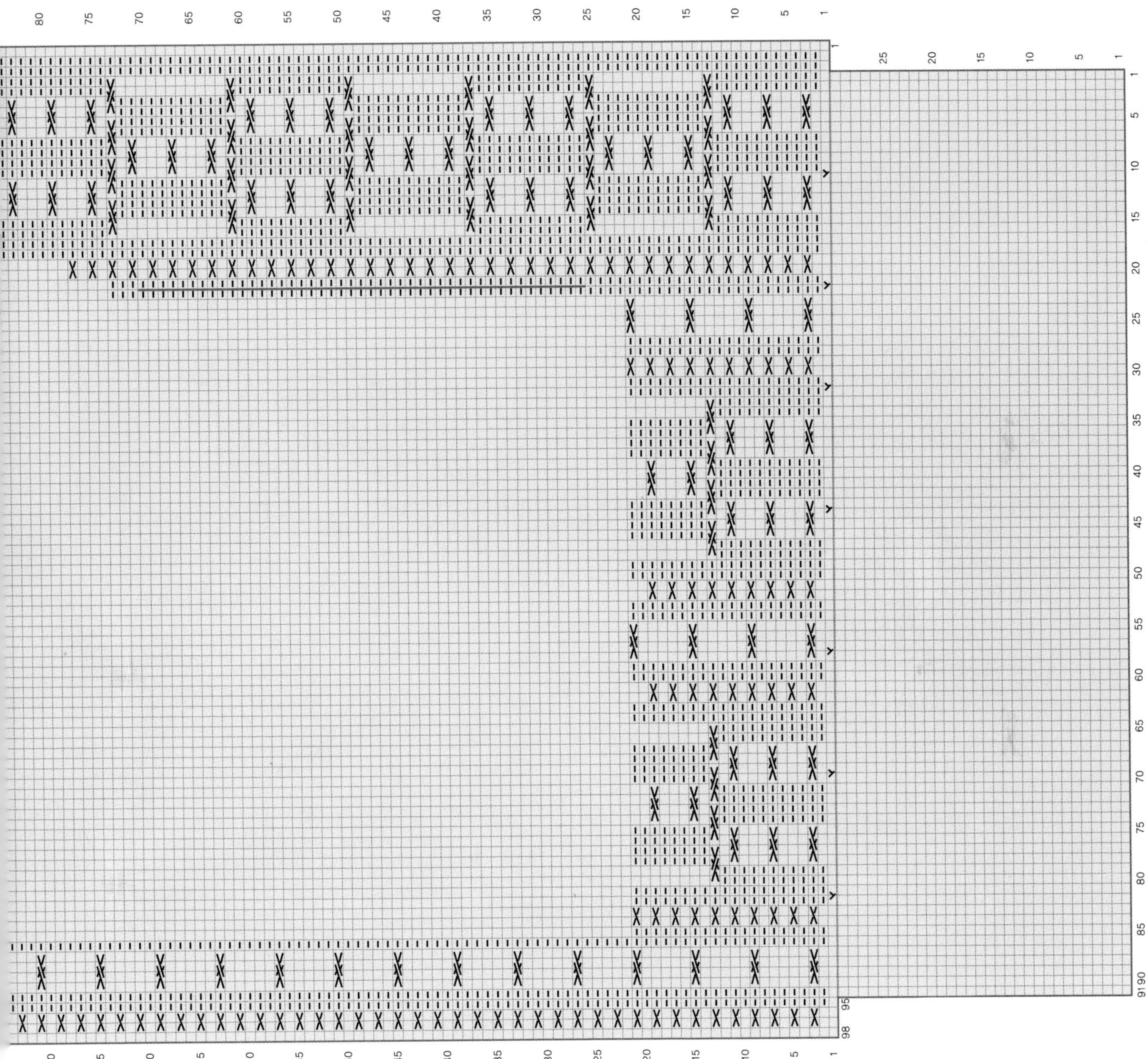

뜨는 방법

【소매】

① 2.5mm 대바늘을 이용해 흔들코 63코 시작코를 만들어 1코 고무뜨기로 30단을 뜬다.

② ①을 뜨고 난 후 3.5mm 대바늘로 바꾸고 94코가 되게 늘려 무늬뜨기 134단 뜨는 동안 8단마다 양옆 가장자리에서 1코씩 늘리기 16회를 한다.

③ ②까지 뜨고 나면 소매산을 만드는데 8코 막음한 뒤 2단마다 양옆 가장자리에서 1코씩 줄이기 46회하여 18코가 되게 한 후 4단 더 뜨고 막음코로 마무리한다.

【단뜨기】

① 앞 · 뒤판 소매가 다 되면 돗바늘로 붙여 몸판을 완성한 후 목코 138코를 주어 54단을 꼬아뜨기 무늬로 뜨고 반으로 접어 목단 시작 부분에 감침질해서 붙인다.

② 앞중심 부분 단들은 코바늘로 되돌아뜨기해서 장식 마무리한다.

③ 속단은 10코를 3.5mm 대바늘로 시작해 180단 메리야스뜨기 2장을 떠서 지퍼 달 앞중심선에 맞추어 돗바늘로 붙인다.

④ 속단까지 붙인 후 주머니 안감을 붙여주고 앞중심에 지퍼를 달아준다.

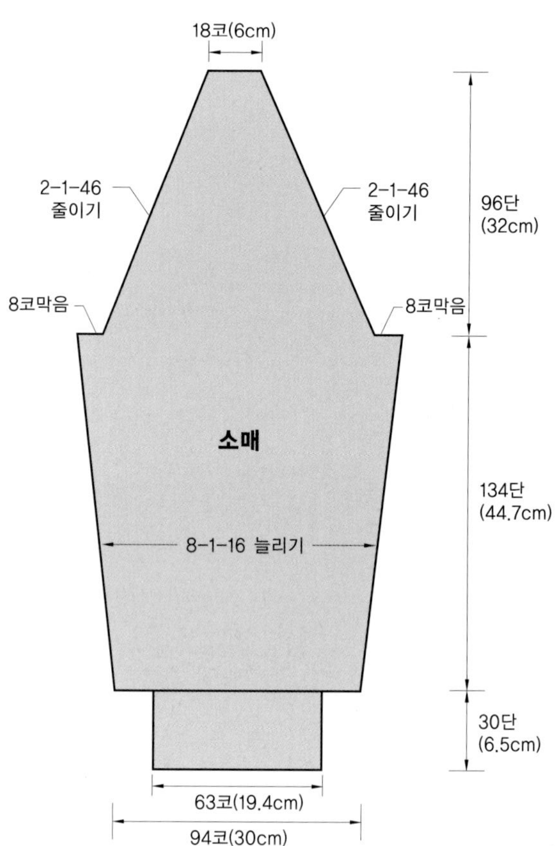

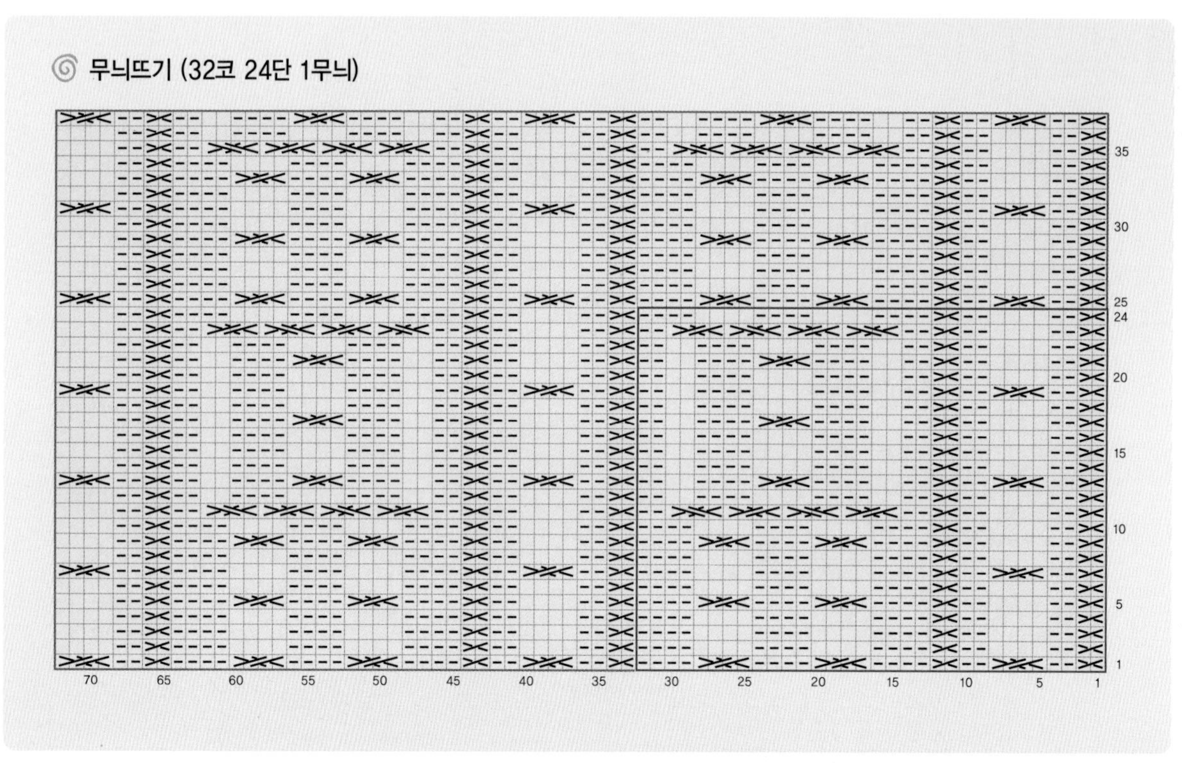

소 매

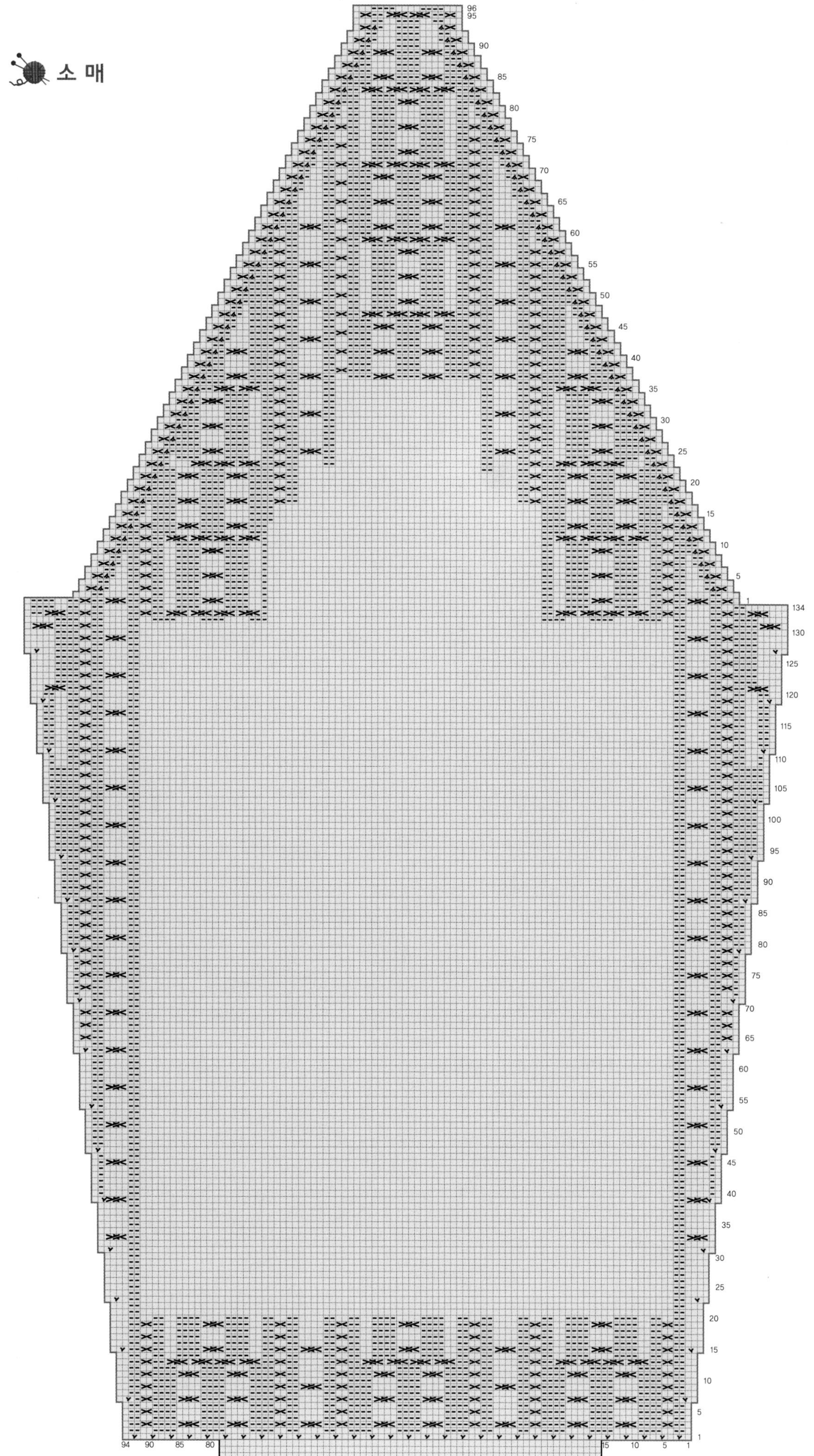

3 knitting

무지개 남성 티셔츠

1. 앞중심에 기둥을 세워주며 V넥 단뜨기를 한다.
2. 몸판과 소매 연결 부분
3. 밑단은 1코 고무뜨기를 한다.
4. 몸판 중앙 무늬뜨기

무지개 남성 티셔츠

완성 치수

105 size

재료와 도구

실 순모(나염)

바늘 3mm 줄바늘, 4mm 줄바늘, 돗바늘

뜨는 방법

【뒤판】

1. 3mm 바늘과 실로 흔들코 133코를 만들어 1코 고무뜨기 30단을 뜬다.
2. ①이 끝나면 4mm 바늘로 바꾸어 무늬뜨기 116단 떠주고 소매둘레를 만든다.
3. 소매둘레는 먼저 10코 막음한 뒤 2단마다 4코, 3코, 2코, 1코 순으로 줄여 93코가 되게 하고 66단 뜬 후 뒷목을 만든다.
4. 뒤목은 양어깨코 각 31코, 뒷목코 31코가 되게 삼등분하고 어깨코만 각 6단씩 더 뜨고 마친다.

【앞판】

1. 3mm 바늘과 실로 흔들코 137코를 만들어 1코 고무뜨기 30단을 뜨고, 4mm 바늘로 바꾸면서 149코가 되게 늘린다.
2. 무늬뜨기하며 116단까지 뜨고 나서 소매둘레를 만드는데 10코 막음한 뒤 2단마다 4코, 3코, 2코, 1코 순으로 줄인다.
3. 앞목은 소매둘레를 만들 때 전체 149코에서 가운데 중심으로 1코를 늘려 150코가 되게 하고 이등분한다.
4. 이등분한 75코를 2단마다 1코씩 줄이기 8회 4단마다 1코씩 줄이기 16회하여 어깨코 31코가 되게 하고 뒤판 어깨와 마주 붙인다.
5. 옆솔기도 앞 · 뒤 마주대고 돗바늘로 붙인다.

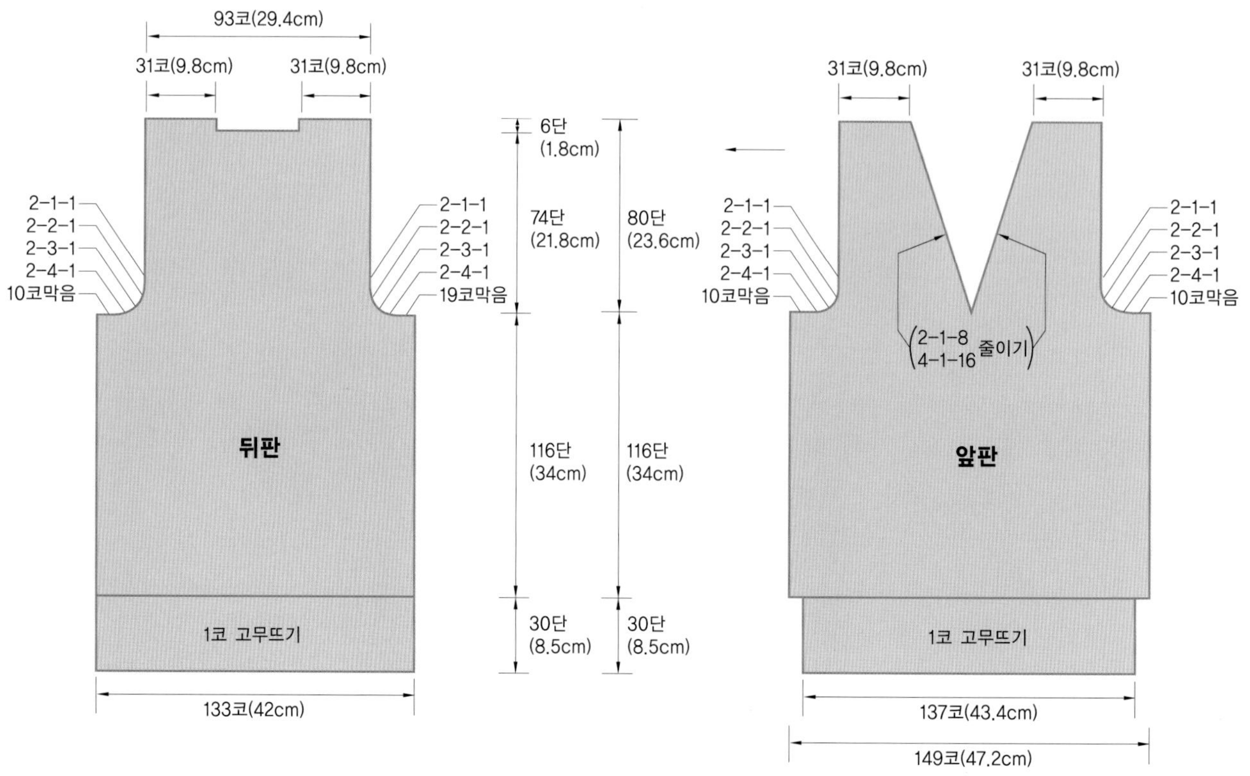

뒤 판

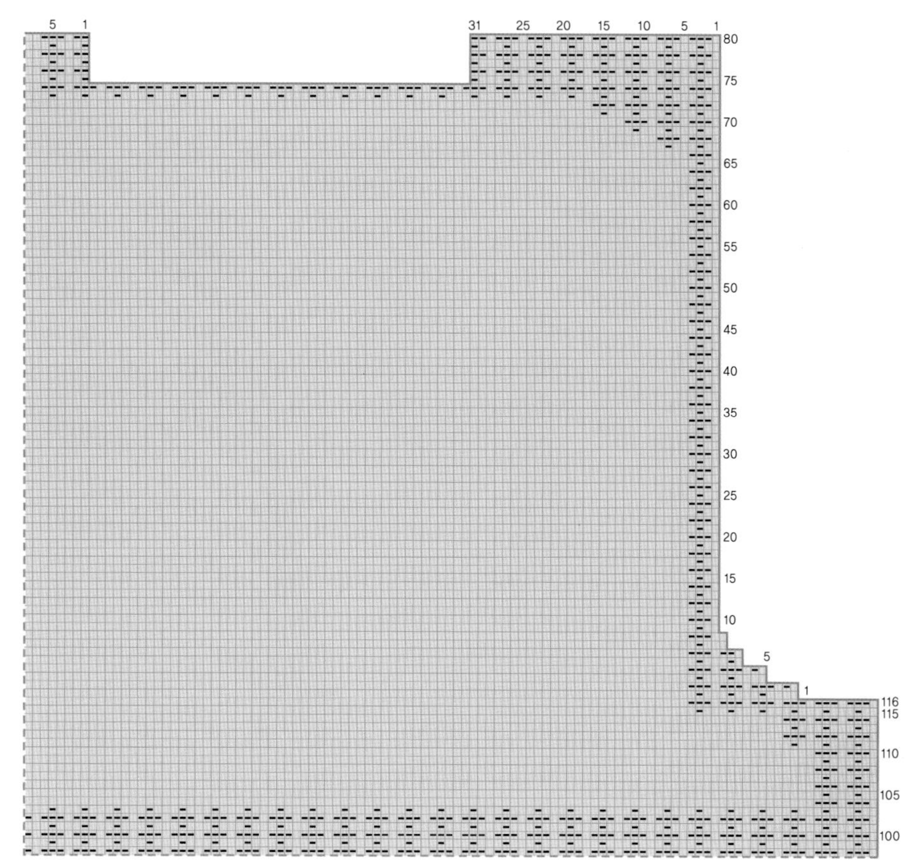

【소매】

1. 3mm 바늘과 실로 흔들코 63코를 만들어 1코 고무뜨기 30단 뜨고, 4mm 바늘로 바꾸면서 89코가 되게 늘리고 무늬뜨기하며 134단 뜨는데 8단마다 양옆 가장자리에서 각 1코씩 늘리기를 16회한다.
2. 소매산을 8코 막음한 뒤 2단마다 3코, 2코, 1코-13회, 2코, 3코 순으로 줄이고 막음코로 마무리한다.

【목단뜨기】

1. 3mm 바늘로 194코를 주어 1코 고무뜨기 하는데 앞판 중심에는 매단마다 2코를 주어 기둥을 세워 주며 12단 뜬 후 돗바늘로 마무리한다.

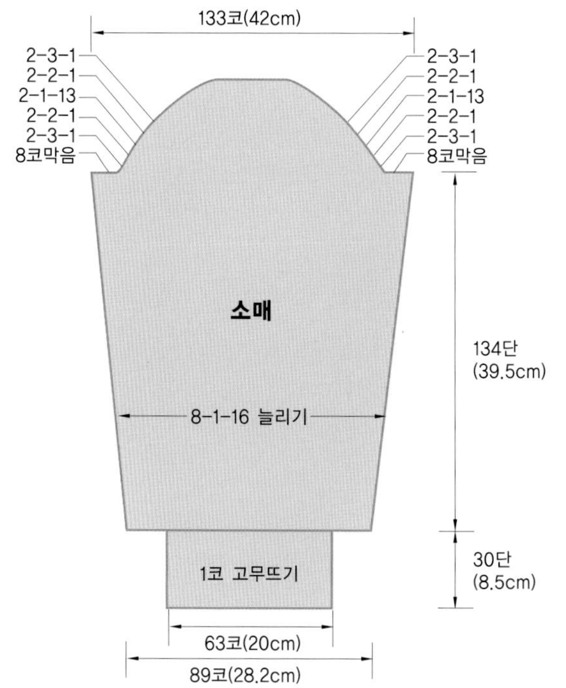

무늬뜨기 (4코 2단 1무늬)

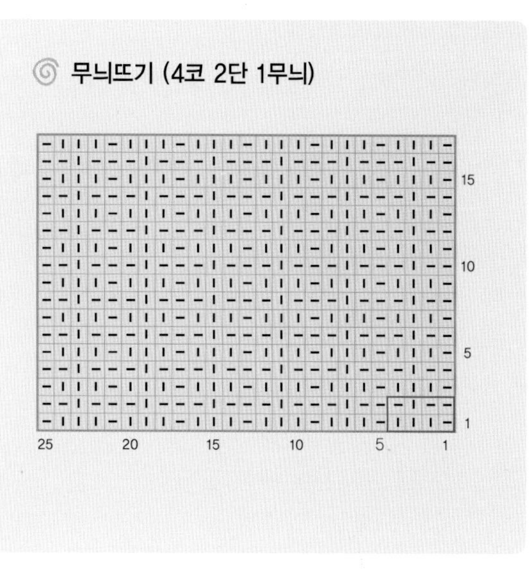

앞판

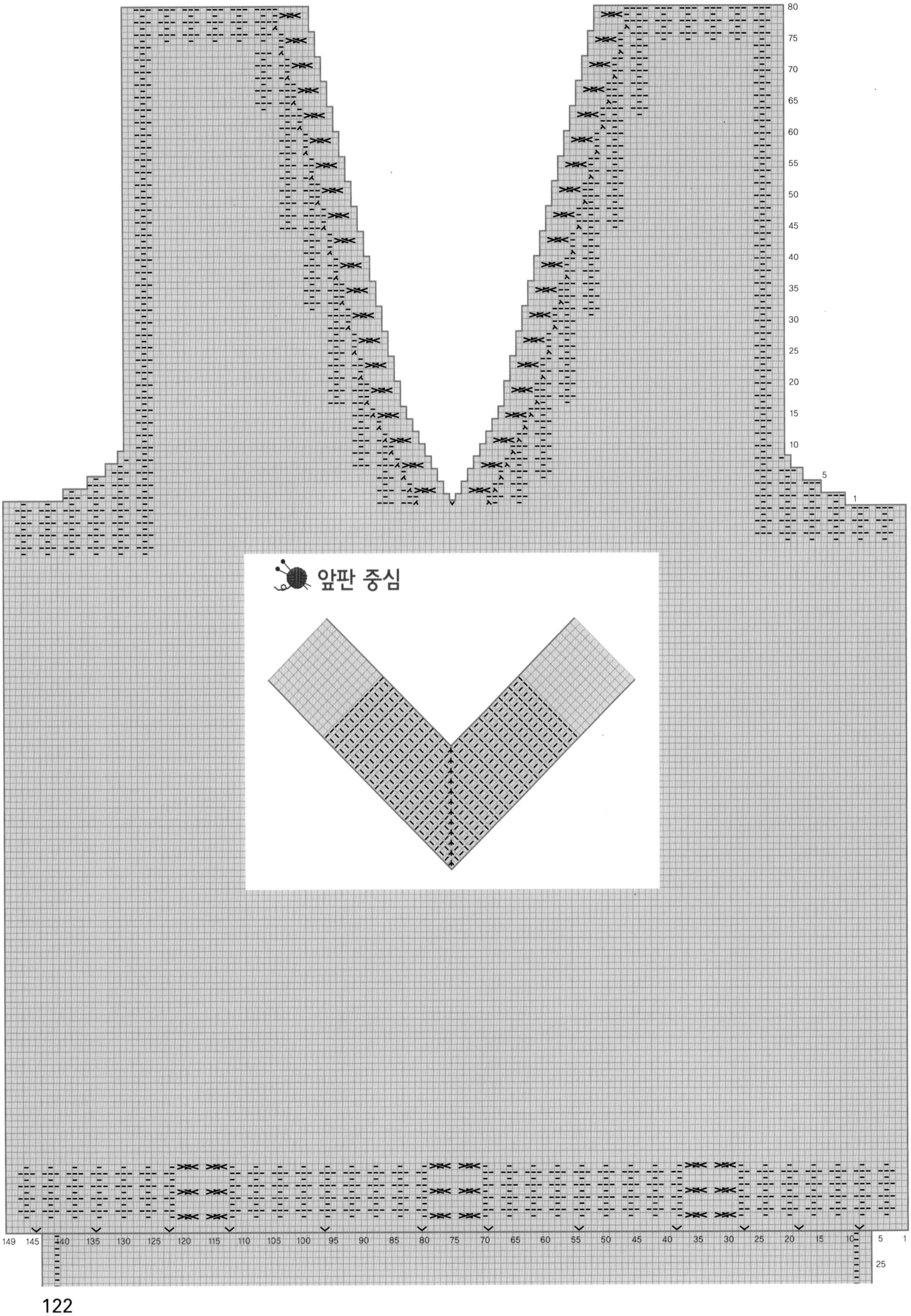

앞판 중심

소 매

134
130
125
120
115
110
105
100
95
90
85
80
75
70
65
60
55
50
45
40
35
30
25
20
15
10
5
1
30
25

4 knitting
어린이 그린색 조끼

1. 라운드 목은 1코 고무뜨기로 목단을 뜬다.
2. 밑단의 옆솔기 쪽을 둥글게 만들어 밋밋하기 쉬운 메리야스 옷에 포인트를 준다.

1

2

어린이 그린색 조끼

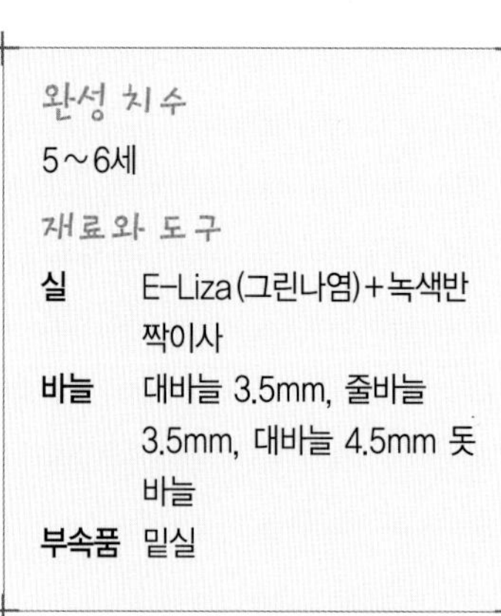

완성 치수

5~6세

재료와 도구

실 E-Liza(그린나염)+녹색반짝이사

바늘 대바늘 3.5mm, 줄바늘 3.5mm, 대바늘 4.5mm 돗바늘

부속품 밑실

뜨는 방법

【뒤판】

1. 4.5mm 대바늘을 이용해 밑실로 65코를 만들고 26단 메리야스뜨기를 한다.
2. 3.5mm 줄바늘로 양옆 단 부분과 밑실 시작 부분에서 121코를 주어 이면뜨기 5단을 뜨고 6단째 양옆 코너 부분에 각 6코씩 늘여 133코가 되게 하여 4단 더 이면뜨기한 후 돗바늘로 마무리한다.
3. 이면뜨기한 단 부분에서 각 5코씩 주어 몸판 코수가 75코 되게 하고 40단을 더 뜬 후 소매둘레를 만든다.
4. 소매둘레는 6코를 막음한 뒤 2단마다 3코, 2코, 1코-2회 순으로 줄여 49코가 되게 한 뒤 50단을 뜬다. 51단 되는 곳에서 양어깨코 12코씩 뒷목코 25코가 되게 나눈 뒤 양어깨 부분만 6단 더 뜬다.

【앞판】

1. 뒤판 ①~③까지 똑같이 뜬다.
2. 소매둘레는 6코를 막음한 뒤 2단마다 3코, 2코, 1코-2회 순으로 줄여 49코가 되게 한 뒤 30단을 뜨고, 31단 되는 곳에서 가운데 5코 막음한 뒤 양옆으로 2단마다 각 4코, 3코, 2코, 1코 순으로 줄여 12코가 되도록 하여 18단 더 뜬 뒤 뒤판 어깨와 마주대고 돗바늘로 붙인다.

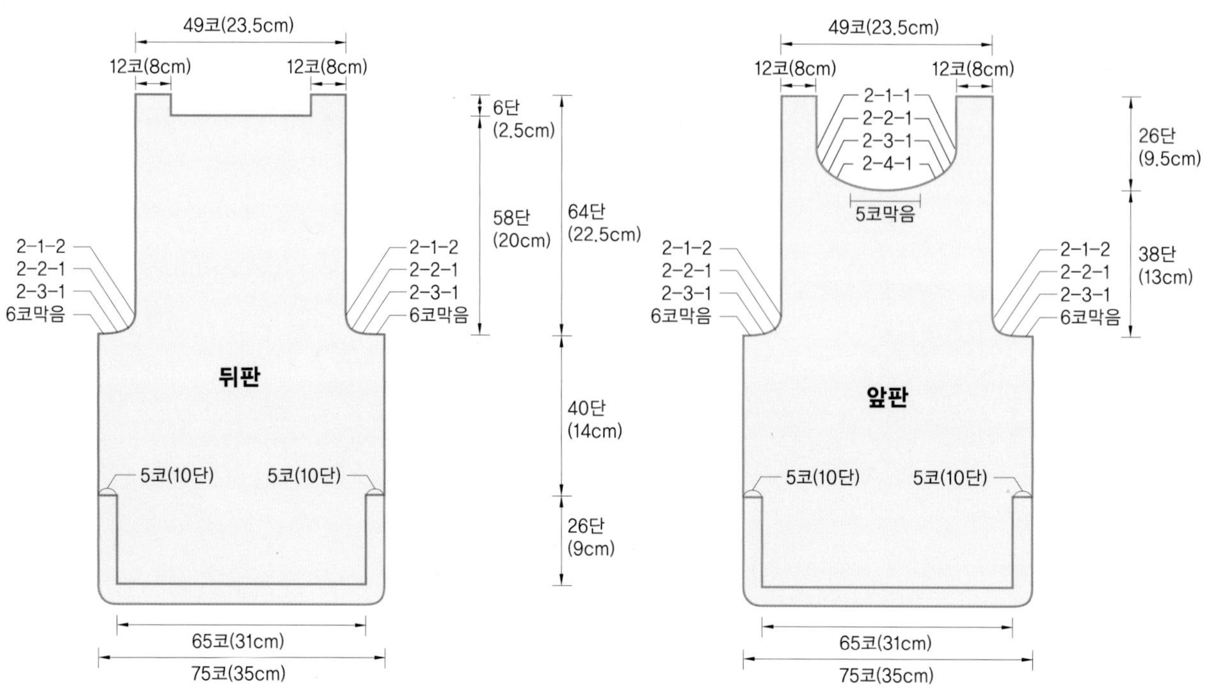

【단뜨기】

❶ 목단은 3.5mm 줄바늘로 86코를 주어 1코 고무뜨기로 10단 뜨고 돗바늘로 마무리한다.

❷ 소매단은 3.5mm 줄바늘로 92코를 주어 1코 고무뜨기로 6단 뜨고 돗바늘로 마무리한다.
 * 밑실은 옷이 완성되면 풀어낸다.

밑 단

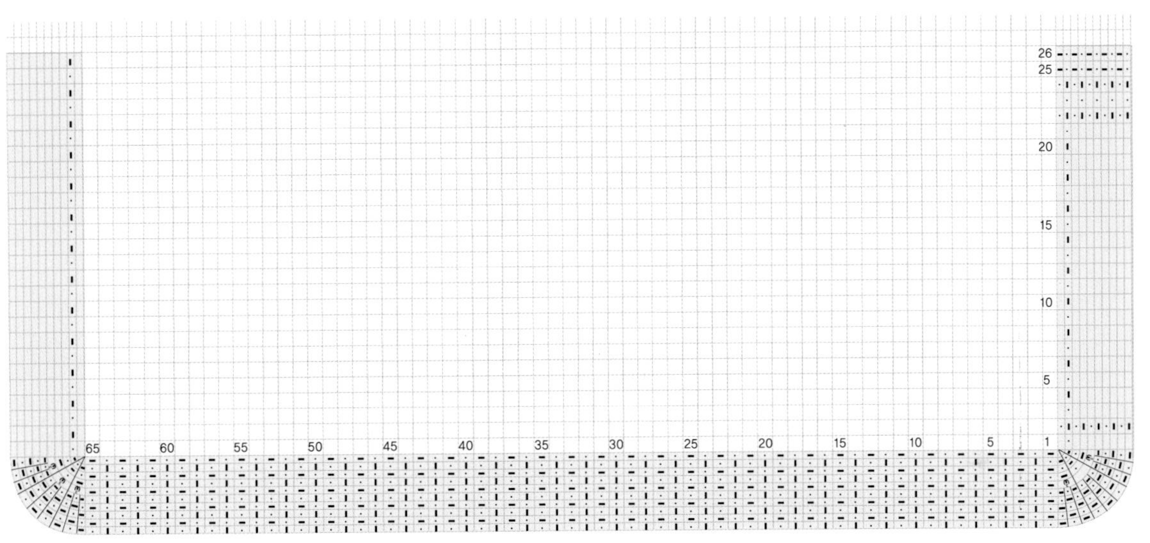

앞 목둘레

뒷 목둘레

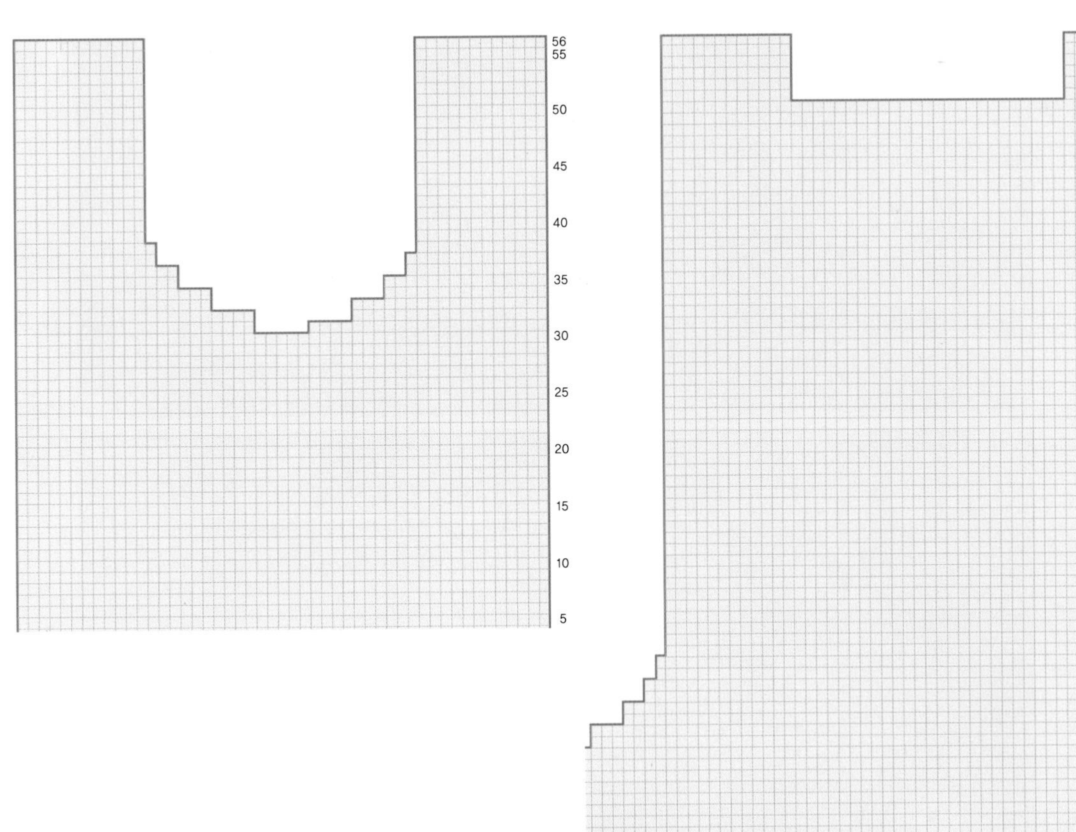

5 knitting

어린이 체리핑크 박스티

1. 앞중심단을 먼저 뜬 뒤 목단코를 주어 1코 고무뜨기로 넓게 떠 차이나칼라를 만든다.
2. 몸판 소매둘레와 소매산 단추를 같게 떠 돗바늘로 붙인다.
3. 소매단은 메리야스를 뜨다 중간에 구멍무늬를 준 후 접어 소매끝에 레이스 느낌이 들도록 만든다.
4. 몸판 밑단과 무늬뜨기

어린이 체리핑크 박스티

완성 치수

7~8세

재료와 도구

실	순모 중세사(체리핑크, 감색), 밑실
바늘	2.5mm 줄바늘, 3.5mm 줄바늘, 돗바늘
부속품	단추(4ea)

뜨는 방법

【뒤판】

1. 3.5mm 바늘과 밑실로 132코 시작코를 만들어 체리핑크 본실로 무늬뜨기 36단을 뜨고, 2.5mm 바늘로 3면에서 205코를 감색실로 주어 이면뜨기 14단을 뜨는데 6단 뜨면 양쪽 코너에서 각각 4코씩 늘려 213코가 되게 하여 이면뜨기하고 14단이 되면 돗바늘로 마무리한다.
   * 단뜨기가 끝나면 밑실을 풀어낸다.
2. ❶이 되면 양옆 이면뜨기 단에서 각 8코씩 주어 148코가 되게 한 뒤 74단을 떠올리는데 12단마다 양옆 가장자리에서 각 1코씩 줄이기 6회한다.
3. ❷까지 되면 소매둘레를 만드는데 먼저 7코 막음한 뒤 1단마다 1코씩 줄이기 26회하고 2단마다 1코씩 줄이기 19회하여 32코가 되게 한 뒤 막음코로 마무리한다.

【앞판】

1. 3.5mm 바늘과 밑실로 132코 시작코를 만들어 체리핑크 본실로 무늬뜨기 36단을 뜨고, 2.5mm 바늘로 3면에서 205코를 감색실로 주어 이면뜨기 14단을 뜨는데 6단 뜨면 양쪽 코너에서 각각 4코씩 늘려 213코가 되게 하여 이면뜨기하고 14단이 되면 돗바늘로 마무리한다.
   * 단뜨기가 끝나면 밑실을 풀어낸다.
2. ❶이 되면 양옆 이면뜨기 단에서 각 8코씩 주어 148코가 되게 한 뒤 74단을 떠올리는데 12단마다 양옆 가장자리에서 각 1코씩 줄이기 6회한다.
3. 앞중심단은 52단(88단) 뜨면 중심에 8코를 남겨 2등분하여 좌 · 우 각각 떠올린다.
4. ❷, ❸을 해서 74단이 되면 옆구리 쪽에서 7코 막음한 뒤 2단마다 1코씩 줄이기 32회하고, 앞목둘레는 소매둘레 줄이기 43단째부터 만드는데 먼저 8코 막음한 뒤 2단마다 4코, 3코, 2코, 1코-7회 순으로 줄여 소매둘레 줄이는 코와 만나 모두 소멸시킨다.

32코(11cm)
2-1-19
1-1-26
7코막음
12-1-6
줄이기
뒤판
12-1-6
줄이기
14단(8코)
14단(8코)
64단
(15.2cm)
74단
(17.6cm)
36단
(8.5cm)
22단
(5.3cm)
64단
(15.2cm)
52단
(12.3cm)
132코(44cm)
148코(49.5cm)

2-1-7
2-2-1
2-3-1
2-4-1
8코막음
2-1-32
7코막음
8코
12-1-6
줄이기
앞판
12-1-6
줄이기
14단(8코)
14단(8코)
132코(44cm)
148코(49.5cm)

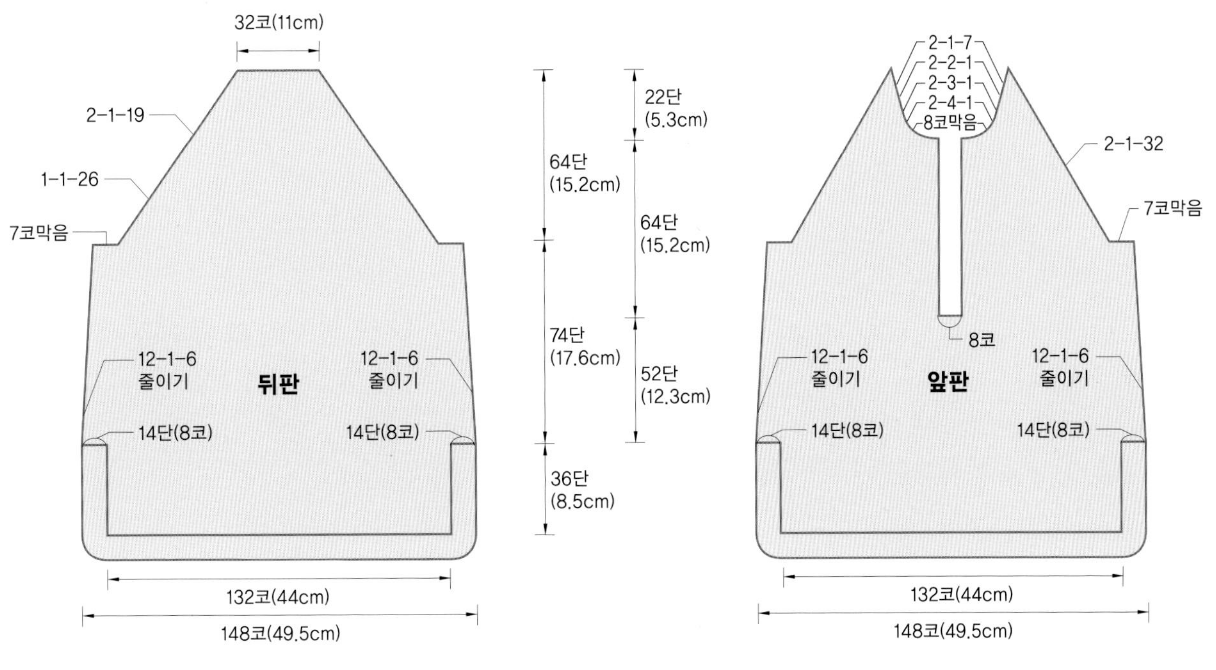

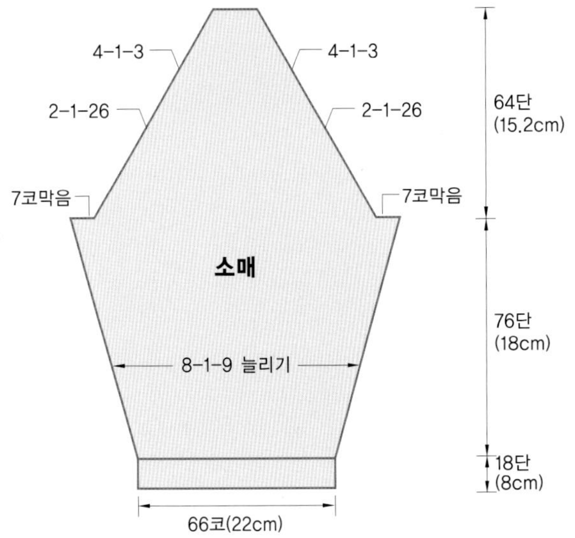

4-1-3
4-1-3
2-1-26
2-1-26
7코막음
7코막음
소매
8-1-9 늘리기
64단
(15.2cm)
76단
(18cm)
18단
(8cm)
66코(22cm)

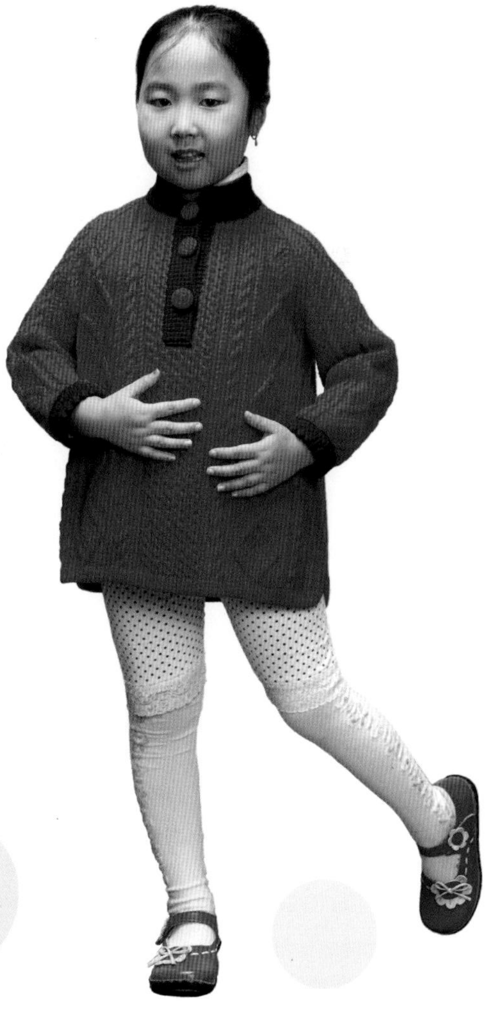

뒤 판

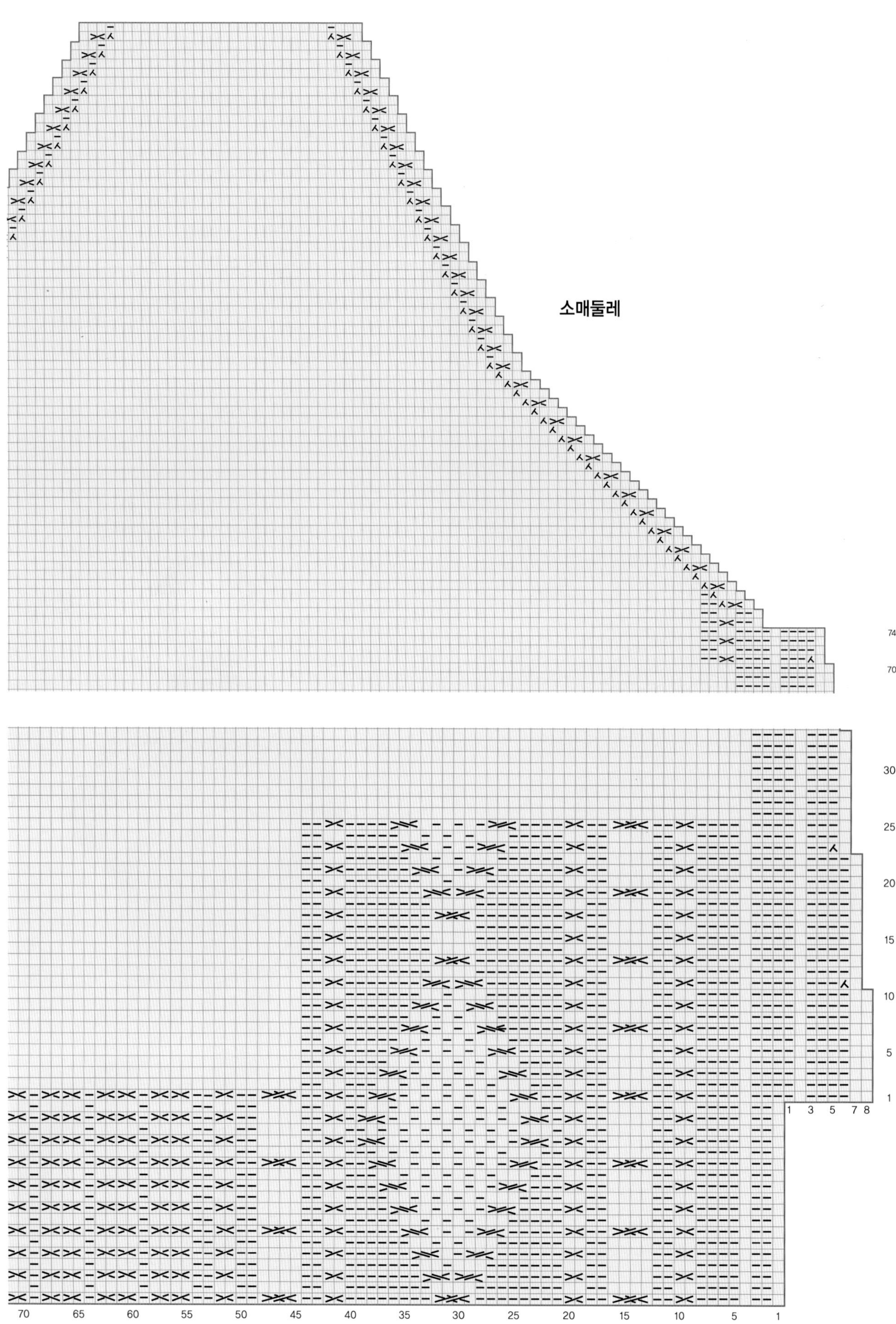

소매둘레
74
70
30
25
20
15
10
5
1
1 3 5 7 8
70 65 60 55 50 45 40 35 30 25 20 15 10 5 1

앞 판

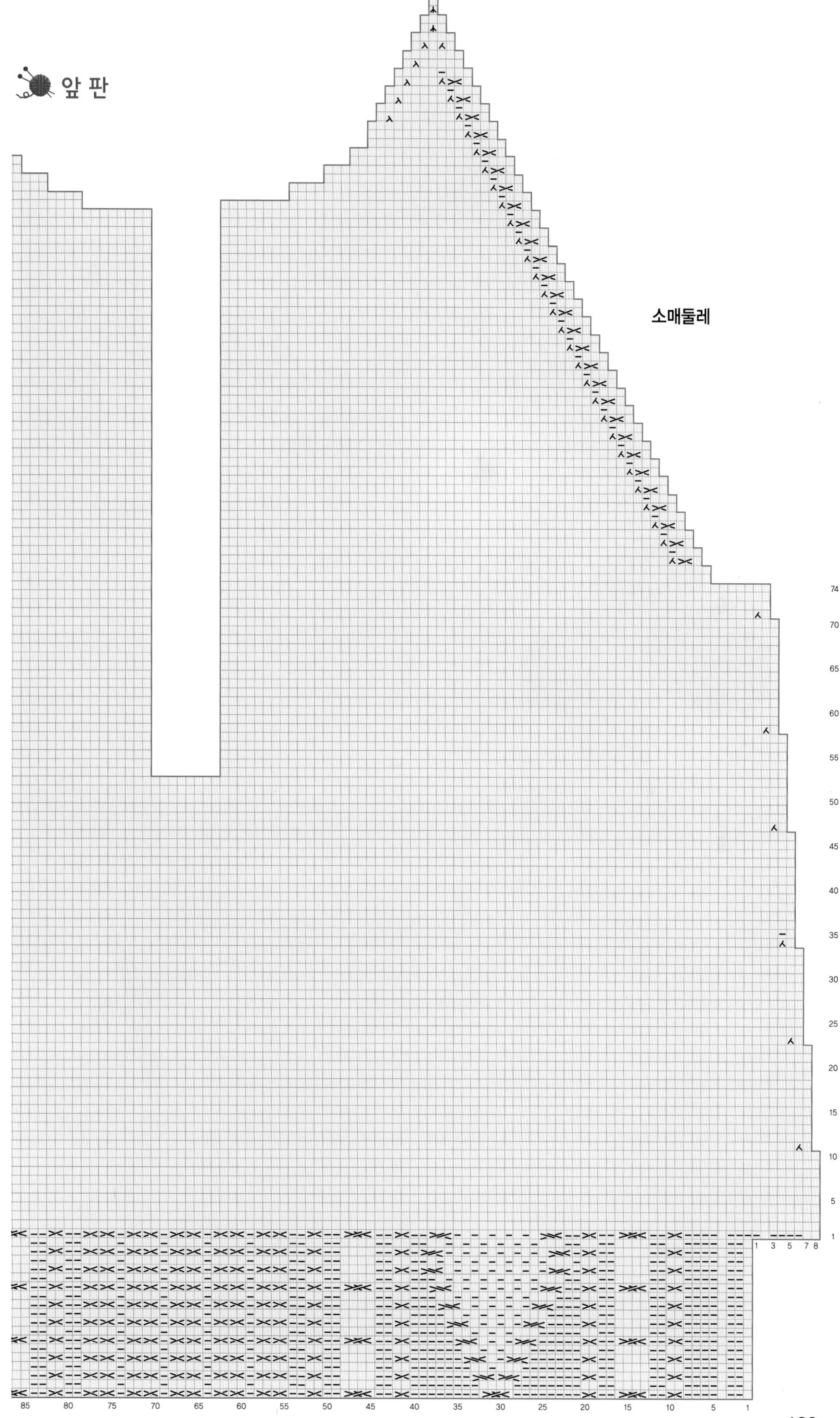

【소매】

1. 2.5mm 줄바늘과 감색실로 66코를 만들어 메리야스뜨기 8단을 뜨고 9, 10단은 구멍뜨기 해준 뒤 8단 더 메리야스뜨기한 뒤 반으로 접어 시작 부분과 붙여 메리야스뜨기 2단을 떠준 뒤 체리핑크 색실과 3.5mm 바늘로 바꾸어 무늬뜨기한다.
2. 8단마다 양옆 가장자리에서 각 1코씩 늘리기 9회하며 76단 뜬 후 소매산을 만드는데 먼저 7코 막음한 뒤 2단마다 1코씩 줄이기 26회, 4단마다 1코씩 줄이기 3회하여 12코를 만든 후 막음코로 마무리한다.

【단뜨기】

1. 앞단은 각 61코씩 감색실로 주어 1코 고무뜨기 18단 뜨고(오른쪽은 단추구멍을 만든다.) 돗바늘로 마무리한다.
2. 앞 · 뒤판 옆구리는 돗바늘로 붙이고, 몸판 소매둘레와 소매산을 단수에 맞추어 돗바늘로 붙인다.
3. 목단은 117코를 감색실로 주어 1코 고무뜨기 40단을 뜨고 반으로 접어 목단 시작 부분에 감침질하여 붙인다. 목단 뜰 때도 오른쪽 부분에는 단추구멍을 만들어 준다.

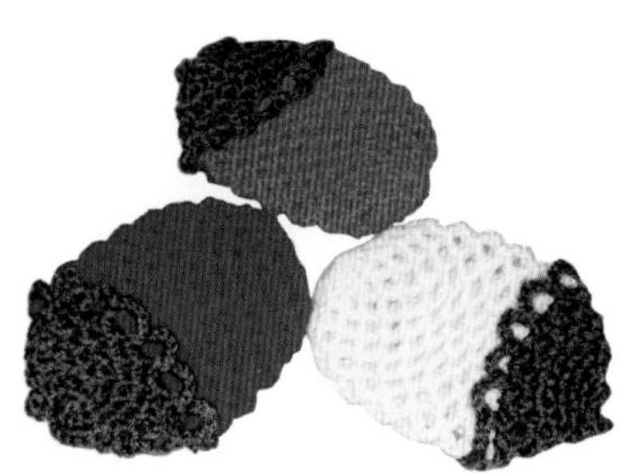

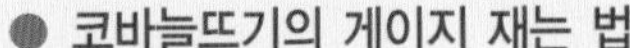

● **코바늘뜨기의 게이지 재는 법**

게이지란 일정한 면적 내에 있는 세로와 가로의 뜨개코의 평균 밀도를 말한다. 게이지는 뜨개실의 성질이나 굵기, 사용하는 바늘, 뜨는 무늬, 기법의 상이, 뜨는 사람의 솜씨 등에 따라 변화하므로 아무리 작은 작품이라도 반드시 사용하는 실과 거기에 알맞는 바늘로 정확하게 게이지를 재고서 떠야만 한다.
우선 기준이 되는 게이지를 알아두면 자신의 게이지의 가감을 알 수 있기 때문에 편리하다.

코바늘뜨기의 게이지는 무늬에 따라 뜨개코 단위로 재는 경우와 무늬 단위로 재는 경우가 있다.
뜨개코 단위로 재는 경우 – 대바늘뜨기와 마찬가지 요령으로 뜨개코 중앙에 자를 대고 콧수와 단수를 재되, 코바늘뜨기는 대바늘뜨기나 수편뜨기에 비하여 뜨개코가 비교적 크기 때문에 콧수 · 단수에 18.5코, 13.7단 따위처럼 우수리가 나왔을 경우 10cm의 게이지에 우수리를 붙인 채로 계산을 하되, 마지막에 사사오입한다.

무늬 단위로 재는 경우 – 뜨개감에 자를 얹어 10cm에 몇 무늬 있는가를 잰다. 다음에 1무늬의 구성 콧수를 세어 10cm의 무늬수를 곱하여 우수리(1코)를 더하면 10cm의 게이지 콧수(25코)를 알아낼 수 있다. 단수는 1단째와 2단째가 같은 뜨개코의 것은 그대로 센다.
1단째와 2단째의 뜨개코 높이가 다르고, 2단에서 1무늬가 구성되는 것은 2단의 구성을 1무늬로서 게이지를 계산한다.

소매

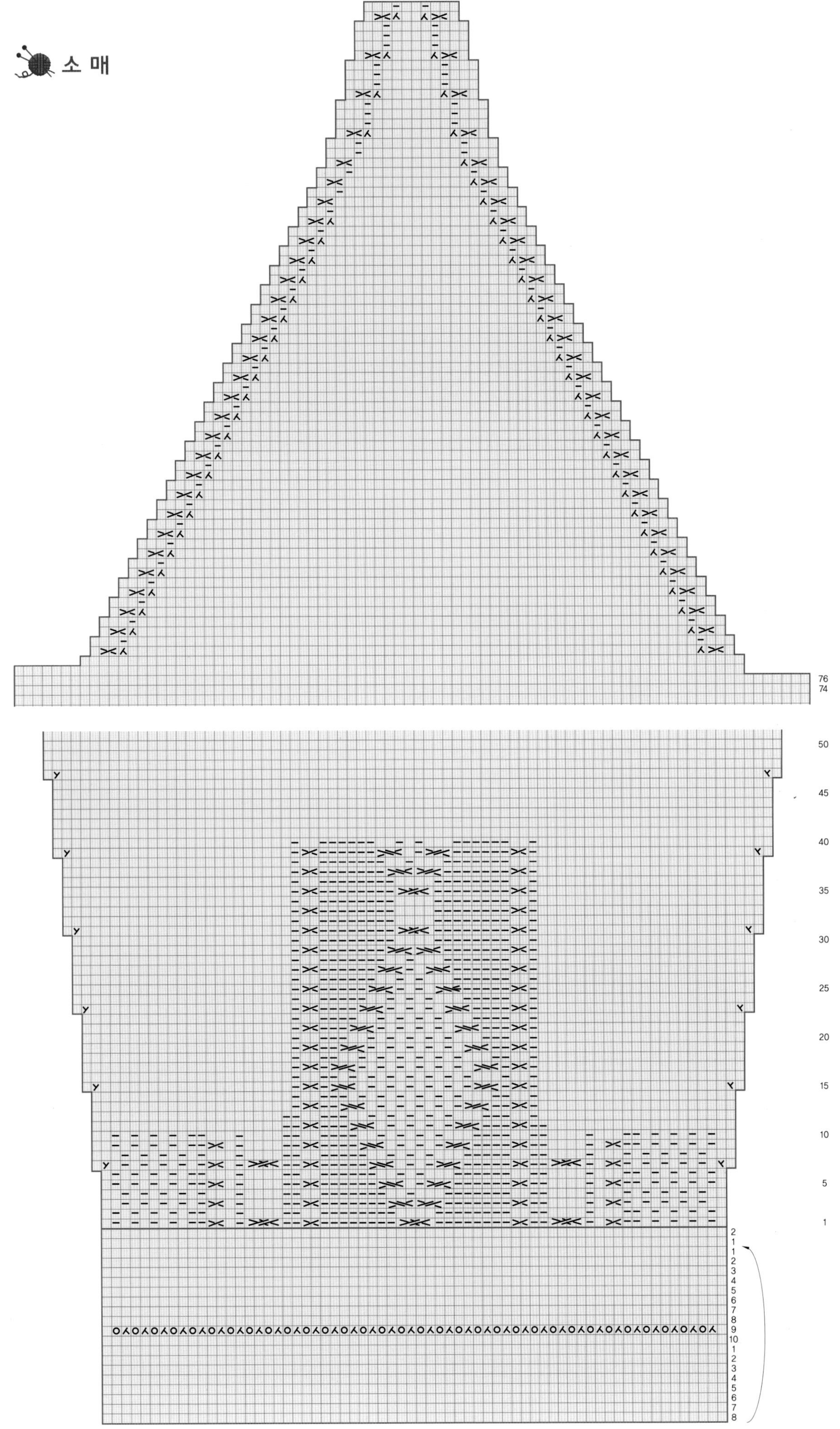

6 knitting

어린이 오렌지색 투피스

1. 1코 고무뜨기로 목단을 뜰 때 자주색실을 중간에 넣어 포인트를 준다.
2. 조끼의 밑단과 몸판 무늬뜨기
3. 치마의 허리에는 고무밸트를 넣어준다.
4. 치마의 밑단과 몸판 무늬뜨기

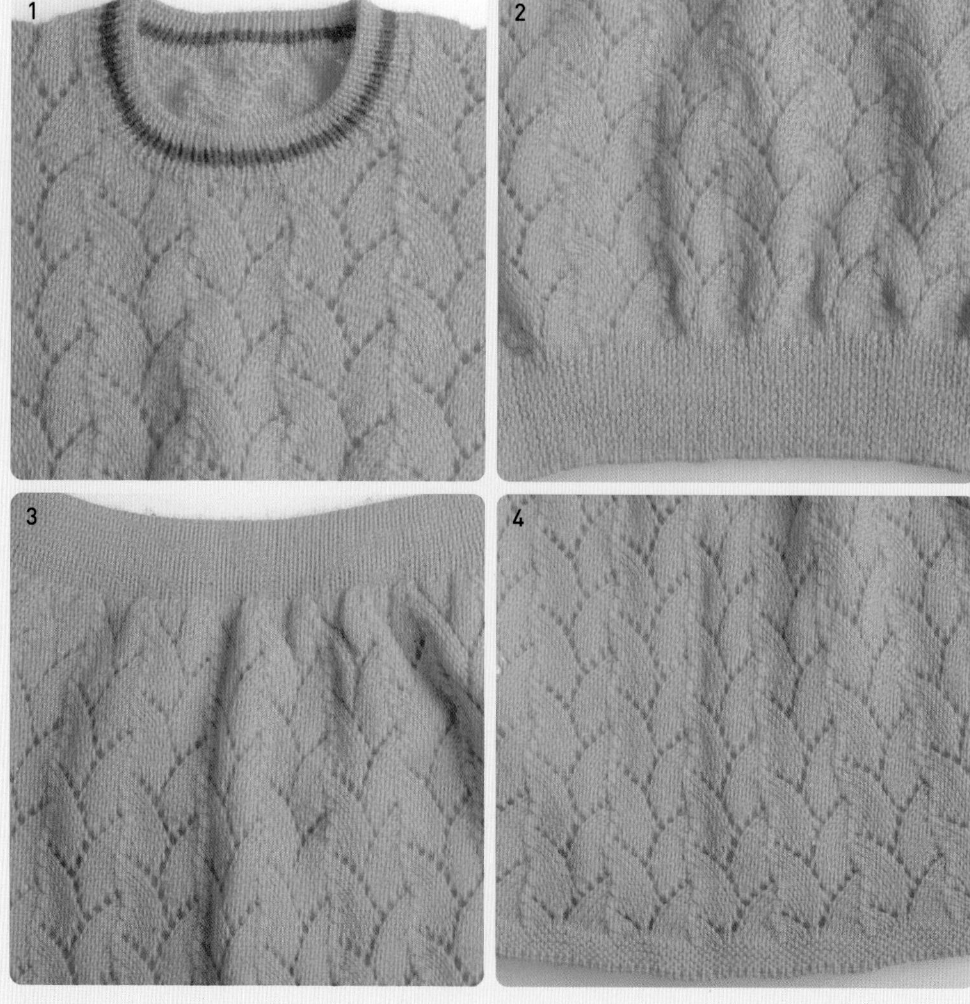

어린이 오렌지색 투피스

완성 치수

7~8세

재료와 도구

실	순모 중세사(오렌지색, 자주색)
바늘	2.5mm 줄바늘, 3.5mm 줄바늘, 돗바늘
부속품	고무밸트, 치마 안감

뜨는 방법

【뒤판】

1. 2.5mm 줄바늘과 오렌지색 실로 흔들코 123코를 만들어 1코 고무뜨기로 24단을 뜨고, 3.5mm 바늘로 바꾸어 무늬뜨기 80단을 뜬 뒤 소매둘레를 만든다.
2. 소매둘레는 먼저 10코 막음한 뒤 2단마다 4코, 3코, 2코, 1코-3회 순으로 줄여 79코가 되게 하고 40단 더 뜨고 마무리한다.

【앞판】

1. 2.5mm 줄바늘과 오렌지색 실로 흔들코 123코를 만들어 1코 고무뜨기로 24단을 뜨고, 3.5mm 바늘로 바꾸어 무늬뜨기 80단을 뜬 뒤 소매둘레를 만든다.
2. 소매둘레는 먼저 10코 막음한 뒤 2단마다 4코, 3코, 2코, 1코-3회 순으로 줄여 79코가 되게 하고 10단 더 뜬 뒤 앞목둘레를 만든다.
3. 앞목둘레는 가운데 중심으로 13코 막음하고 양옆으로 각각 2단마다 4코, 3코, 2코, 1코 순으로 줄여 어깨코 각 23코를 28단 더 뜬 후 뒤판 어깨코와 돗바늘로 붙인다.

【단뜨기】

1. 돗바늘로 옆구리 부분을 앞·뒤판 연결해 붙이고, 2.5mm 줄바늘로 소매둘레 124코를 주어 1코 고무뜨기하는데 4단을 오렌지색으로 뜬 뒤 2단을 자주색으로 뜨고 다시 오렌지색으로 2단 더 뜬 뒤 돗바늘로 마무리한다. 다른 쪽 소매도 똑같이 뜬다.
2. 목단은 122코를 주어 1코 고무뜨기하는데 4단은 오렌지색으로 뜨고 2단은 자주색으로 뜬 뒤 다시 오렌지색으로 4단 더 뜬 다음 돗바늘로 마무리한다.

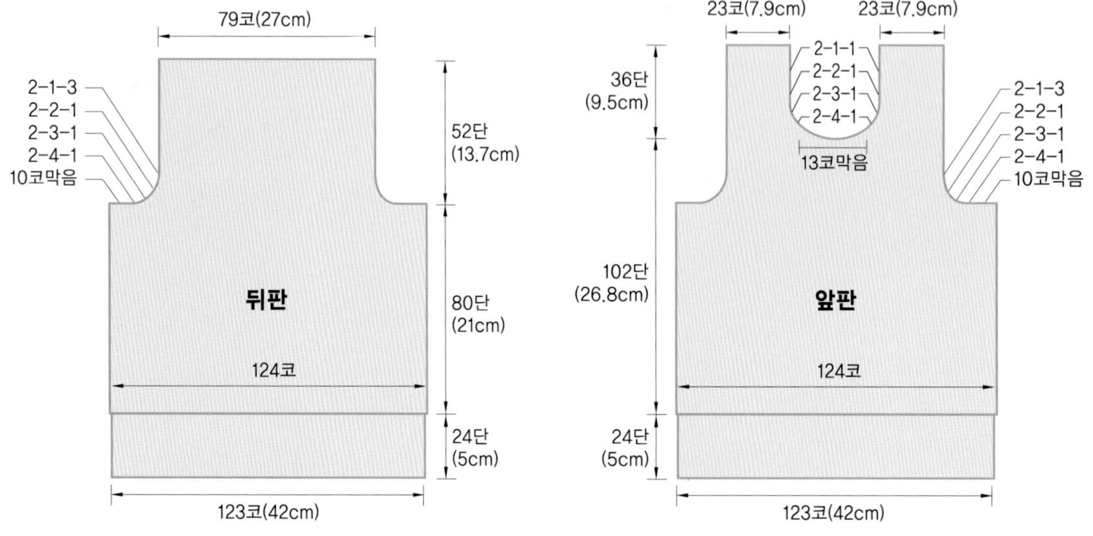

뒤 판

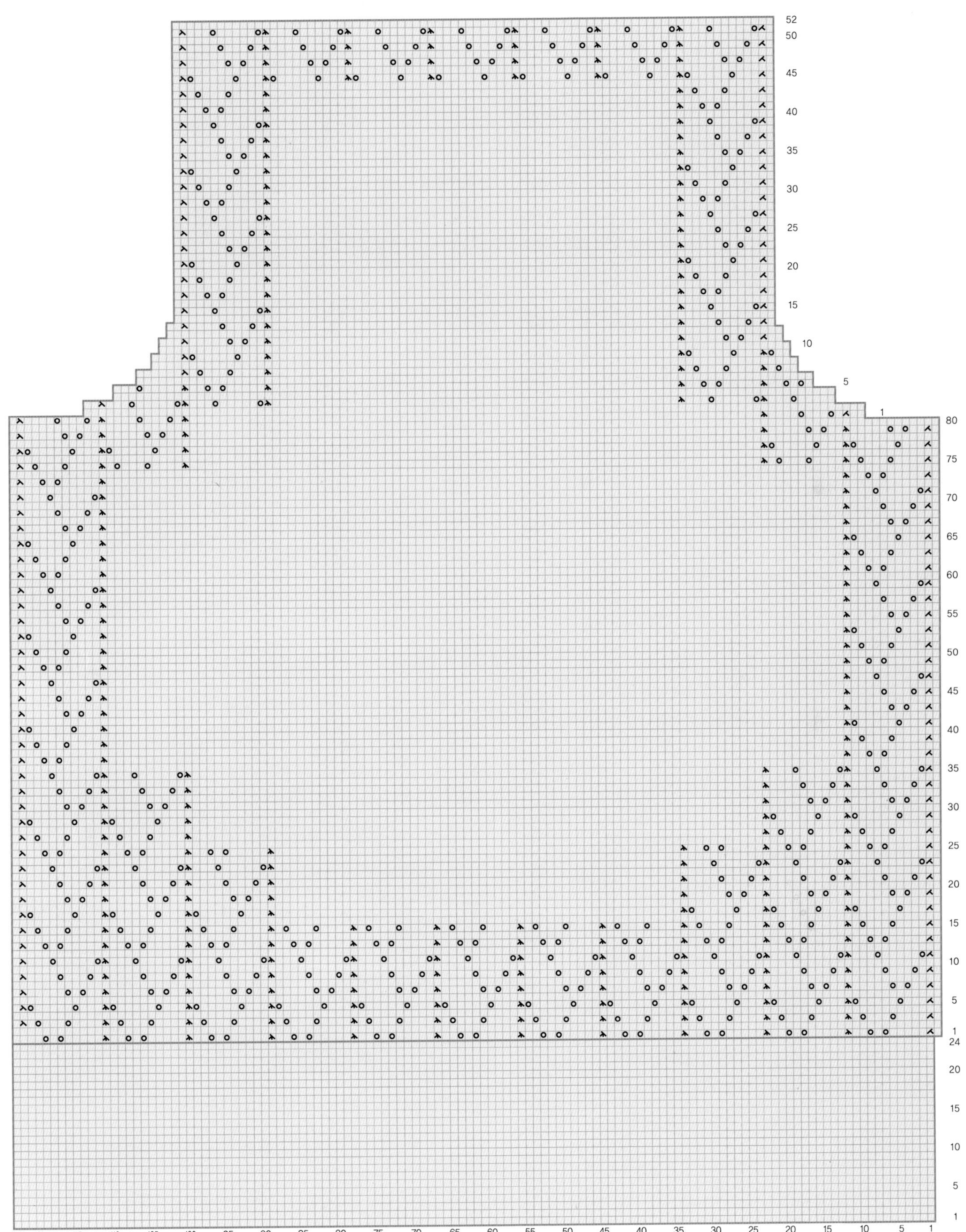
52
50
45
40
35
30
25
20
15
10
5
1
80
75
70
65
60
55
50
45
40
35
30
25
20
15
10
5
1
24
20
15
10
5
1
123 120 115 110 105 100 95 90 85 80 75 70 65 60 55 50 45 40 35 30 25 20 15 10 5 1

앞판

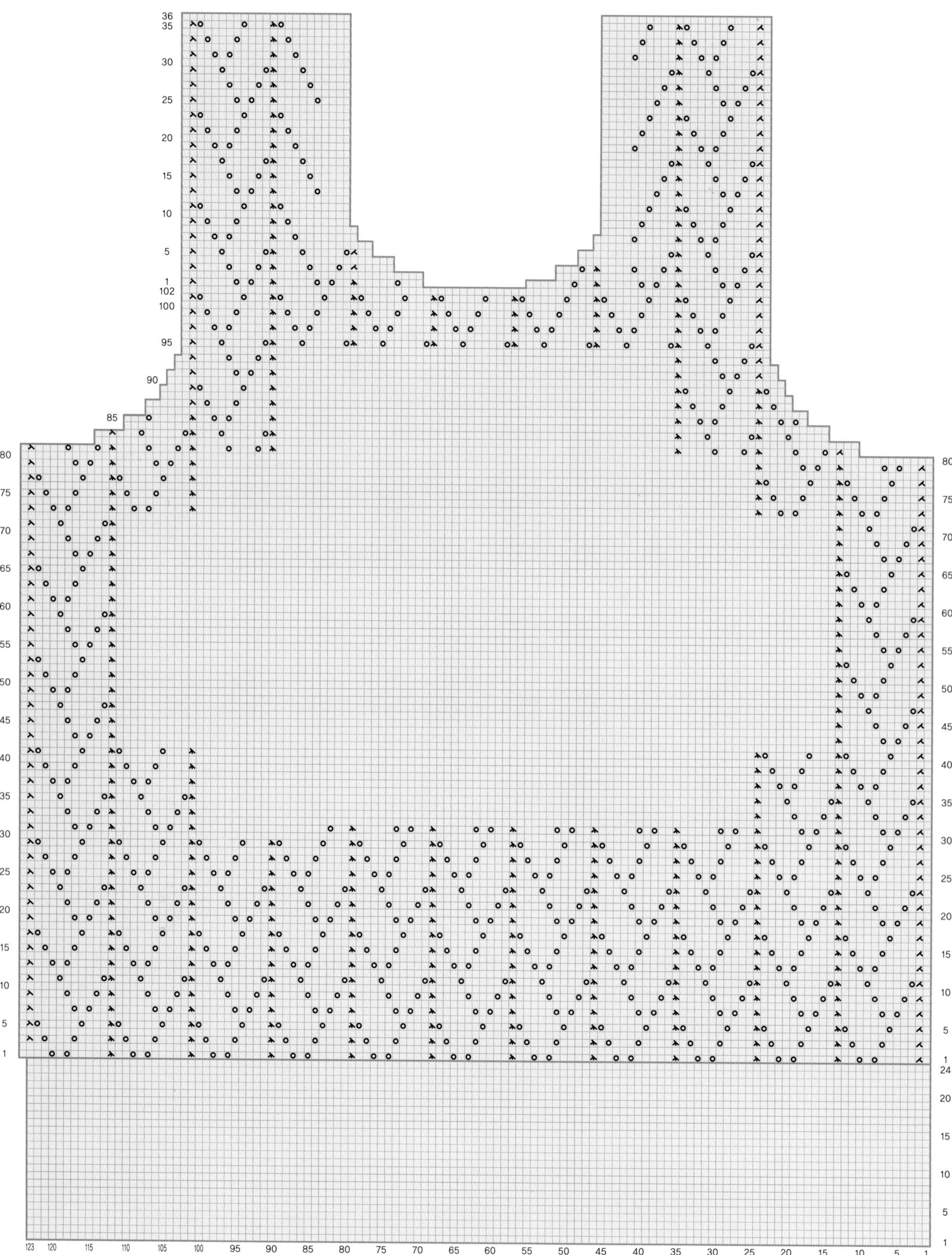

뜨는 방법

【치마】

① 3.5mm 줄바늘과 오렌지색 실로 흔들코 135코를 만들어 6단 가아터뜨기한 뒤 102단 무늬뜨기하고 똑같은 것 1장 더 떠서 옆솔기를 붙인 뒤 고무밸트 넣을 곳을 만드는데 전체코 270코를 반으로 줄여 135코가 되게 하고 메리야스뜨기 30단을 뜬다.

② 허리 부분에 고무밸트 심을 넣고 메리야스 뜬 부분을 반으로 접어 감침질하고 안감을 넣는다.

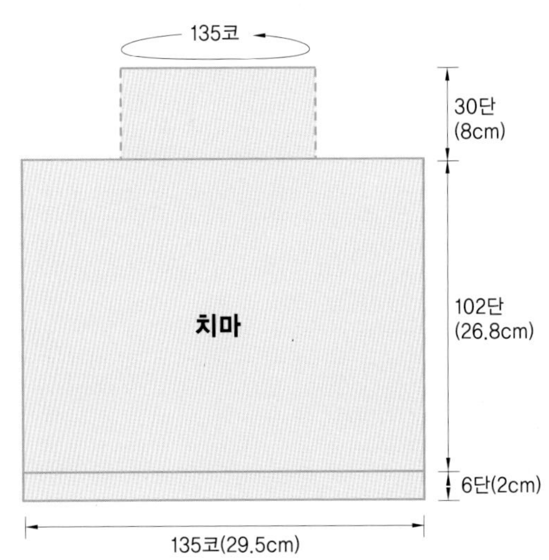

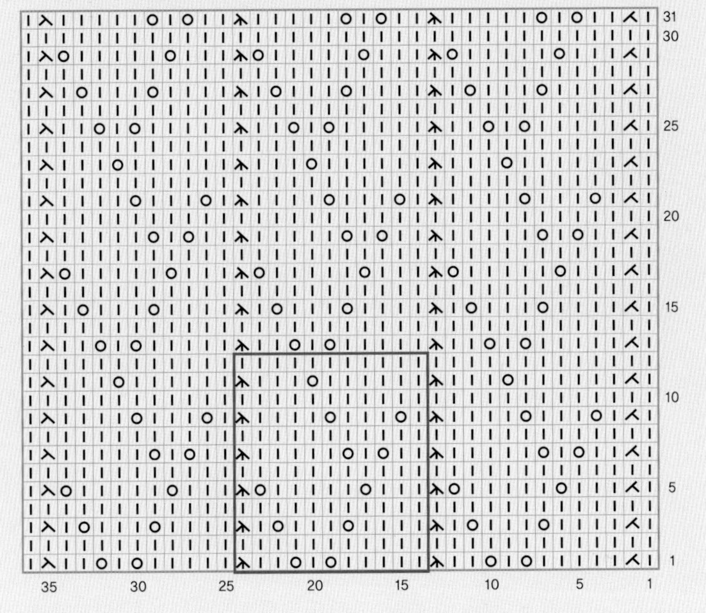

7 knitting

어린이 보라색 투피스

1. 칼라는 4코 꼬아뜨기로 뜨고 가장자리는 이면뜨기로 떠서 곡선 처리한다.
2. 몸판과 소매 연결 부분
3. 앞중심단에는 속단을 덧대어 처짐을 막아준다.
4. 치마의 허리에는 고무밸트를 넣어준다.

어린이 보라색 투피스

완성 치수

7~8세

재료와 도구

실	순모 중세사(연보라색), 밑실
바늘	2.5mm 줄바늘, 3.5mm 줄바늘, 돗바늘, 코바늘 3호
부속품	단추(4ea), 고무밴트

뜨는 방법

【뒤판】

1. 3.5mm 바늘과 밑실로 흔들코 135코를 만들고 본실로 무늬뜨기 30단 뜬 후 밑단 부분 3면에서 2.5mm 바늘로 195코를 주어 이면뜨기 18단 뜨고 돗바늘로 마무리한다. 단뜨기가 끝나면 밑실은 풀어낸다.
2. 양옆 이면뜨기 단부분에서 각 10코씩 주어 155코가 되게 하여 무늬뜨기 54단을 떠올린 후 소매둘레를 만든다.
3. 소매둘레는 12코 막음한 뒤 2단마다 4코, 3코, 2코, 1코-2회 순으로 줄여 109코를 50단 뜨고 뒷목을 만든다.
4. 뒷목은 양어깨 각 28코, 뒷목코 53코로 나누어 뒷목코는 남기고 어깨코만 각 6단씩 더 뜨고 마친다.

【앞판】

1. 3.5mm 줄바늘과 밑실로 흔들코 81코를 만들고 본실로 무늬뜨기 30단 뜨고 밑단 부분 2면에서 2.5mm 바늘로 111코를 주어 이면뜨기 18단 뜨고 돗바늘로 마무리한다. 단뜨기가 끝나면 밑실은 풀어낸다.
2. 이면뜨기 단부분에서 10코를 주어 91코가 되게 하여 무늬뜨기 54단을 떠올린 후 소매둘레를 만든다.
3. 소매둘레는 12코 막음한 뒤 2단마다 4코, 3코, 2코-2회, 1코-2회 순으로 줄여 66코를 30단 떠서 앞목을 만든다.
4. 앞목은 25코 막음한 뒤 2단마다 4코, 3코, 2코, 1코-2회 순으로 줄여 어깨코 28코가 되게 하여 12단 더 뜬 후 뒤판 어깨코와 붙인다.
5. 오른쪽 앞판은 중심쪽을 기준으로 30단마다 단추구멍을 만든다.

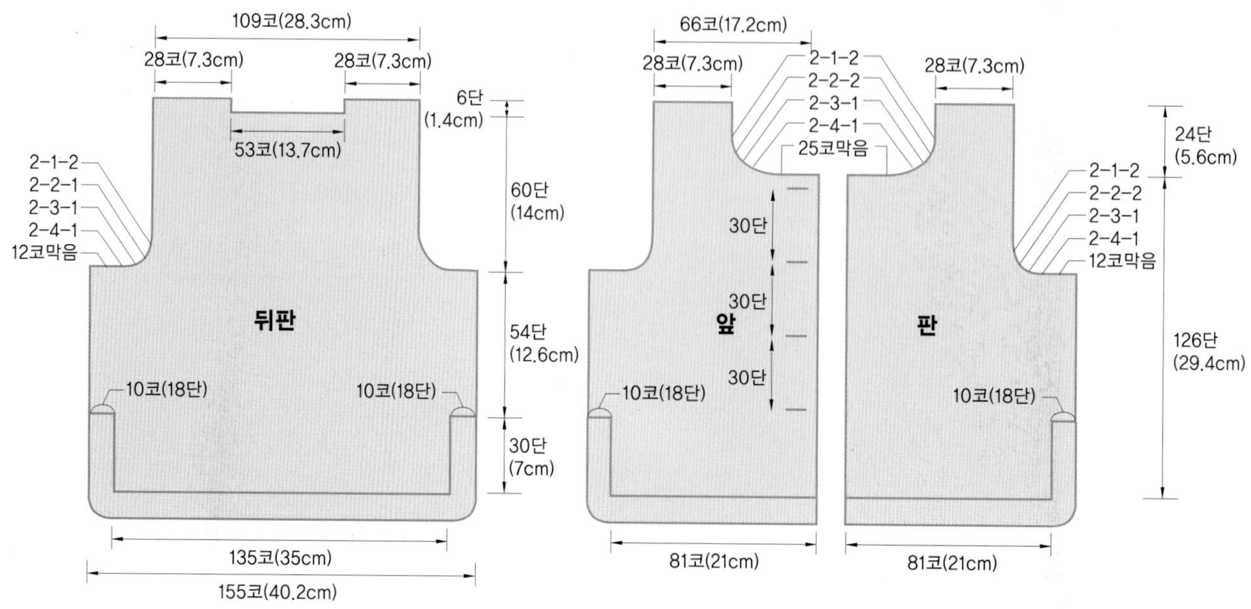

뒤 판

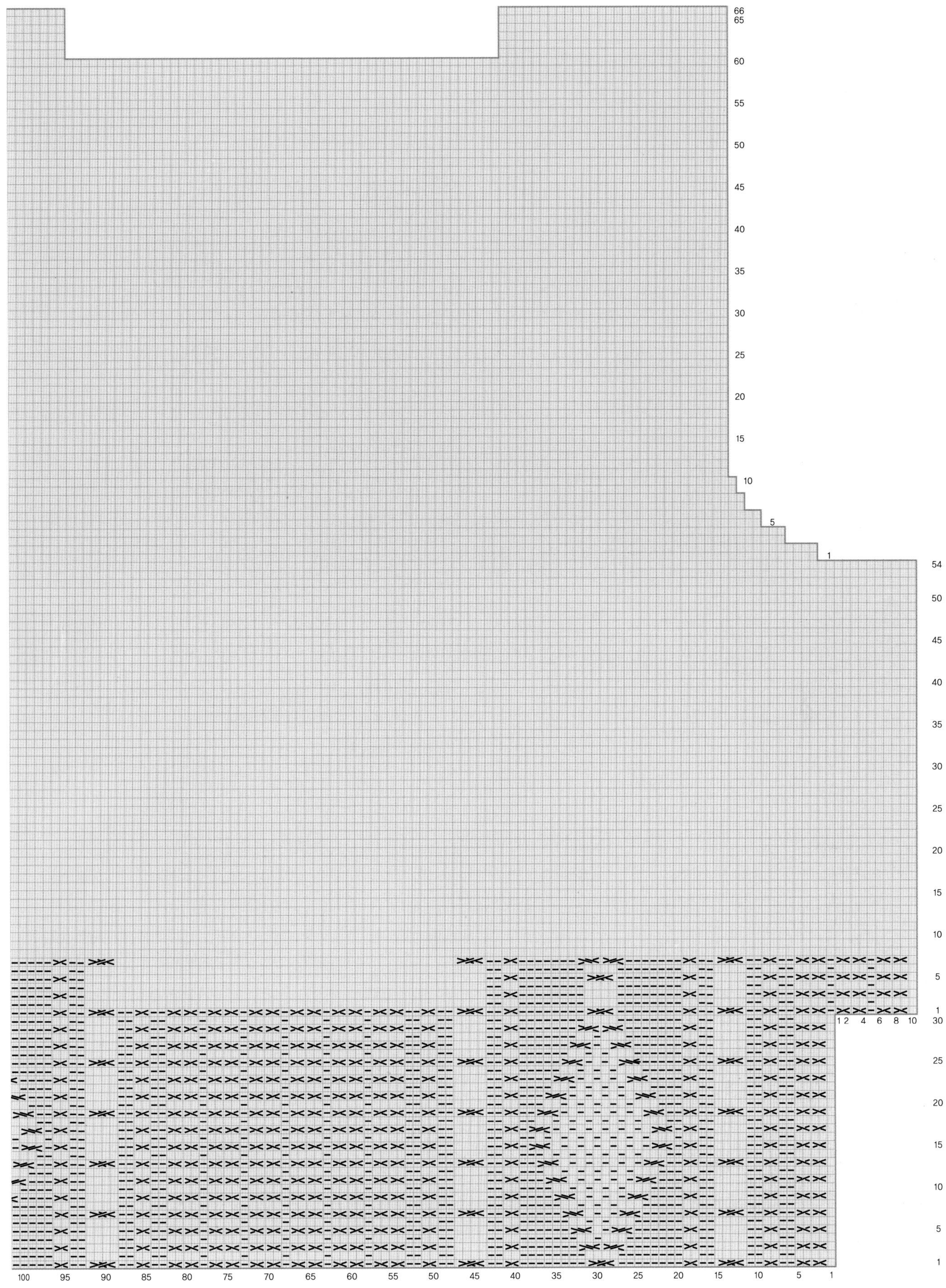

앞판

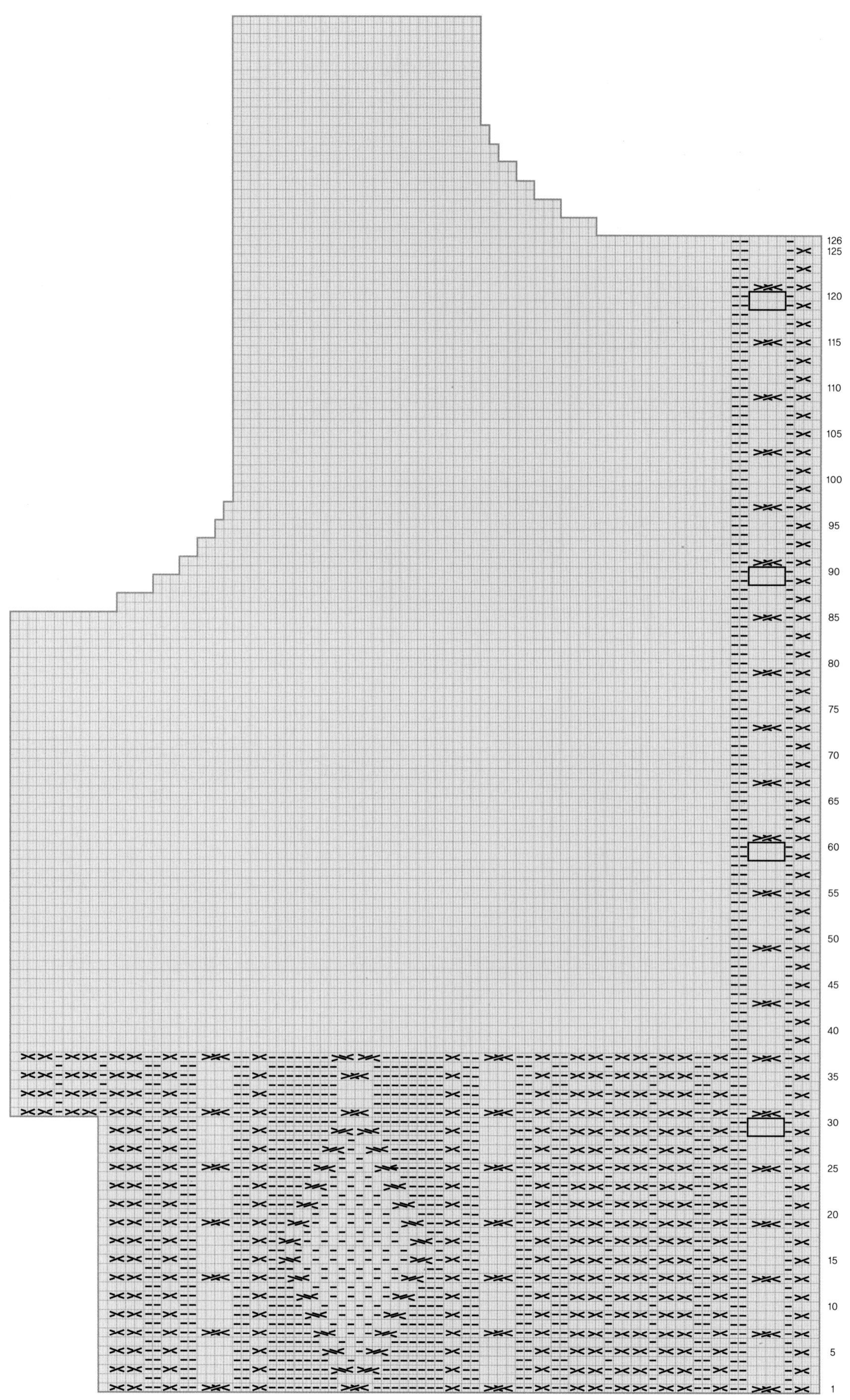

126
125
120
115
110
105
100
95
90
85
80
75
70
65
60
55
50
45
40
35
30
25
20
15
10
5
1

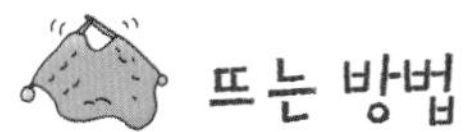

뜨는 방법

【소매】

❶ 2.5mm 줄바늘로 82코를 만들어 8단 메리야스뜨기한다. 9, 10단에 구멍무늬를 만들고 8단 더 뜬 뒤 처음 시작 부분과 붙인다.

❷ ❶이 끝나면 3.5mm 바늘로 바꾸어 무늬뜨기하는데 8단마다 양옆 가장자리에서 각 1코씩 늘리기 13회하여 106단 108코가 되게 뜬 뒤 소매산을 만든다.

❸ 소매산은 7코 막음한 뒤 2단마다 2코, 1코-8회, 2코, 3코 순으로 줄인 뒤 막음코로 마무리한다.

❹ 소매 한쪽 더 뜨고 몸판에 붙인다.

【단뜨기】

❶ 칼라는 앞 · 뒤목 부분에서 3.5mm 바늘로 107코를 주어 꼬아뜨기 무늬를 뜨는데 18단 뜬 뒤 12코를 늘려주고 6단 더 뜨고 13코를 늘려준 후 12단까지 뜬다.

❷ ❶이 끝나면 2.5mm 줄바늘로 칼라 양옆 단 부분에서 각각 36코씩 줍고 코너에서는 각 4코씩 더 주어 전체코 212코를 이면뜨기로 12단 떠준 뒤 돗바늘로 마무리하고 마친다.

❸ 앞판 속단은 각 10코씩 만들어 126단 메리야스뜨기하고 (오른쪽 속단은 단추구멍을 낸다.) 각 앞판 중심 안쪽에 돗바늘로 붙여주고 코바늘로 되돌아뜨기하여 마무리한다.

【치마】

❶ 3.5mm 줄바늘로 157코를 만들어 8단 메리야스뜨기한다. 9, 10단은 구멍무늬를 만들고 8단 더 뜬 뒤 처음 시작 부분과 붙인다.

❷ ❶이 끝나면 무늬뜨기하는데 10단마다 양옆 가장자리에서 각 1코씩 줄이기 10회하여 100단 137코가 되게 뜬다.

❸ ❶, ❷를 한 장 더 뜨고 옆솔기를 돗바늘로 붙인 후 전체코 274코를 반이 되게 줄여 137코만 메리야스뜨기 30단 떠서 고무밴트를 넣고 반으로 접어 메리야스 시작 부분에 감침질하여 마무리한다.

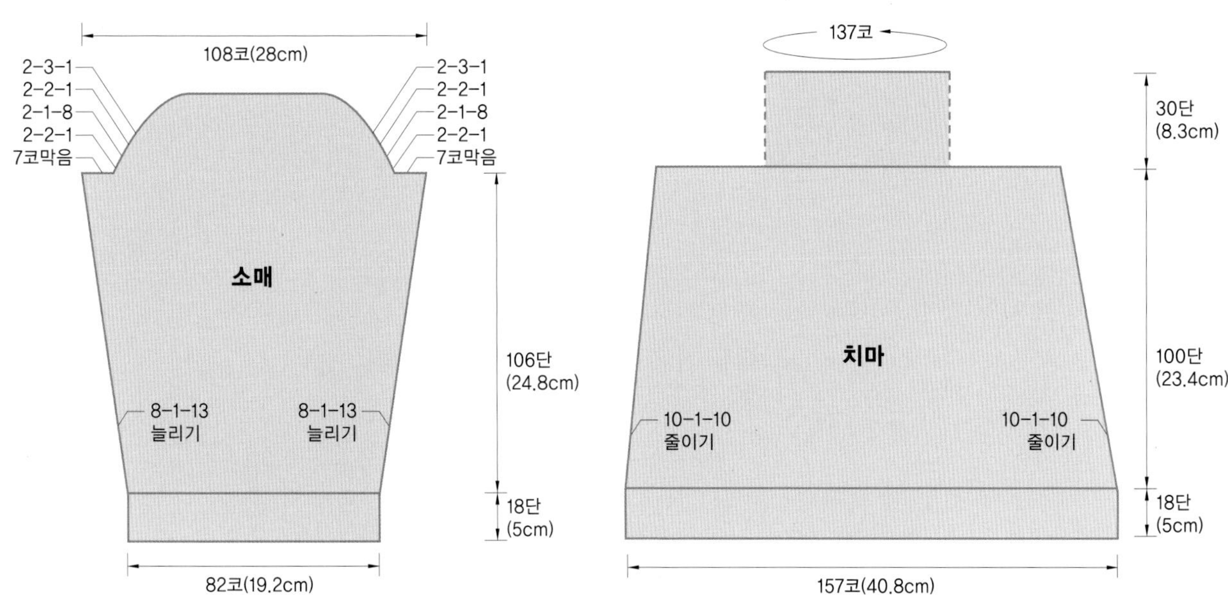

소 매

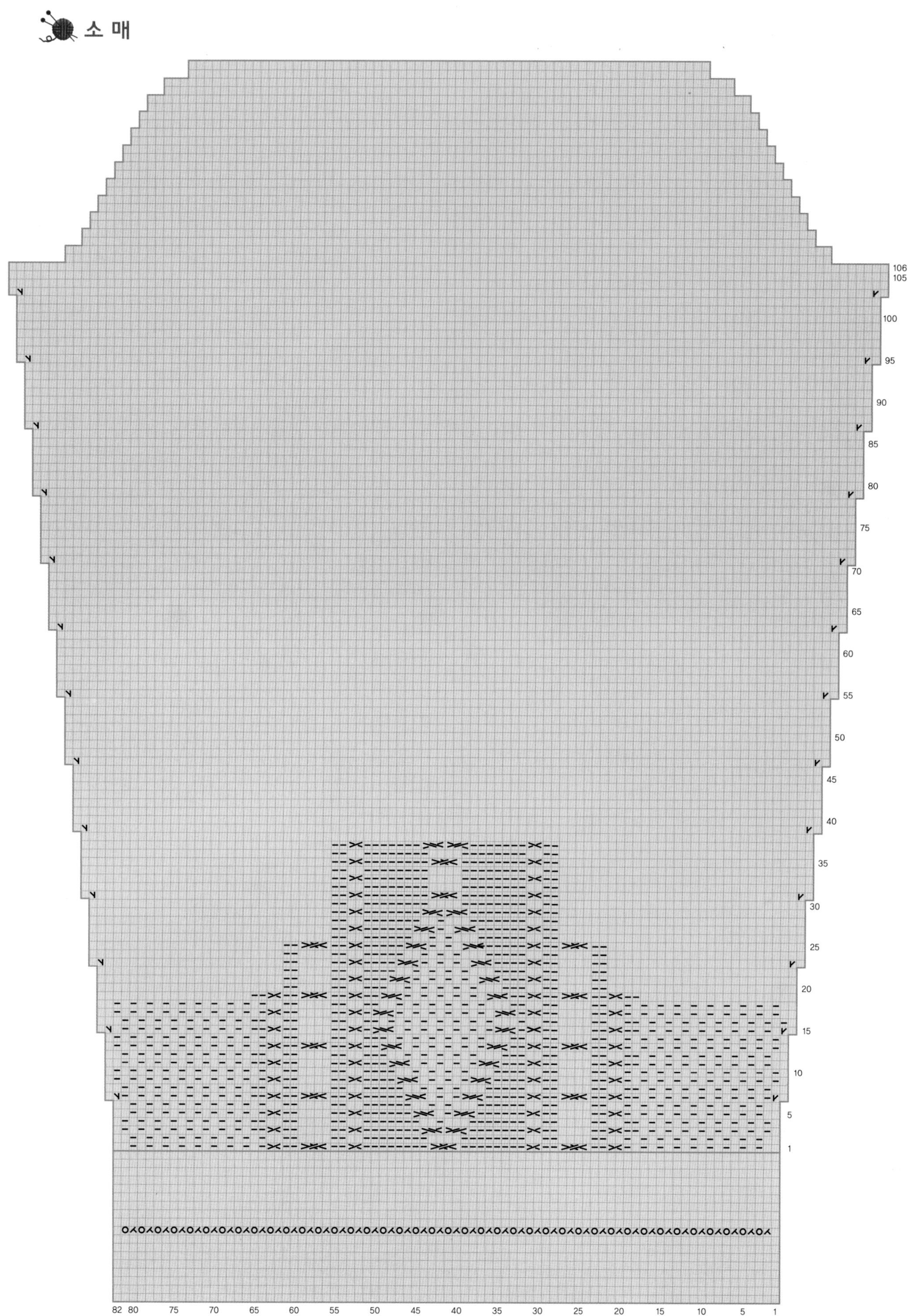

106
105
100
95
90
85
80
75
70
65
60
55
50
45
40
35
30
25
20
15
10
5
1
82 80 75 70 65 60 55 50 45 40 35 30 25 20 15 10 5 1

치 마

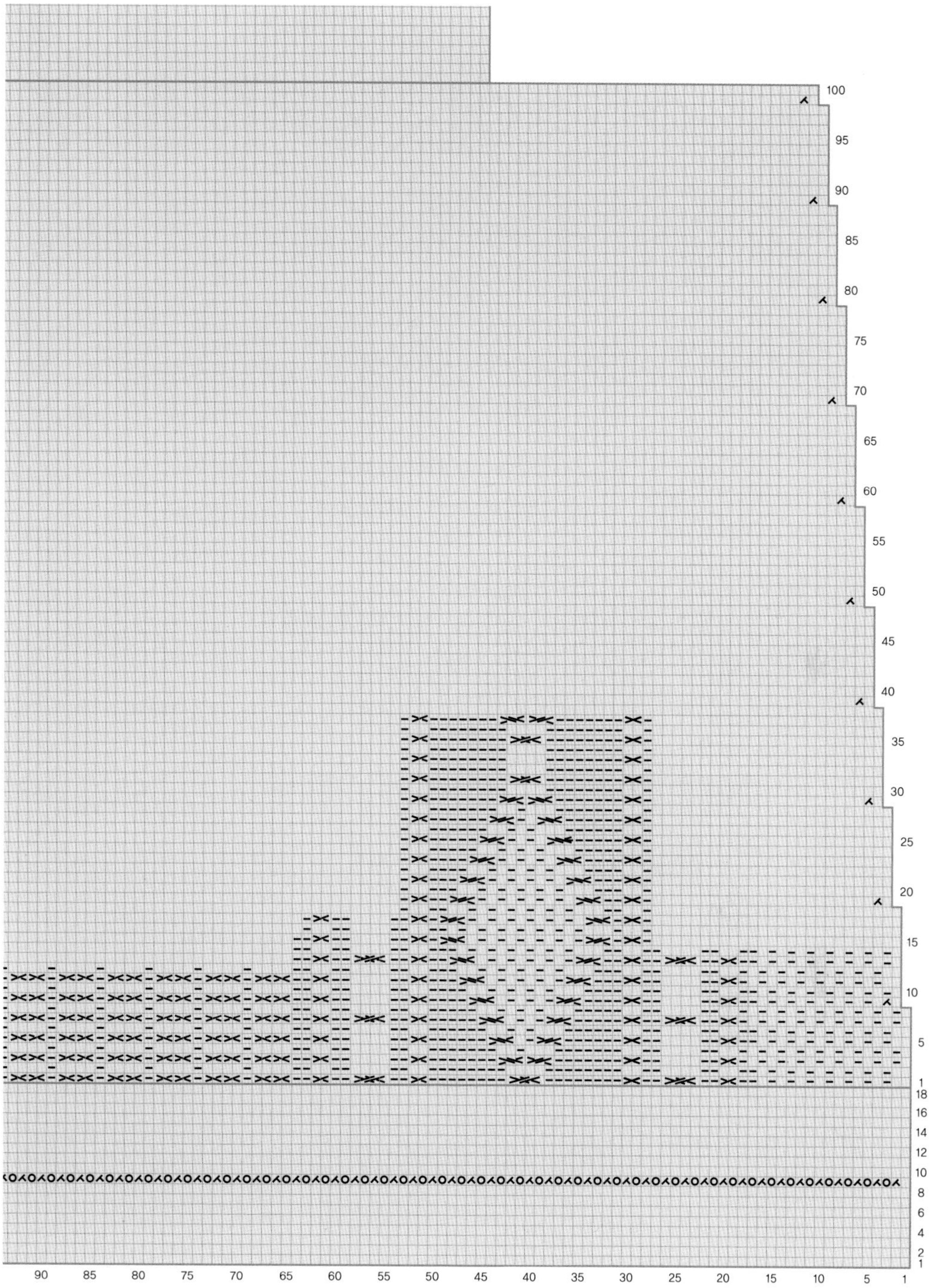

칼 라

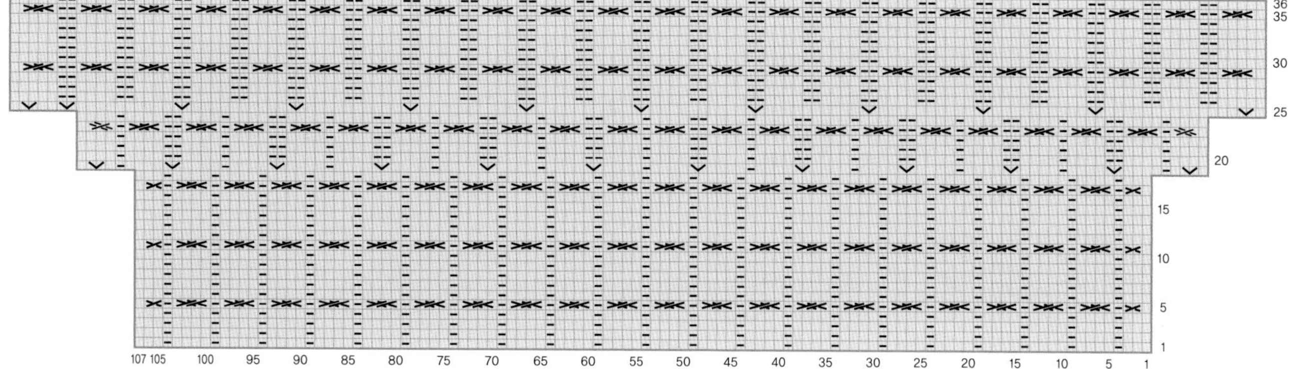

8 knitting

어린이 노란색 투피스

1. 목단은 2코 꼬아뜨기로 뜬다.
2. 몸판과 소매 연결 부분
3. 치마 허리에는 고무밸트를 넣는다.
4. 치마 밑단과 무늬뜨기

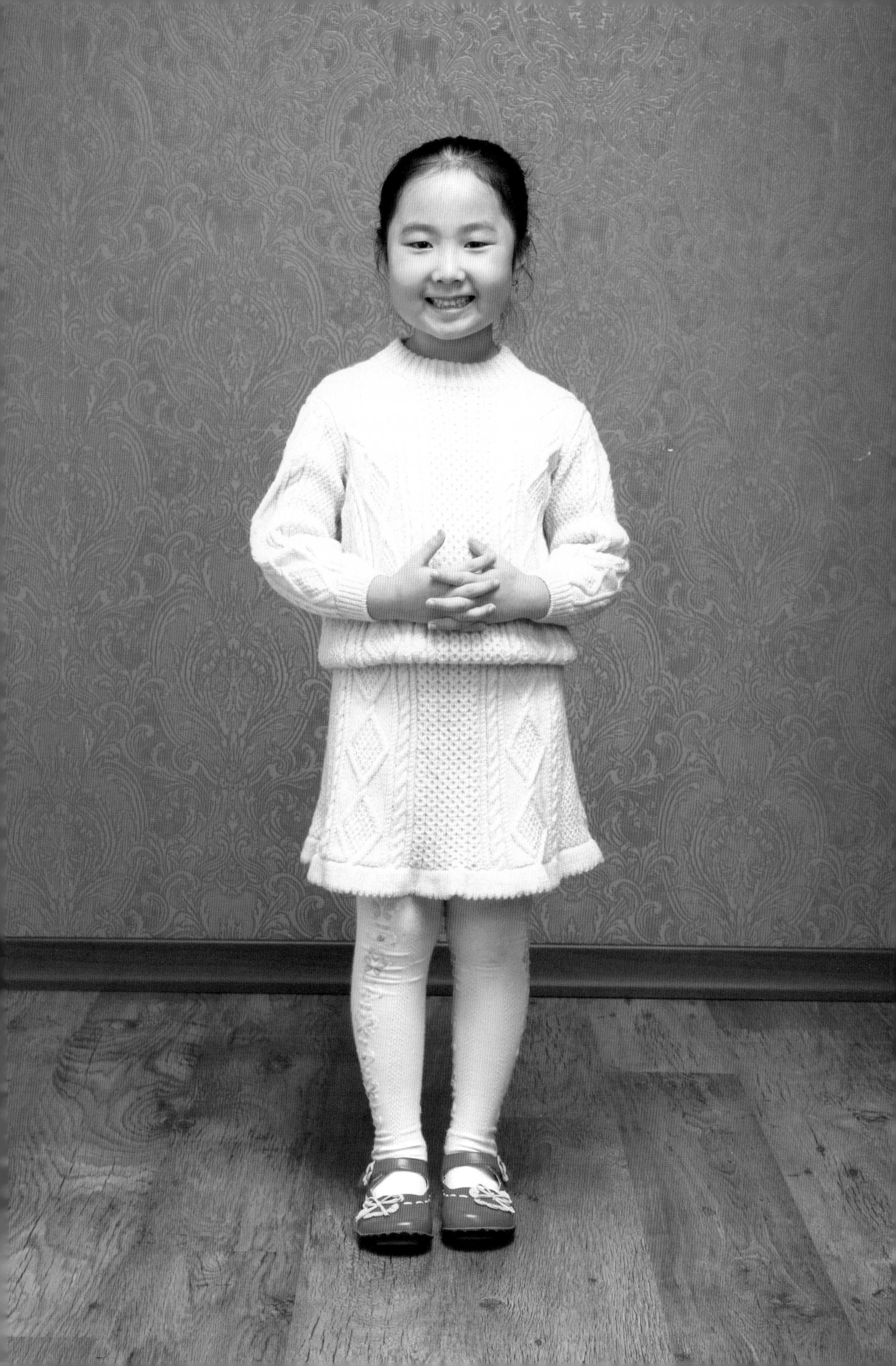

어린이 노란색 투피스

완성 치수

7~8세

재료와 도구

실 순모 중세사(노랑색)
바늘 2.5mm 줄바늘, 3.5mm 줄바늘, 돗바늘
부속품 고무밸트

뜨는 방법

【뒤판】

❶ 2.5mm 줄바늘과 실로 흔들코 125코를 만들어 1코 고무뜨기 26단을 뜨고, 3.5mm 바늘로 바꾸어 153코가 되게 늘린다.

❷ ❶이 되면 90단 무늬뜨기한 다음 소매둘레를 만드는데 10코 막음한 뒤 2단마다 4코, 3코, 2코-2회, 1코-2회하여 107코가 되게 한 뒤 32단 더 뜨고 뒷목을 만든다.

❸ 뒷목은 어깨코 각 26코와 뒷목코 55코로 3등분한 뒤 어깨코만 각각 6단씩 더 뜨고 마친다.

【앞판】

❶ 2.5mm 줄바늘과 실로 흔들코 125코를 만들어 1코 고무뜨기 26단을 뜨고, 3.5mm 바늘로 바꾸며 153코가 되게 늘린다.

❷ ❶이 되면 90단 무늬뜨기한 다음 소매둘레를 만드는데 10코 막음한 뒤 2단마다 4코, 3코, 2코-2회, 1코-2회하여 107코가 되게 한 뒤 16단 더 뜨고 앞목을 만든다.

❸ 앞목은 가운데 중심으로 31코를 남기고 양옆으로 각각 2단마다 4코, 3코, 2코, 1코-3회하여 줄여 어깨코 26코만 남긴 후 10단 더 뜬 뒤 뒤판 어깨코와 마주 붙인다.

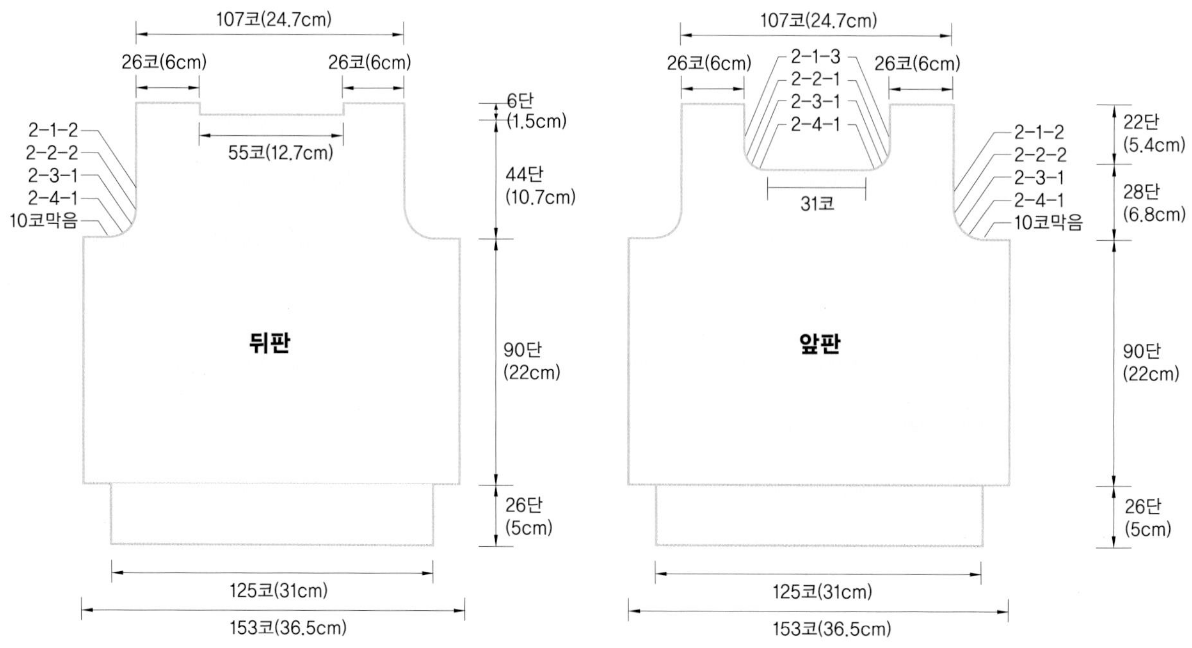

뒤 판

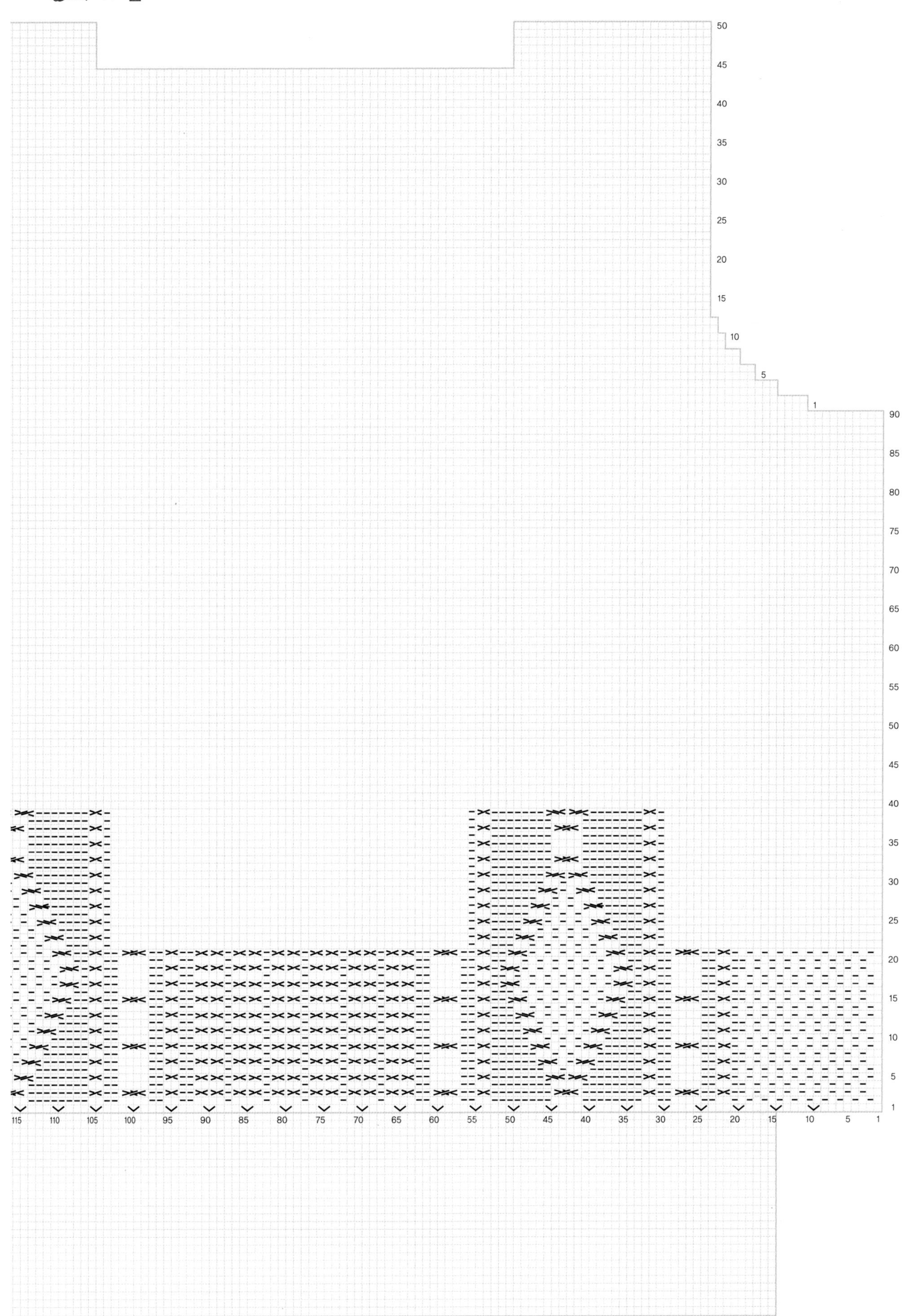

앞판

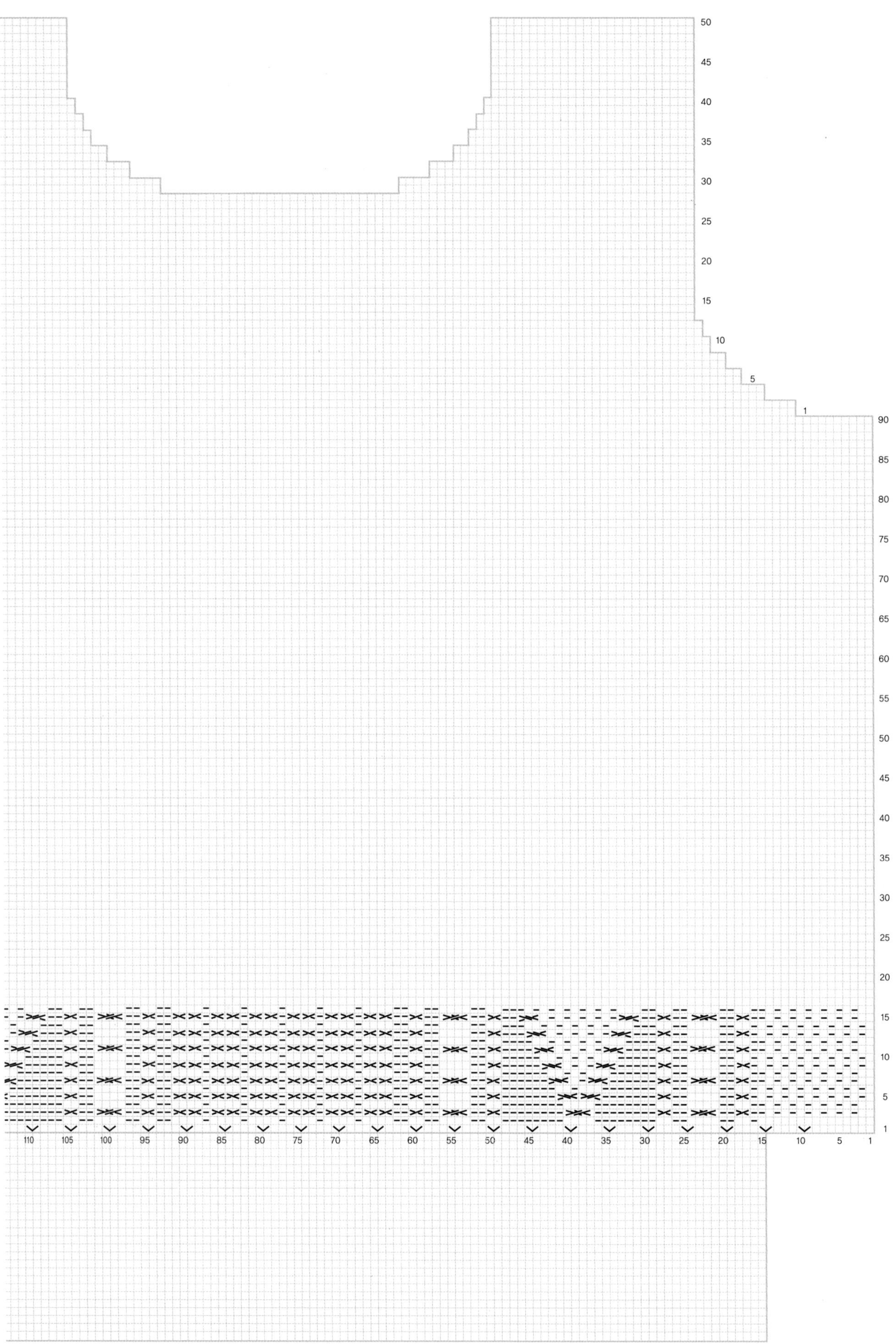

50
45
40
35
30
25
20
15
10
5
1
90
85
80
75
70
65
60
55
50
45
40
35
30
25
20
15
10
5
1
110
105
100
95
90
85
80
75
70
65
60
55
50
45
40
35
30
25
20
15
10
5
1

뜨는 방법

【소매】

❶ 2.5mm 줄바늘과 실로 흔들코 55코를 만들어 1코 고무뜨기 24단을 뜨고, 3.5mm 바늘로 바꾸어 70코로 늘린 후 무늬뜨기하는데 8단마다 양옆 가장자리에서 각 1코씩 늘리기 11회하며 90단, 92코가 되게 한 뒤 소매산을 만든다.

❷ 소매산은 7코 막음한 뒤 2단마다 3코, 2코, 1코-8회, 2코, 3코 순으로 줄인 뒤 막음코 마무리한다.

【단뜨기】

❶ 돗바늘로 솔기들을 이어 몸판을 완성하고 앞 · 뒤 목둘레에서 목코 140코를 주어 2코 꼬아뜨기 무늬로 30단을 뜬 후 반으로 접어 목단 시작 부분에 감침질하여 마무리한다.

【치마】

❶ 3.5mm 줄바늘로 157코를 만들어 8단 메리야스뜨기를 하고 9, 10단은 구멍 무늬를 만들고 8단 더 메리야스뜨기한 다음 처음 시작 부분과 붙인다.

❷ ❶이 끝나면 무늬뜨기하는데 10단마다 양옆 가장자리에서 각 1코씩 줄이기 10회하며 100단, 137코가 되게 뜬다.

❸ ❶, ❷를 한 장 더 뜨고 옆솔기를 돗바늘로 붙인 후 전체코 274코를 반이 되게 줄여 137코만 메리야스뜨기 30단 더 떠서 고무벨트를 넣은 다음 반으로 접어 메리야스 시작 부분에 감침질하여 마무리한다.

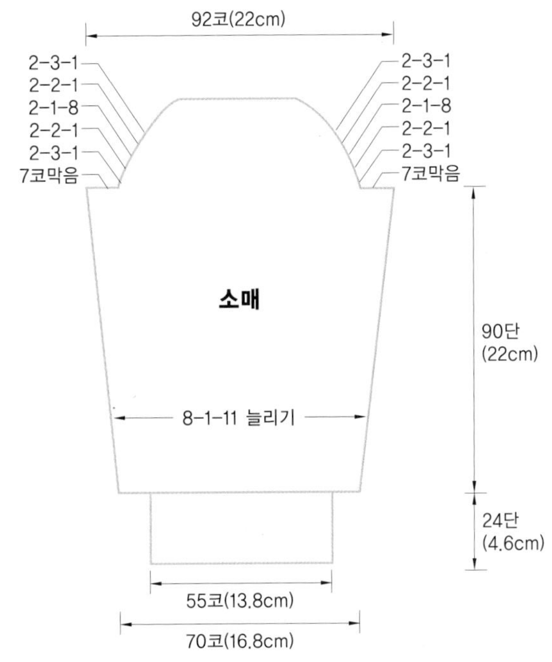

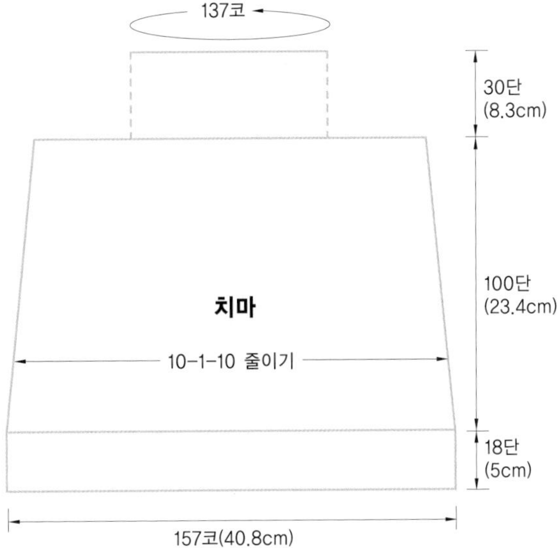

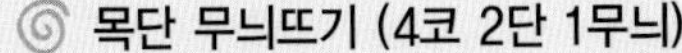

목단 무늬뜨기 (4코 2단 1무늬)

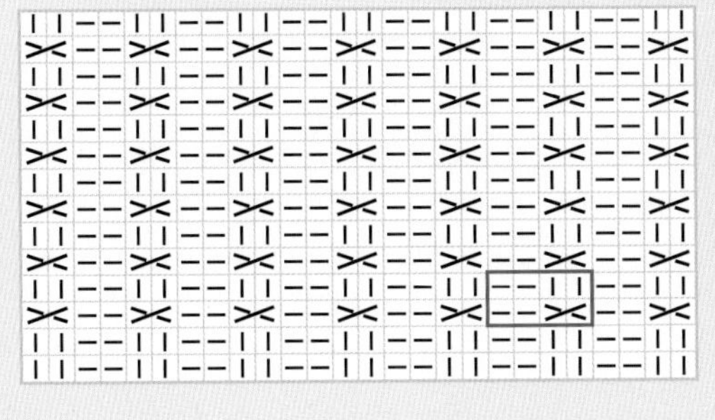

소매

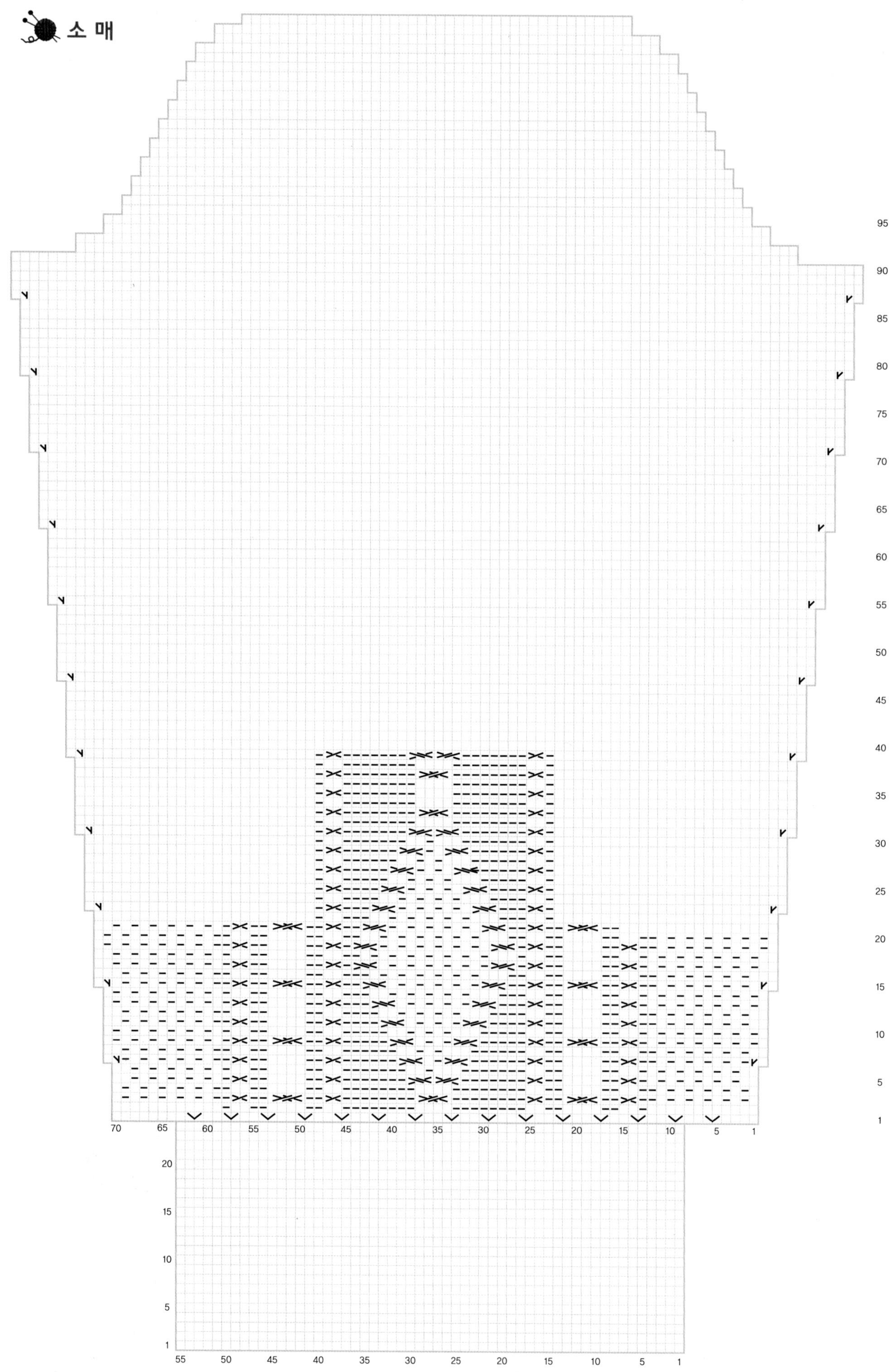

치마

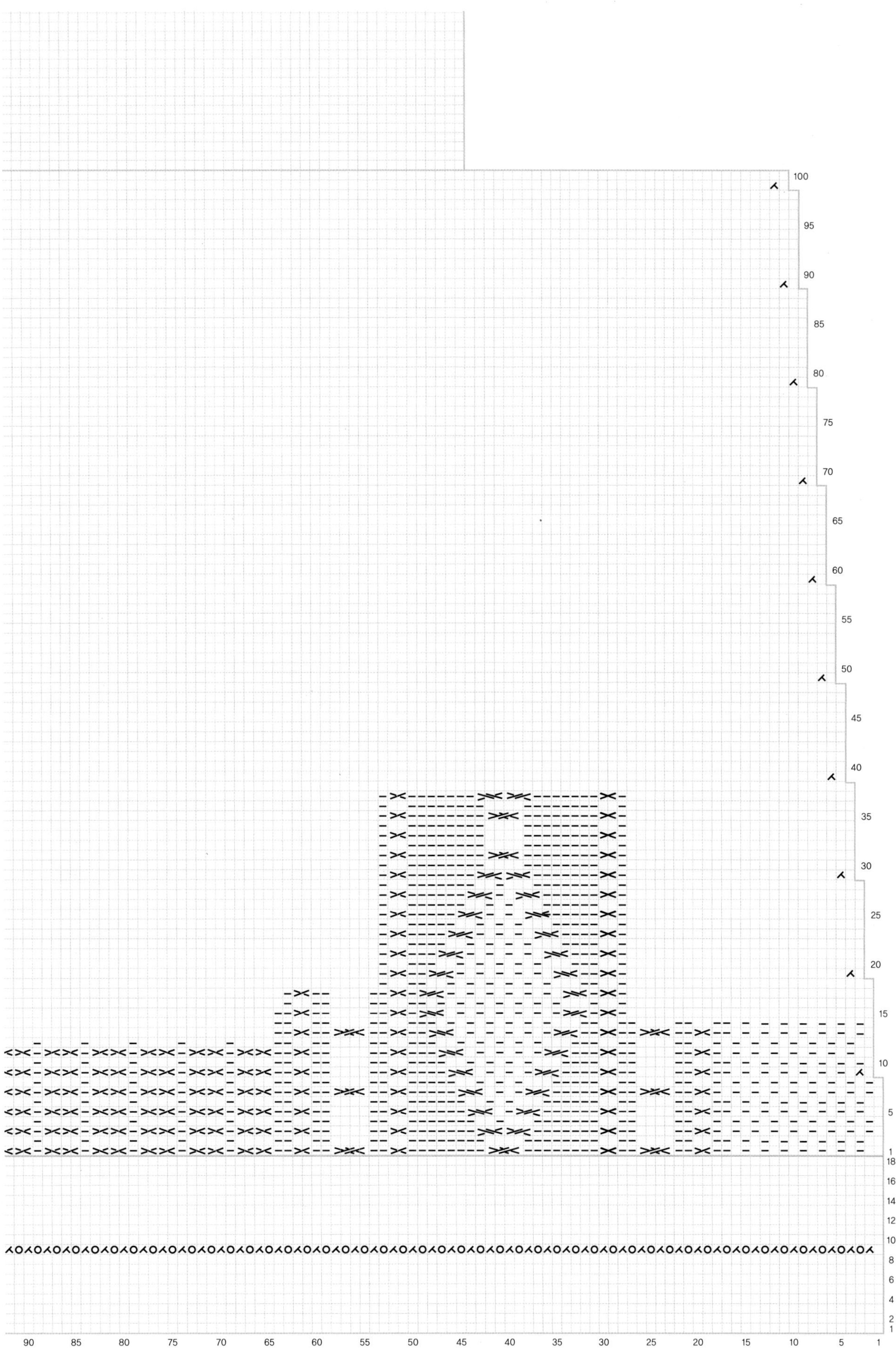

9 knitting

어린이 빨간색 쓰리피스

1. 칼라는 4코 꼬아뜨기로 무늬뜨기하고 가장자리는 이면뜨기로 마무리한다.
2. 칼라와 몸판의 연결 부분
3. 앞중심과 밑단의 경계선은 곡선으로 멋을 낸다.
4. 치마의 옆솔기 연결 부분

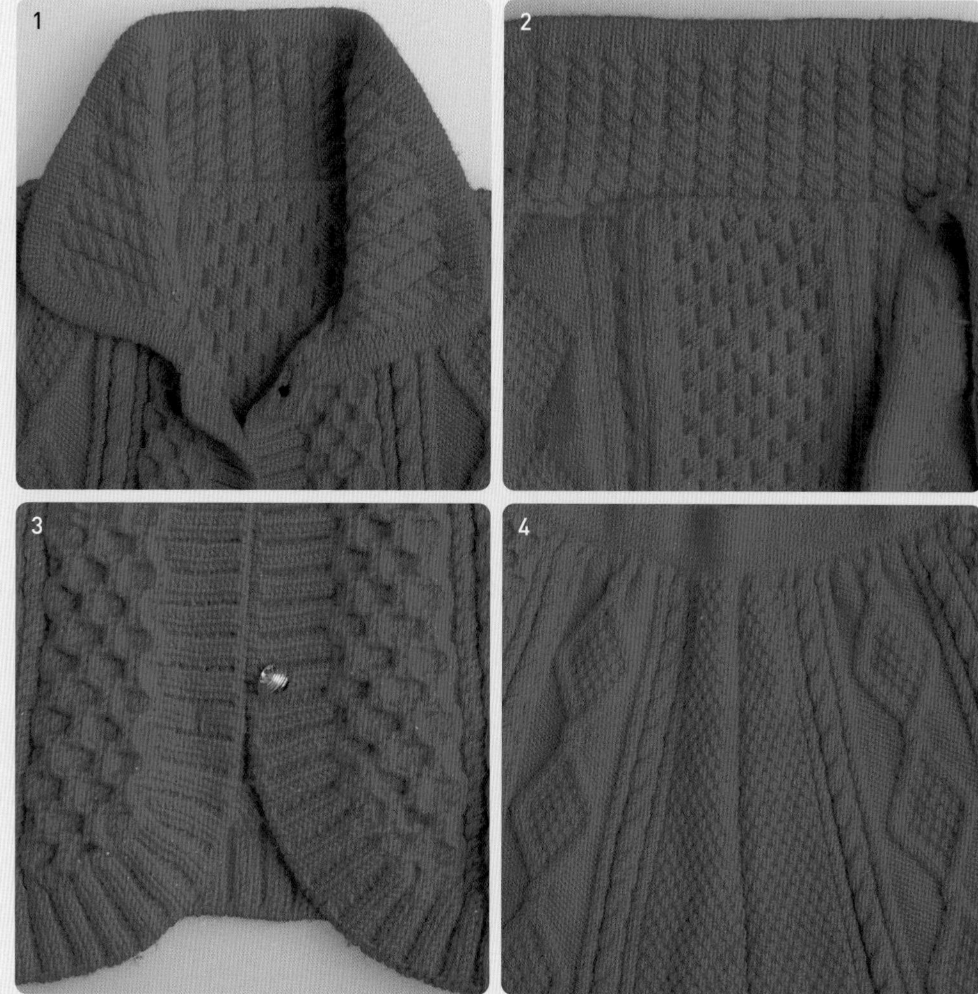

어린이 빨간색 쓰리피스

완성 치수

7~8세

재료와 도구

실	순모 중세사(빨강색, 연두색) 밑실
바늘	2.5mm 줄바늘, 3.5mm 줄바늘, 돗바늘, 코바늘 3호
부속품	단추(4ea), 고무밸트

뜨는 방법

【재킷 뒤판】

1. 2.5mm 줄바늘과 빨강색 실로 흔들코 126코를 만들어 2코 고무뜨기 12단을 뜨고, 3.5mm 바늘로 바꾸면서 152코가 되게 늘리고 무늬뜨기 74단을 뜬 뒤 소매둘레를 만든다.
2. 소매둘레는 10코 막음한 뒤 2단마다 3코, 2코, 1코-2회 순으로 줄여 118코가 되게 하고 42단 더 뜬 뒤 뒷목둘레를 만든다.
3. 뒷목둘레는 양어깨코 각 29코씩 뒷목코 60코가 되게 삼등분하고 양어깨코 29코만 각각 6단씩 더 뜨고 마무리한다.

【재킷 앞판】

1. 3.5mm 줄바늘과 밑실로 71코를 만들어 무늬뜨기하는데 가운데 중심쪽으로 2단마다 1코씩 늘리기 7회하여 아래 부분을 동그랗게 굴려주며 74단 무늬뜨기한 후 소매둘레를 만든다.
2. 소매둘레는 10코 막음한 뒤 2단마다 3코, 2코, 1코-2회 순으로 줄여 61코가 되게 한 뒤 28단 더 뜨고 앞목을 만들어 준다.
3. 앞목은 15코 막음한 뒤 2단마다 5코, 4코, 3코, 2코-2회, 1코 순으로 줄여 어깨코 29코가 되게 하고 8단 더 뜬 뒤 뒤판 어깨코와 마주 붙인다.
4. ③이 끝나면 2.5mm 줄바늘로 앞판 앞단부터 밑단 186코를 주어 2코 고무뜨기 12단 뜨고 돗바늘로 마무리한다.
   * 오른쪽 단은 뜨면서 단추구멍 4개를 만들어 준다.

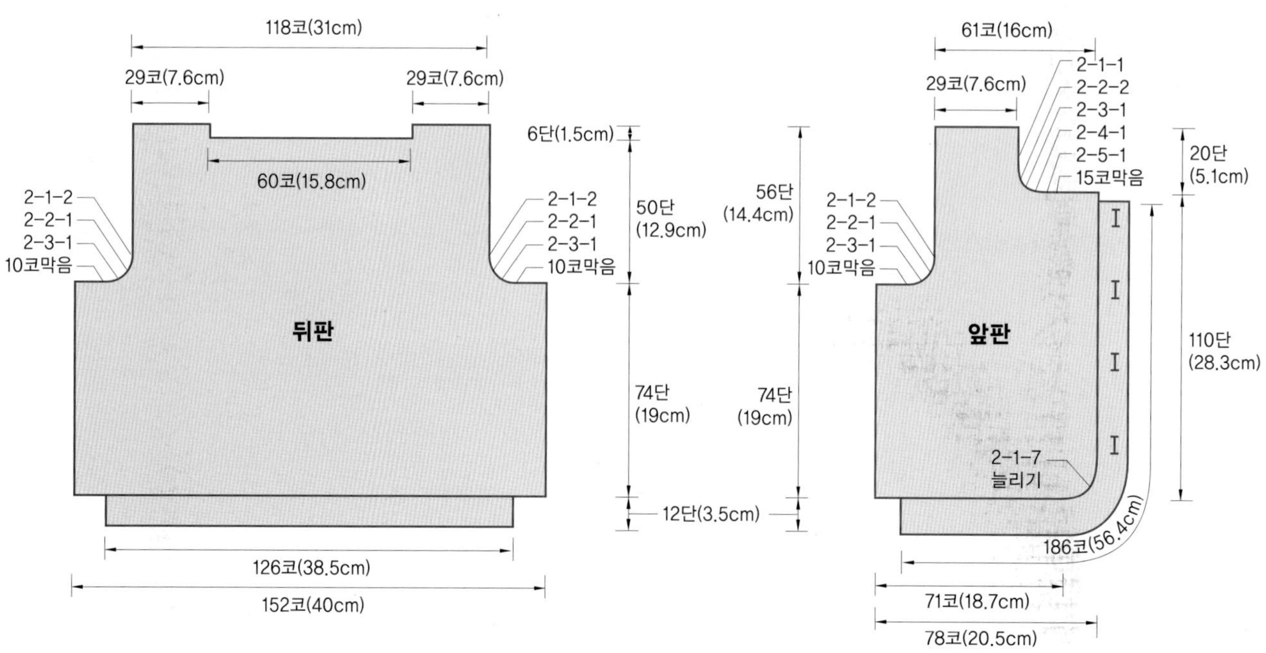

 뒤 판

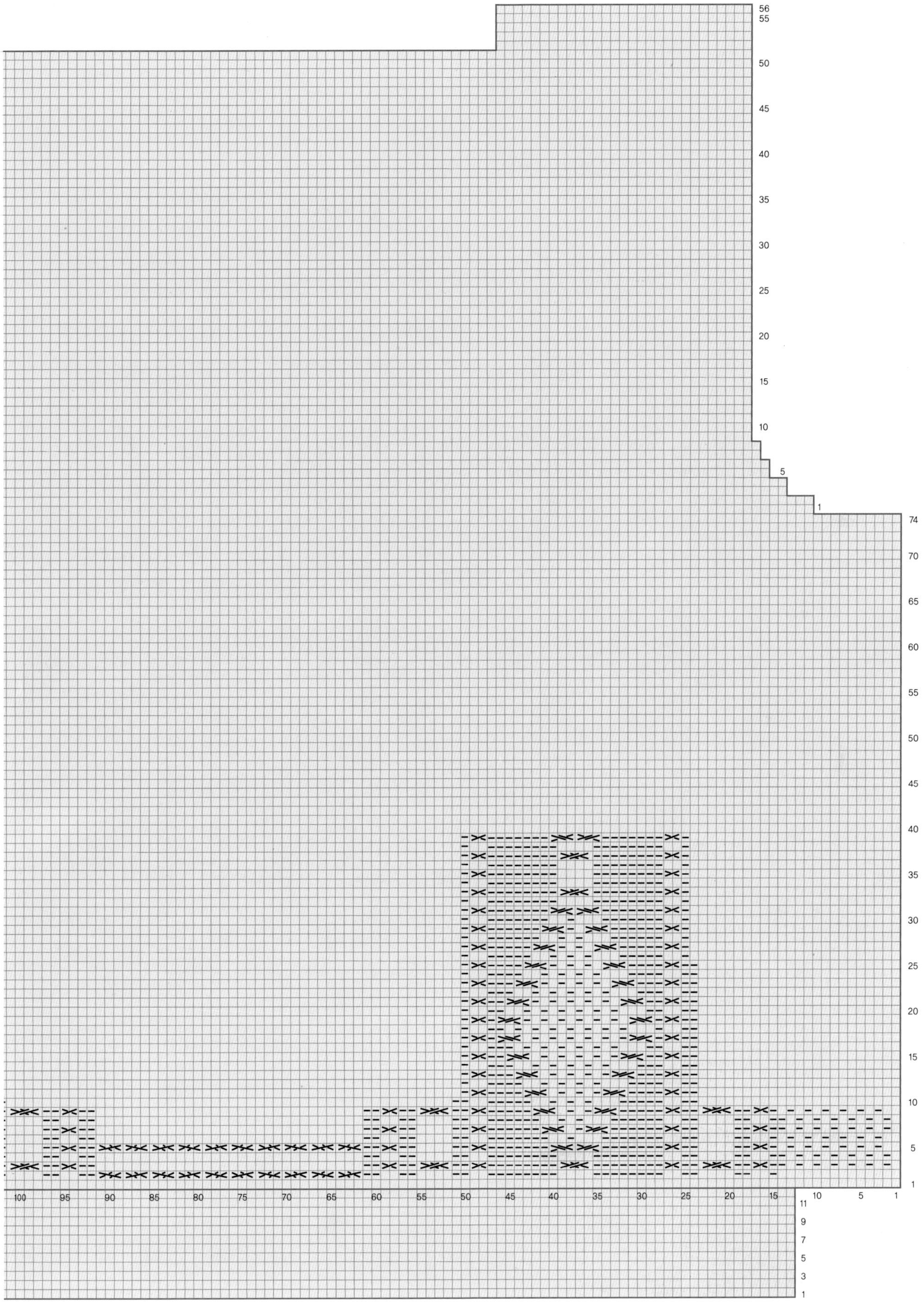

앞판

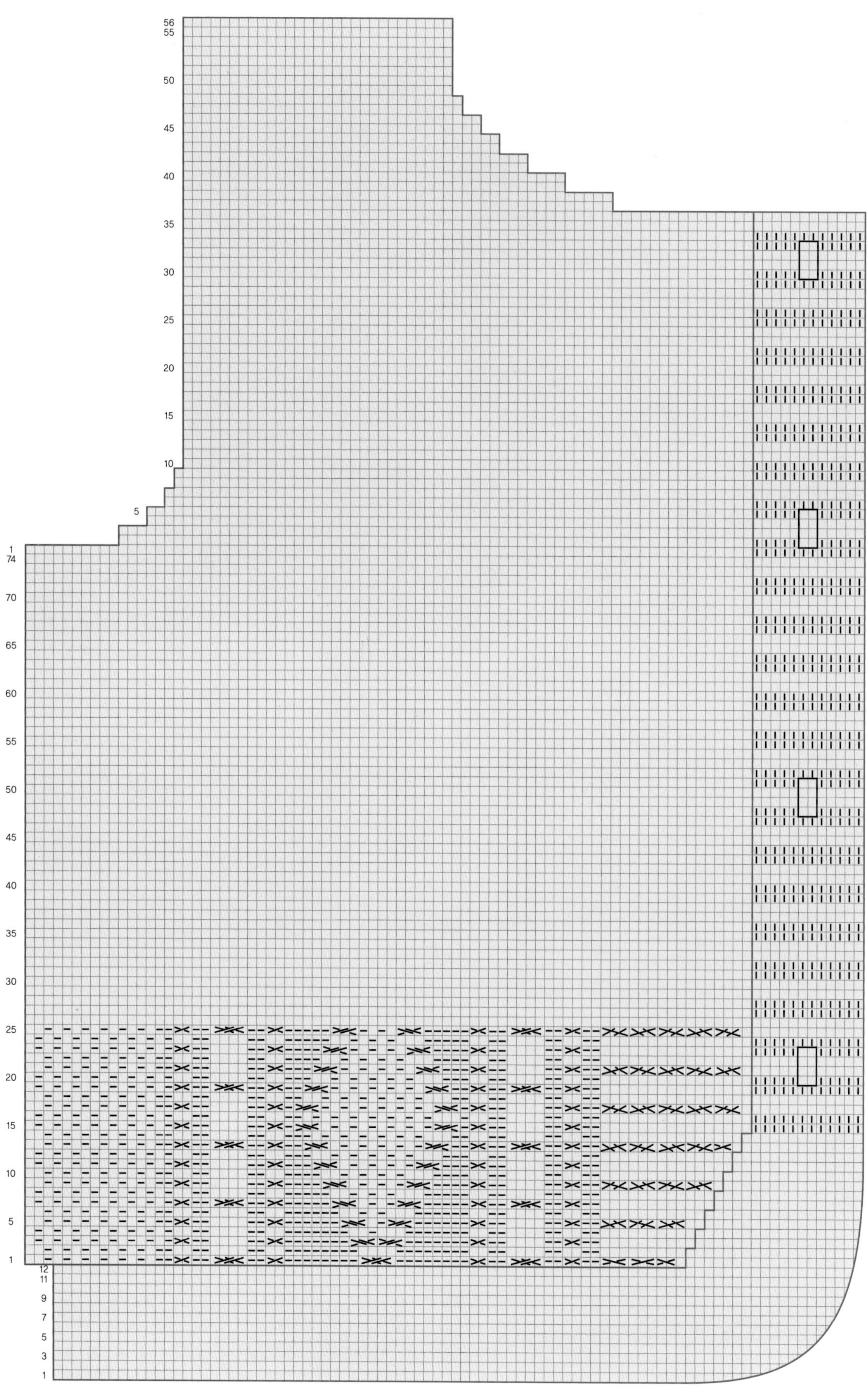

56
55
50
45
40
35
30
25
20
15
10
5
1
74
70
65
60
55
50
45
40
35
30
25
20
15
10
5
1
12
11
9
7
5
3
1

뜨는 방법

【소매】

1. 2.5mm 줄바늘과 빨강색 실로 흔들코 55코를 만들어 2코 고무뜨기로 20단을 뜨고, 3.5mm 바늘로 바꾸면서 74코가 되게 늘려 무늬뜨기 80단을 뜬다. 80단 뜨는 동안 8단마다 양옆 가장자리에서 1코씩 늘리기 10회 한다.
2. ①이 끝나면 소매산을 만드는데 소매산은 8코 막음한 뒤 2단마다 3코, 2코, 1코−8회, 2코, 3코 순으로 줄여주고 막음코로 마무리한다.
3. 똑같이 한 장 더 떠준다.
4. 옆솔기는 돗바늘로 붙여준다.

【칼라】

1. 돗바늘로 옆솔기들을 붙이고 앞 · 뒤 목둘레에 122코를 3.5mm 줄바늘로 주어 꼬아뜨기 무늬를 뜨는데, 8단 뜬 뒤 9단째 14코 늘리고, 7단 더 뜬 뒤 17단째 14코를 늘려준 후 11단 더 떠준다.
2. ①이 끝나면 양옆 가장자리 단 부분에서 각각 28코씩 코너에 각각 4코씩 주어 전체 214코를 이면뜨기 12단 뜨고 돗바늘로 마무리한다.

【치마】

1. 3.5mm 바늘과 빨강색 실로 162코를 만들어 무늬뜨기 112단을 뜨는데 양옆 가장자리에서 10단마다 각 1코씩 줄이기를 11회한다.
2. ①과 같이 한 장 더 떠서 옆솔기를 이어 원통이 되게 한 뒤 고무밴트를 넣을 수 있게 만드는데, 전체코 280코를 반으로 줄여 140코가 되게 하여 메리야스뜨기 30단을 뜨고 고무밴트를 넣고 반으로 접어 메리야스 시작 부분과 끝부분을 감침질하여 마무리한다.
3. 치마 밑단은 코바늘 3호로 장식뜨기한다.

치마장식 무늬뜨기

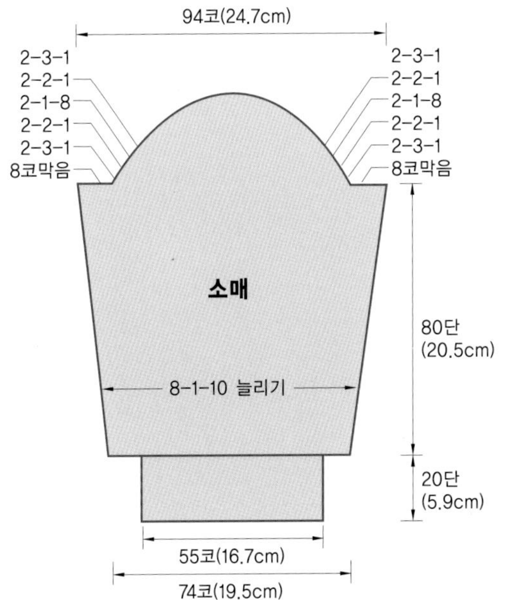

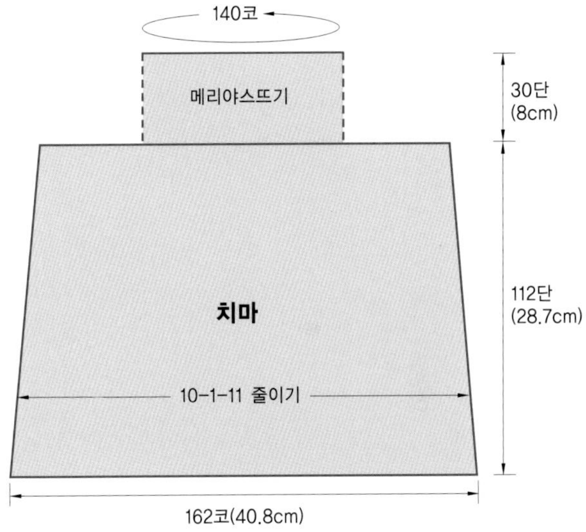

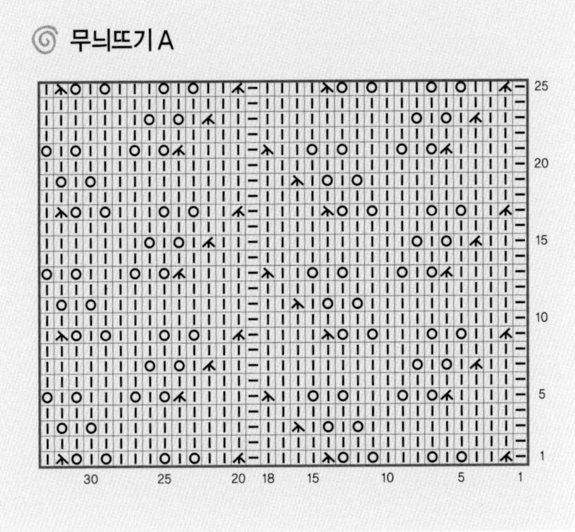

소 매

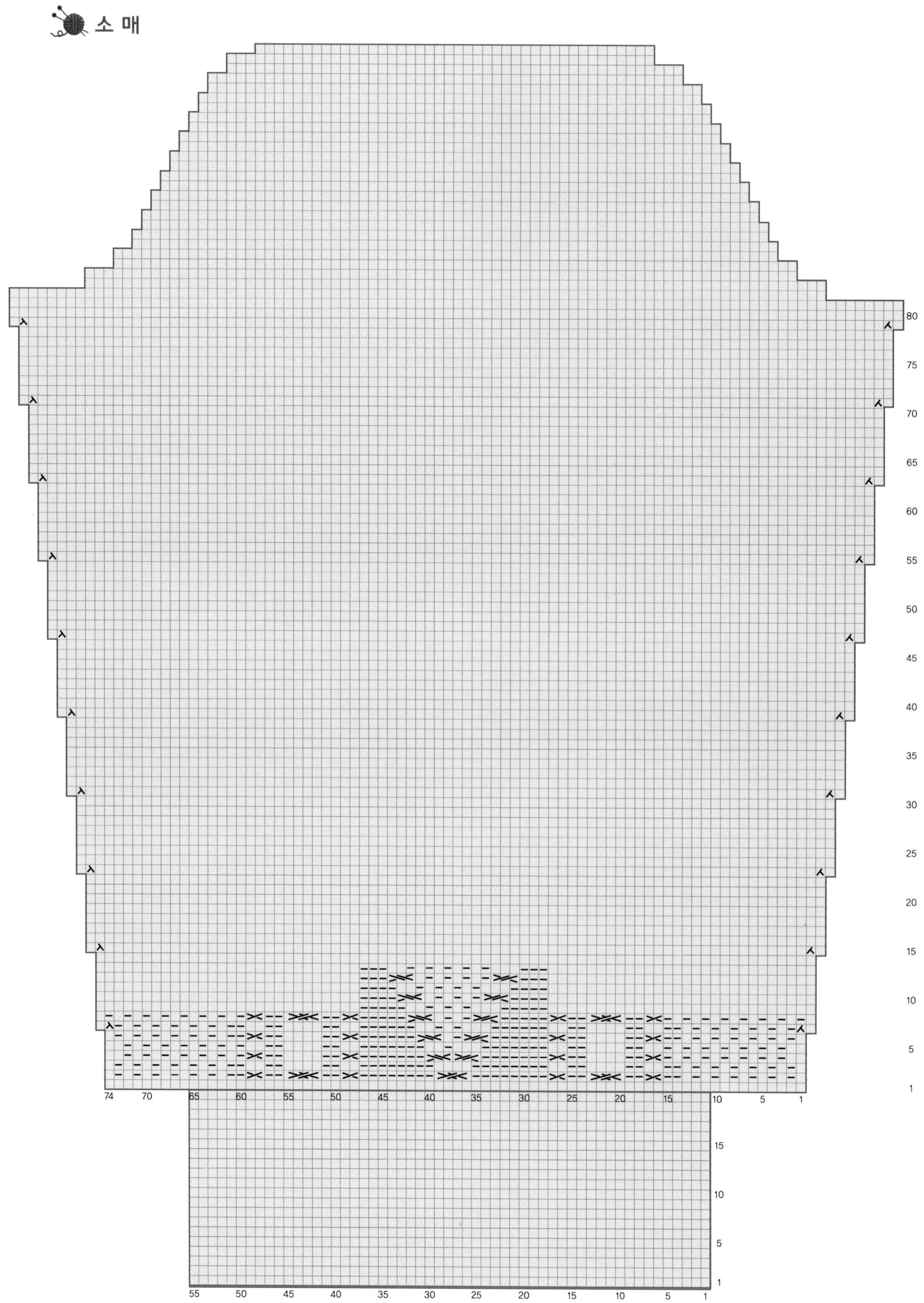

치마

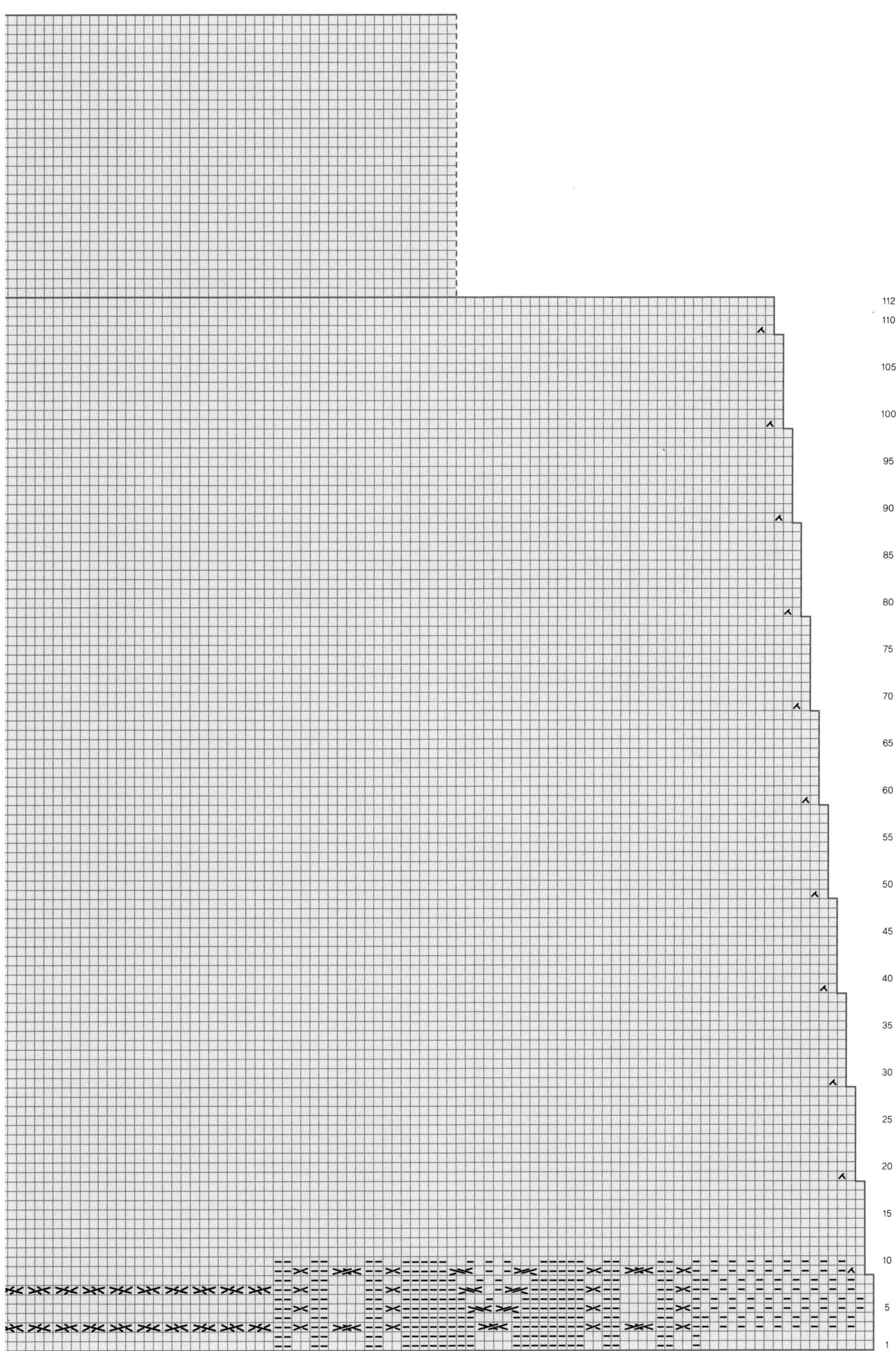
112
110
105
100
95
90
85
80
75
70
65
60
55
50
45
40
35
30
25
20
15
10
5
1

뜨는 방법

【조끼 뒤판】

1. 3.5mm 바늘과 빨강색 실로 93코를 만들어 6단 가아터뜨기한 뒤 무늬뜨기A로 46단을 뜨는데 28단까지는 빨강색, 29~46단까지는 연두색 실로 뜨고, 소매둘레는 다시 빨강색 실을 바꾸어 뜬다.
2. 소매둘레는 6코 막음한 뒤 2단마다 3코, 2코, 1코 순으로 줄여 22단 더 뜬 후 뒷목둘레를 만든다. 소매둘레 쪽 7코는 가아터뜨기한다.
3. 뒷목둘레는 양어깨코 각 17코씩, 뒷목코 35코로 삼등분하고, 양어깨코 17코만 각각 22단씩 더 뜨고 마무리한다.

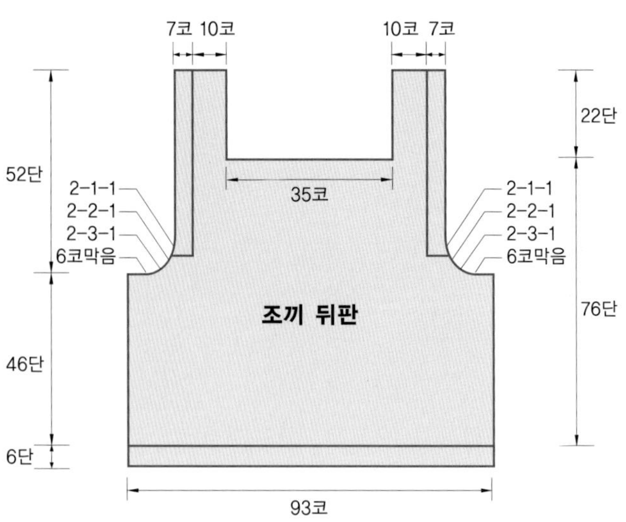

【조끼 앞판】

1. 3.5mm 바늘과 빨강색 실로 93코를 만들어 6단 가아터뜨기한 뒤 무늬뜨기A로 46단을 뜨는데 28단까지는 빨강색 실, 29단째부터는 연두색으로 실을 바꾸어 18단 떠준 뒤, 빨강색 실로 바꾸어 소매둘레를 만든다.
2. 소매둘레는 6코 막음한 뒤 2단마다 3코, 2코, 1코 순으로 줄여 뜨는데, 소매둘레 쪽 7코는 가아터뜨기한다.
3. 소매둘레 코를 모두 줄여 69코가 되게 한 후 12단 뜨고 난 뒤 앞목둘레를 만든다.
4. 앞목둘레는 가운데에 23코를 남기고 중심 기준으로 양옆에 각 2단마다 3코, 2코, 1코 순으로 줄여 각각 어깨코 17코가 되게 한 후 24단 더 뜨고 난 뒤 뒤판 어깨와 마주 붙인다.
5. 옆솔기는 돗바늘로 붙여주고, 목둘레는 3.5 mm 줄바늘과 연두색 실로 80코를 주어 가아터뜨기 6단 뜨고 난 뒤 빨강색 실로 바꿔 2단 뜬 뒤 돗바늘로 마무리한다.

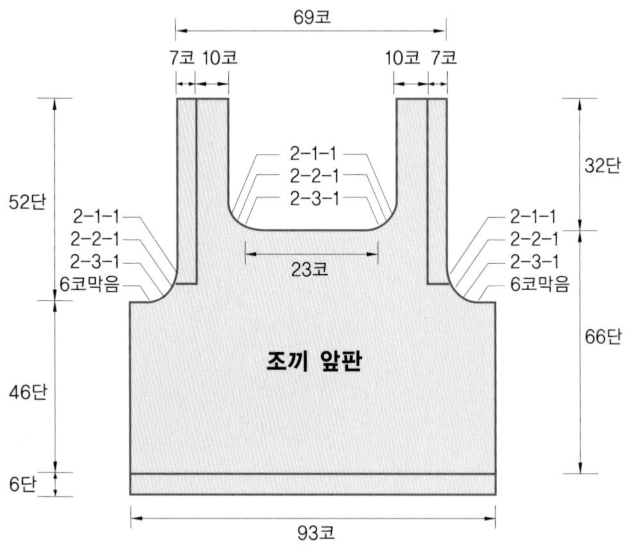

1. 조끼 상단부분
2. 조끼 하단부분

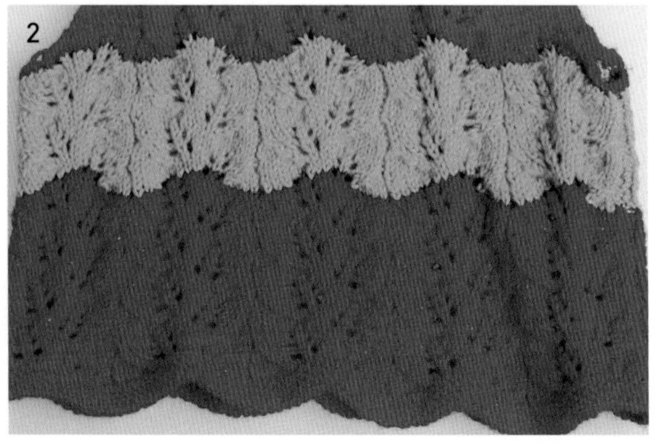

조끼 뒤판

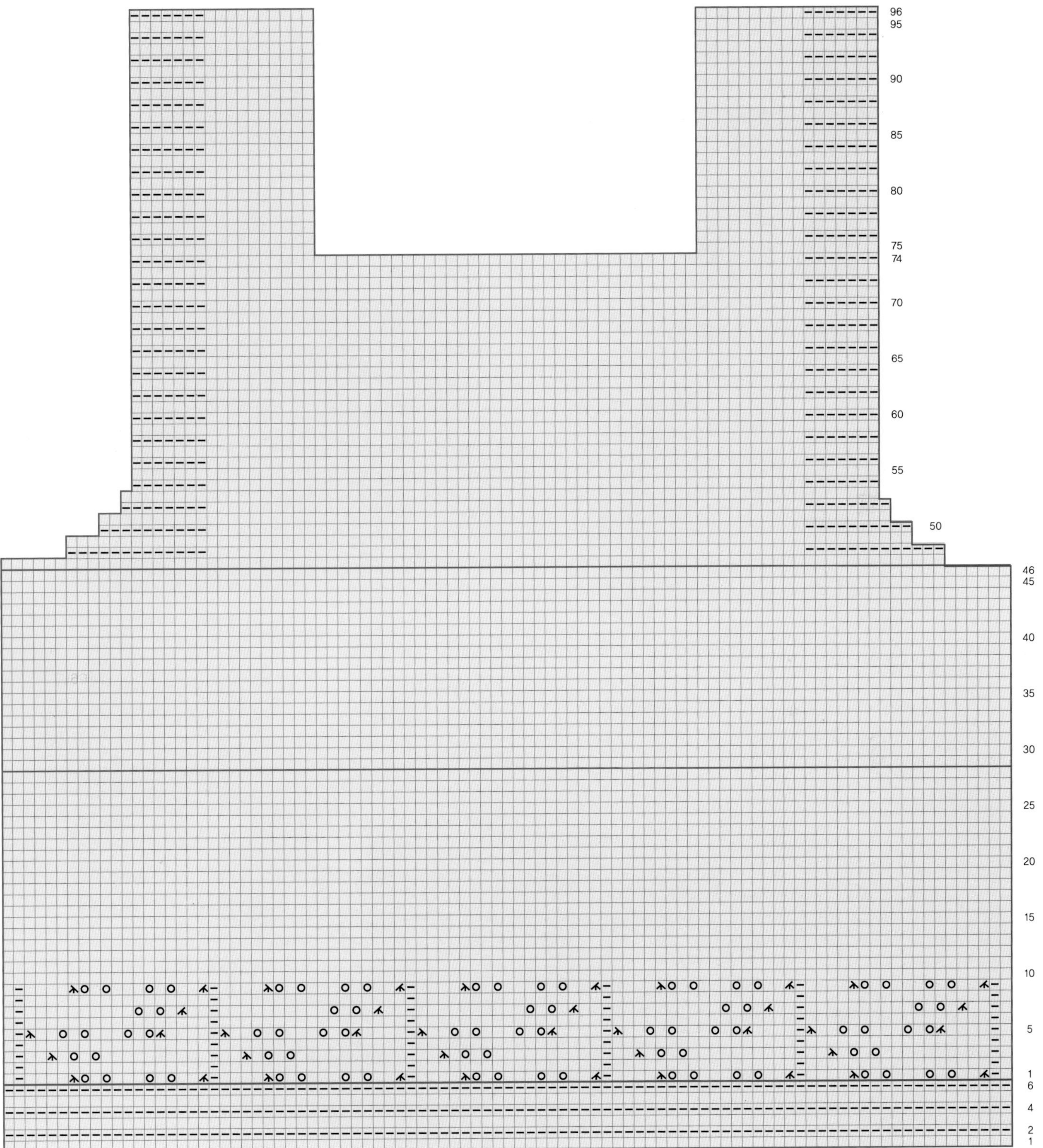

조끼 앞판

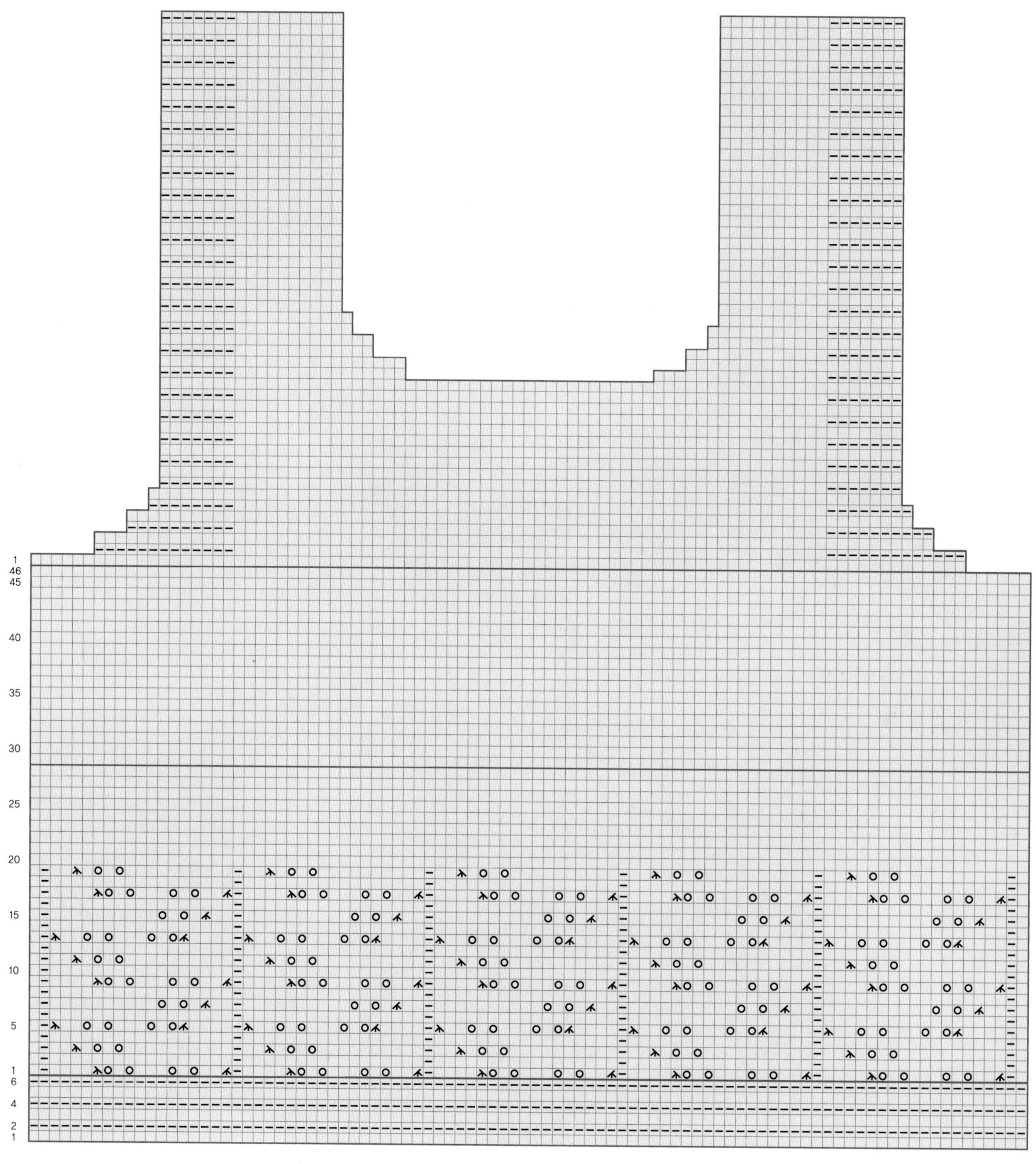

칼라

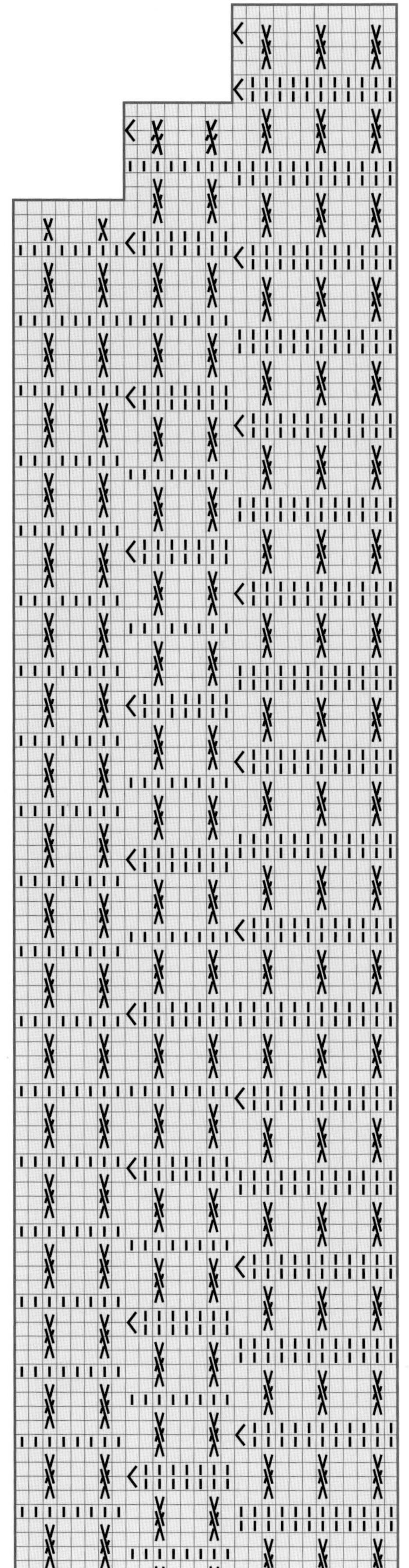

TORINO
100% Extra Fine Merino
Lana Extra Fine
e 50g
1 oz 3/4
± 158 m
cervinia
731 46
MONDIAL
7310
2020
624 41
8 020586 095025
MONDIAL
Filati lana & Cotone - ITALIA
LANA MERINO EXTRAFINE
100% Lana - Wool - Wolle - Laine - Lana
20
MADE IN ITALY (BIELLA)
190
50 GRAMS AT NET STANDARD CONDITION
Hohenloher Wolle GmbH

p.a.r.t 3

여성용 소품

1_반짝이 숄

2_보라색 담당사 숄

3_베이지색 베레모

4_보라색 베레모

5_카키색 목도리와 모자

6_무지개빛 목도리와 모자

7_그린색 넥타이

8_버킹검 가방

9_반짝이 사각 가방

1 knitting

반짝이숄

반짝이 숄

완성 치수

42cm×180cm

재료와 도구

실 검정 금반짝이사

바늘 코바늘 3호

뜨는 방법

1. 검정 금반짝이사 2올로 사슬 1320코를 만들어 무늬뜨기A로 184단을 뜨고, 가장자리는 무늬뜨기B로 장식하여 마무리한다.

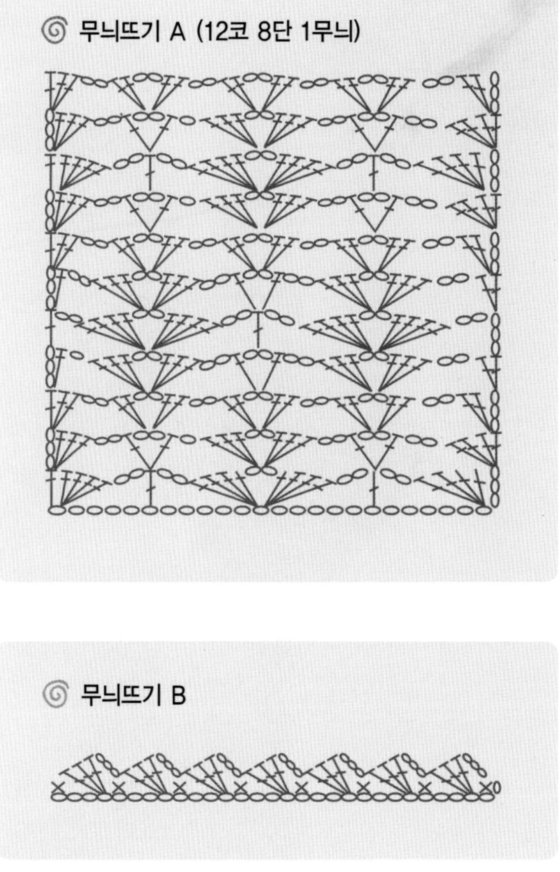

2 knitting

보라색 담당사 숄

보라색 담당사 숄

완성 치수
86cm×176cm

재료와 도구

실	담당사(보라색)
바늘	코바늘 8호

뜨는 방법

❶ 담당사 2올로 사슬 111코를 만들어 무늬뜨기A로 11무늬 6단을 뜨고, 무늬뜨기B 6단, 무늬뜨기C 6단, 무늬뜨기B 6단, 무늬뜨기A 14단, 무늬뜨기B 6단, 무늬뜨기C 6단, 무늬뜨기B 6단, 무늬뜨기A 6단 순으로 떠서 마치고, 가장자리는 무늬뜨기D로 떠서 장식한다.

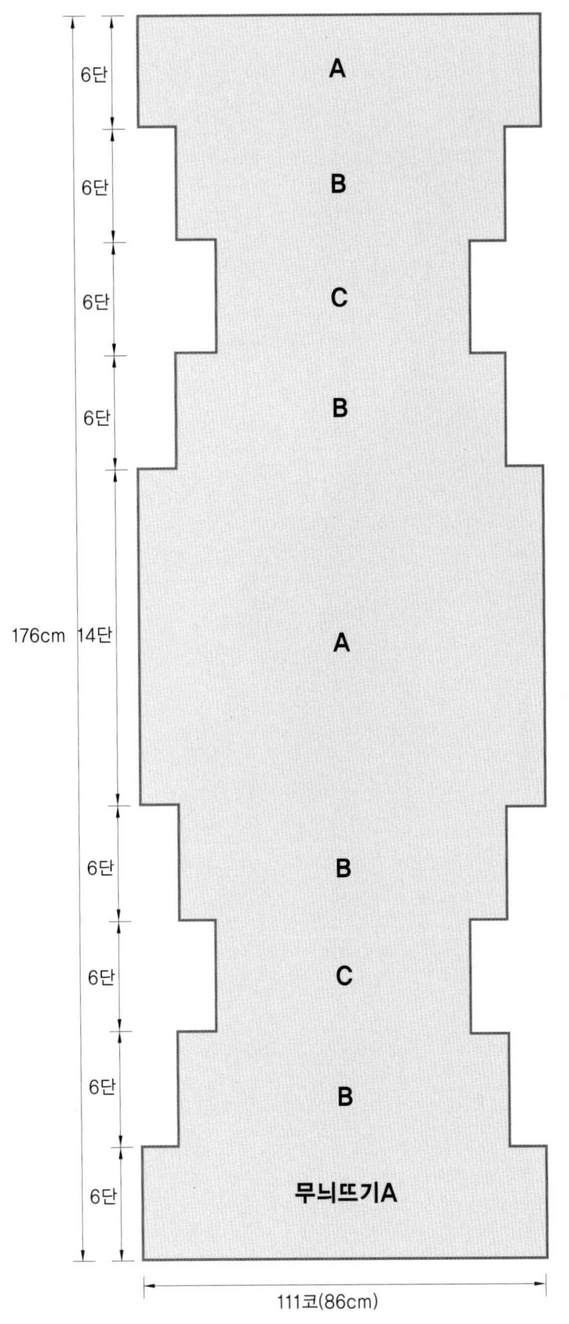

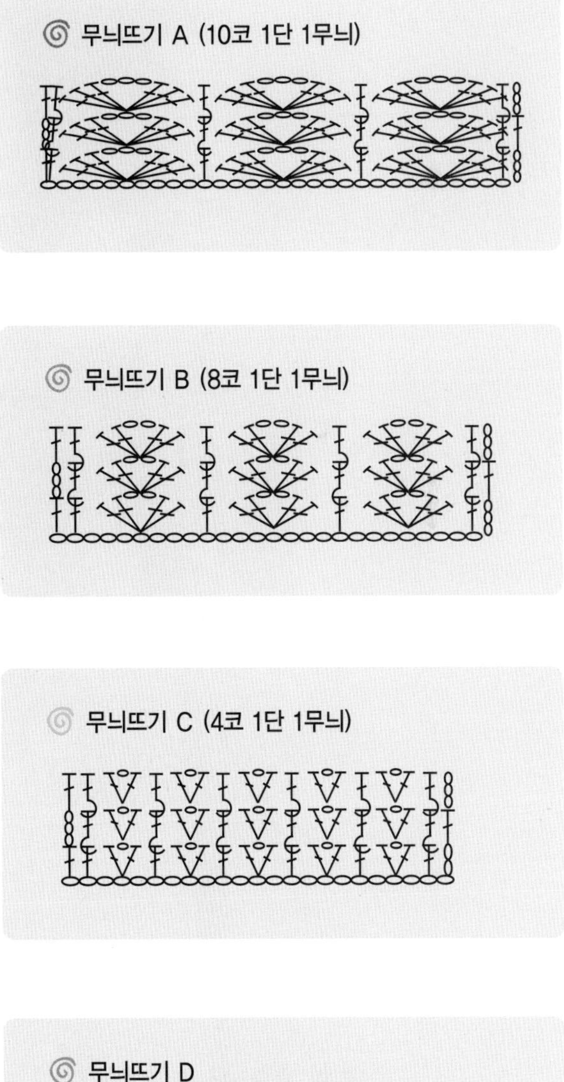

3 knitting
베이지색 베레모

베이지색 베레모

재료와 도구

실	순모(베이지색)
바늘	5mm 양면 대바늘 4개
부속품	장식단추 1개

뜨는 방법

❶ 실과 5mm 대바늘로 흔들코 120코를 만들어 1코 고무뜨기 18단을 원통뜨기한다.

❷ ❶이 다 되면 도안대로 무늬뜨기하고 마지막 남은코 56코를 하나로 묶고 장식 단추를 달아 마무리한다.

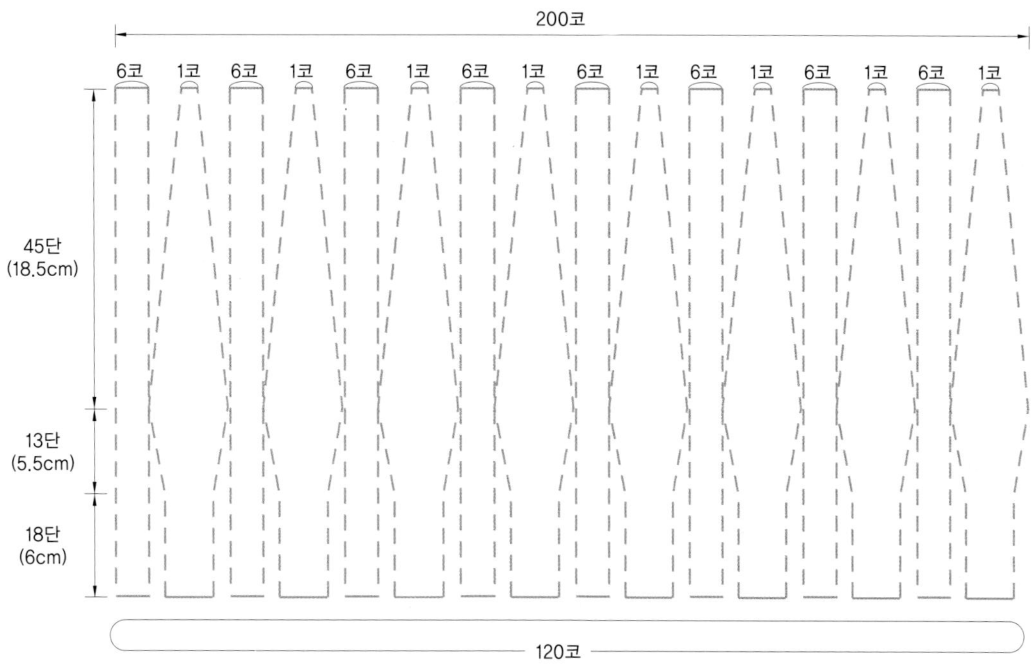

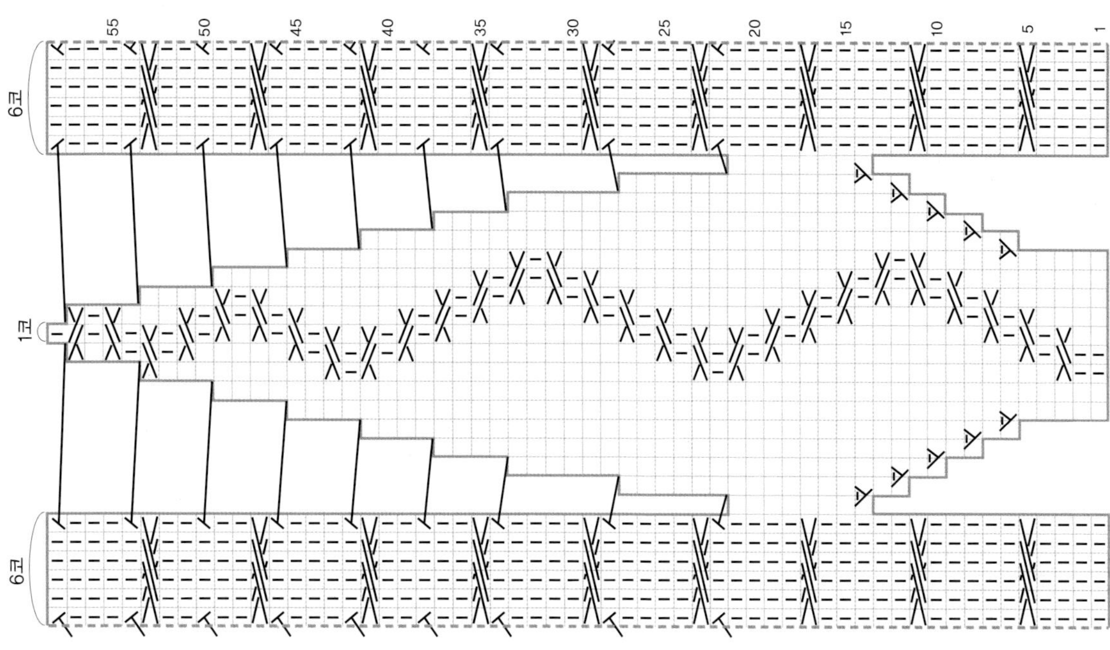

4 knitting

보라색 베레모

보라색 베레모

재료와 도구

실	앙고라사(보라색)
바늘	코바늘 5호

뜨는 방법

1. 고리를 만들어 짧은뜨기 7개하고 1단마다 7코씩 늘리기 13회 한다. 98코가 되면 9단 더 뜨고 난 뒤 1단마다 7코씩 줄이기 5회하여 63코가 되게 하여 34단까지 뜨고 되돌아뜨기로 장식하고 마무리한다.

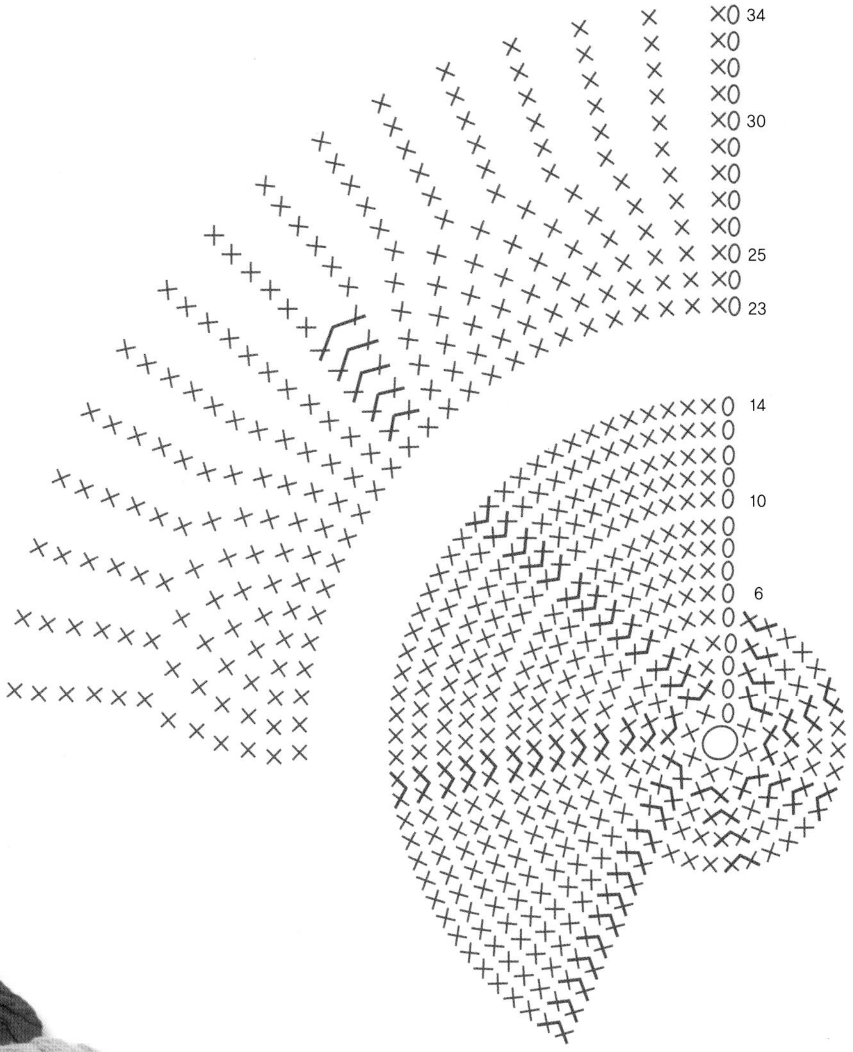

5 knitting
카키색 목도리와 모자

카키색 목도리와 모자

재료와 도구

실 hip - hop사(카키 나염)

바늘 6mm 줄바늘, 코바늘 8호, 코바늘 7호

뜨는 방법

1. 목도리는 실과 6mm 줄바늘로 26코를 만들어 이중뜨기로 180cm 되게 뜨고 양옆에 술을 단다.
2. 모자는 고리를 만들어 코바늘 8호로 2길 긴뜨기 24개를 만들고 8각 기둥을 세워 1단마다 16코씩 늘리기 4회하여 96코가 되게 한다. 5단 더 긴뜨기한 후, 36코(뒷머리 부분)는 7호 코바늘로 짧은뜨기하고, 60코는 8호 코바늘로 긴뜨기 무늬 2단을 더 떠준다.
3. 모자 앞머리 부분의 긴뜨기가 끝나면 앞뒤 모두 7호 코바늘로 짧은 뜨기를 떠준다. 뒷머리 부분은 짧은뜨기(7호 코바늘)로 하고 모자 챙부분은 무늬뜨기 4단하여 마무리한다.

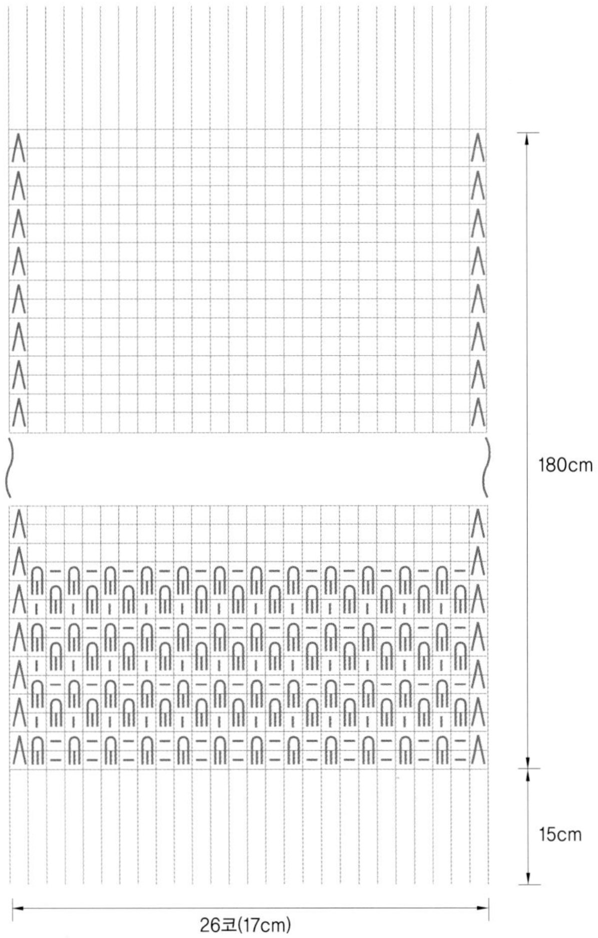

180cm

15cm

26코(17cm)

목도리

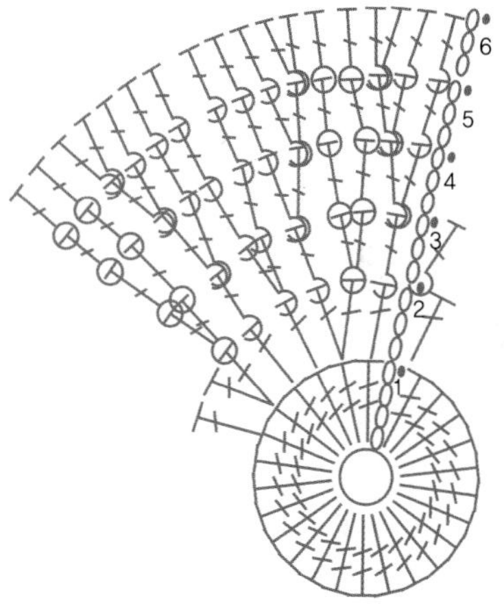

6
5
4
3
2
1

모자

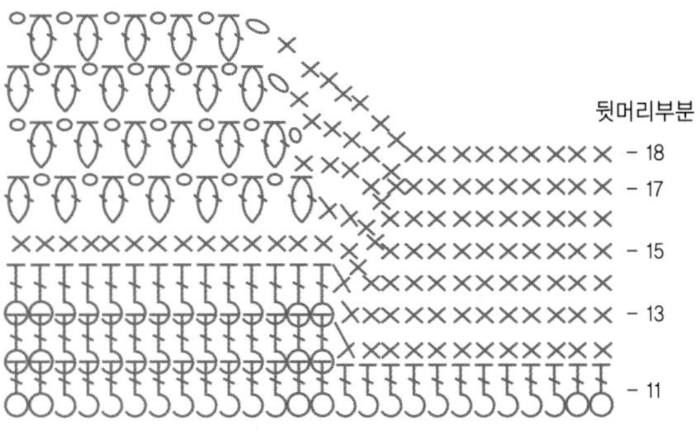

앞모자부분

뒷머리부분

18
17
15
13
11

모자

6 knitting
무지개빛 목도리와 모자

무지개빛 목도리와 모자

재료와 도구	
실	diadomina사(무지개빛 나염)
바늘	5mm 줄바늘, 코바늘 6호

뜨는 방법

❶ 목도리는 실과 5mm 줄바늘로 36코 만들어 이중뜨기 180cm 되게 뜨고 양옆에 술을 단다.

❷ 모자는 고리를 만들어 코바늘 6호로 1길 긴뜨기 14개를 만들고 14각 기둥을 세워 1단마다 14코씩 늘리기 6회하여 98코가 되면 8단 더 뜨고 짧은뜨기 3단을 뜬다.

❸ ❷가 끝나면 모자챙은 무늬뜨기A로 4단 뜨고 마무리한다.

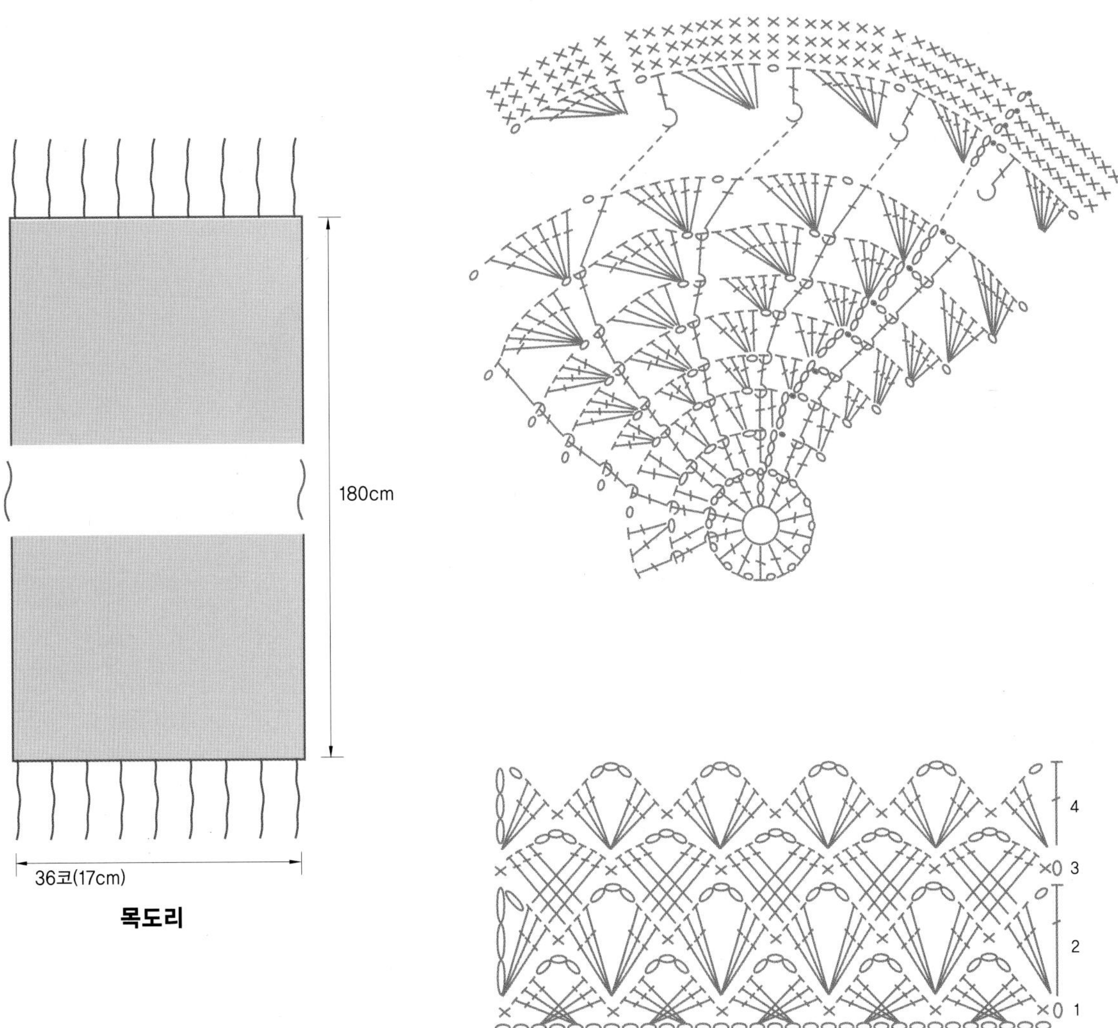

7 knitting

그린색 넥타이

그린색 넥타이

재료와 도구

실	다이아 갤러리(그린)
바늘	코바늘 2호

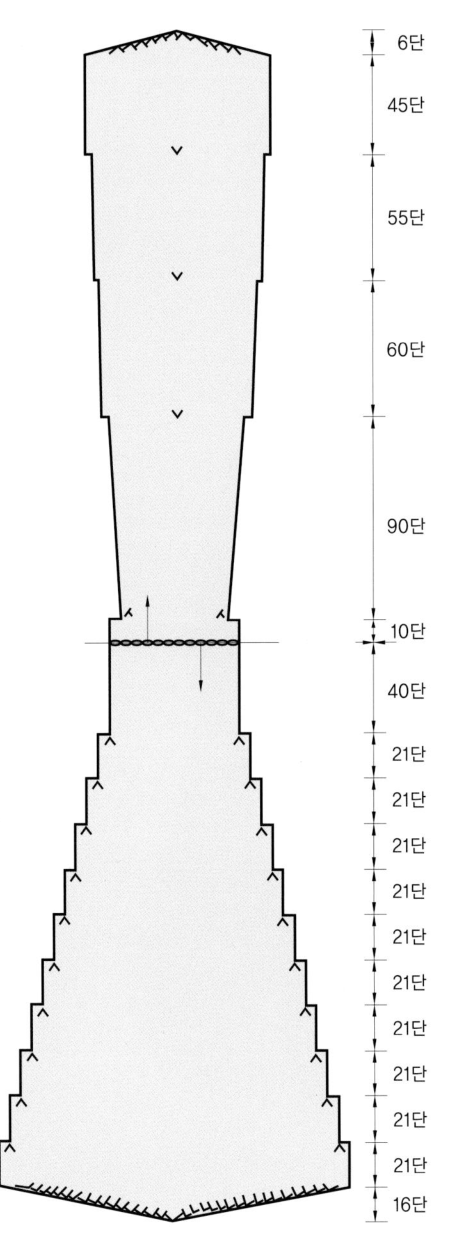

뜨는 방법

1. 사슬 12코를 시작으로 40단은 짧은뜨기하고 41단째는 양옆으로 1코씩 늘리기 해서 14코를 만들어 21단을 더 뜬다.
2. 21단째마다 양옆으로 코늘리기를 하며 32코가 될 때까지 늘리며 251단까지 뜨고, 252단부터 양옆으로 1코씩 줄이기 16단 떠서 모든 코를 없애며 마무리한다.
3. 사슬 시작 부분에서 12코를 주어 10단 뜨고, 11단째 양옆에서 1코씩 줄여 10코가 되게 한 후 90단을 더 뜬다.
4. 101단째는 1코를 가운데서 늘려 11코가 되게 해서 160단까지 뜨고, 161단째에 1코를 가운데서 늘려 12코를 만들어 215단까지 뜬다.
5. 216단째에 1코를 가운데서 늘려 13코를 만들어 260단까지 뜨면서, 261단째부터는 매단마다 양옆으로 1코씩 줄여 6단 뜨며 모든 코를 없애며 마무리한다.
6. 가장자리는 1단에 1코씩 짧은뜨기해서 마무리한다.

8 knitting
버킹검 가방

버킹검 가방

완성 치수

30cm×8cm×22.5cm

재료와 도구

실 버킹검사 (초록+빨강 나염)

바늘 6mm 줄바늘, 돗바늘

부속품 지퍼, 안감, 끈

뜨는 방법

1. 버킹검사 3올을 6mm 바늘로 53코 만들어 53cm 메리야스뜨기해서 반으로 접어 양옆을 돗바늘로 붙여 직사각형 주머니를 만든다. 안감을 넣고 지퍼를 단다.
2. 가방끈을 달면 완성된다.

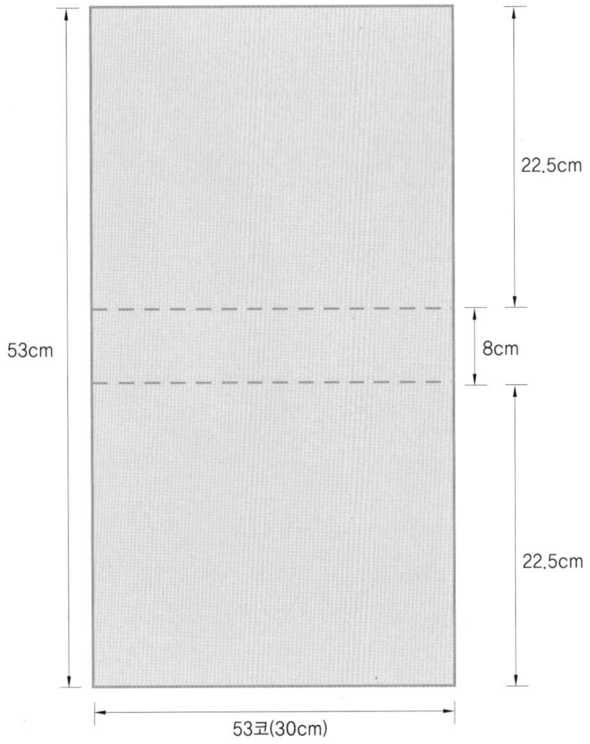

22.5cm

53cm

8cm

22.5cm

53코(30cm)

9 knitting

반짝이 사각 가방

반짝이 사각 가방

완성 치수

12cm×27cm×14cm

재료와 도구

실 로망(검정 은반짝이)

바늘 코바늘 3호

부속품 지퍼, 끈(잡실)

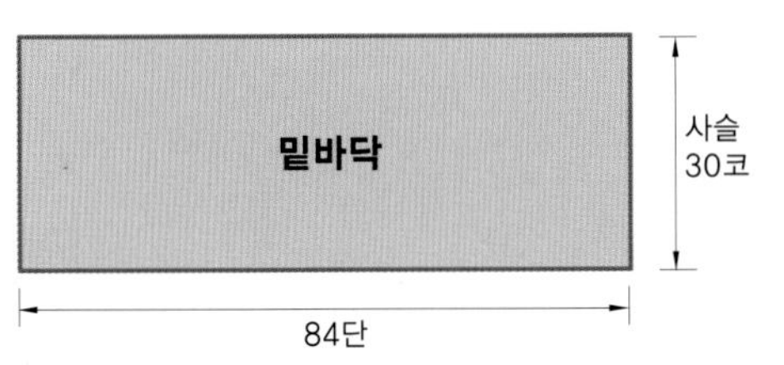

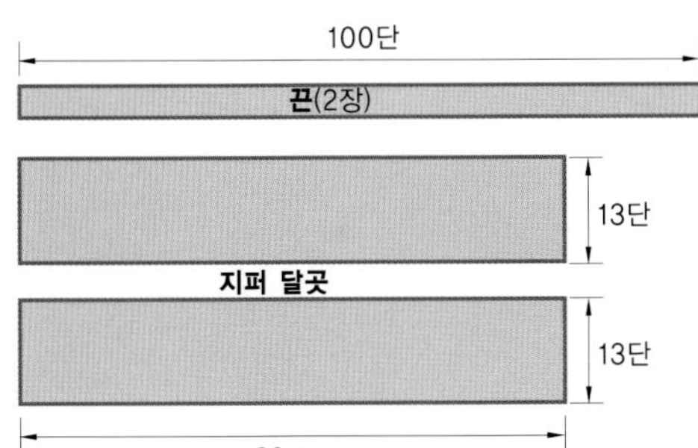

뜨는 방법

❶ 반짝이사 4올과 코바늘 3호로 사슬 30코를 만들어 짧은뜨기 84단을 뜨고, 사방에서 208코가 되게 코너에서 3코씩 늘리고 24단 짧은뜨기로 떠올린다.

❷ ❶이 만들어지면 좁은 면은 각 30코씩, 넓은 면은 72코씩 사등분하고 72코 부분을 1단마다 양옆 가장자리를 각각 1코씩 줄이기 19회한 뒤 마무리한다.

❸ ❷를 하는 동안 16단째에 가방끈 만드는 입구를 만든다.

❹ 반대편 72코도 ❷, ❸를 반복해서 완성한다.

❺ 30코 부분은 짧은뜨기로 100단 뜨고 난 뒤, 양옆 가장자리를 1단마다 1코씩 줄이기 15회하여 모든 코를 없앤 후 장식 리본을 만든다.

❻ ❷를 뜬 곳 중심을 기준으로 11코를 짧은뜨기 46단 떠서 반으로 접어 감침질하여 리본 끼워넣는 고리를 만든다.

❼ 사슬 82코를 13단 짧은뜨기한 것 2장을 뜨고 2장 사이에 지퍼를 달고 난 뒤, 가방 입구 부분에 짧은뜨기로 떠서 붙인다.

❽ 가방끈은 가방끈 입구 만들기한 곳에 12코를 주어 짧은뜨기 100단 원통뜨기하고 끈이 볼륨감 있도록 원통 속에 끈(잡실)을 넣어주고 다른 쪽 구멍에서 감침질을 한다.

❾ 반대편에도 똑같이 끈을 떠서 달면 된다.

❿ 리본과 고리 끝단은 되돌아뜨기를 떠서 장식한다.

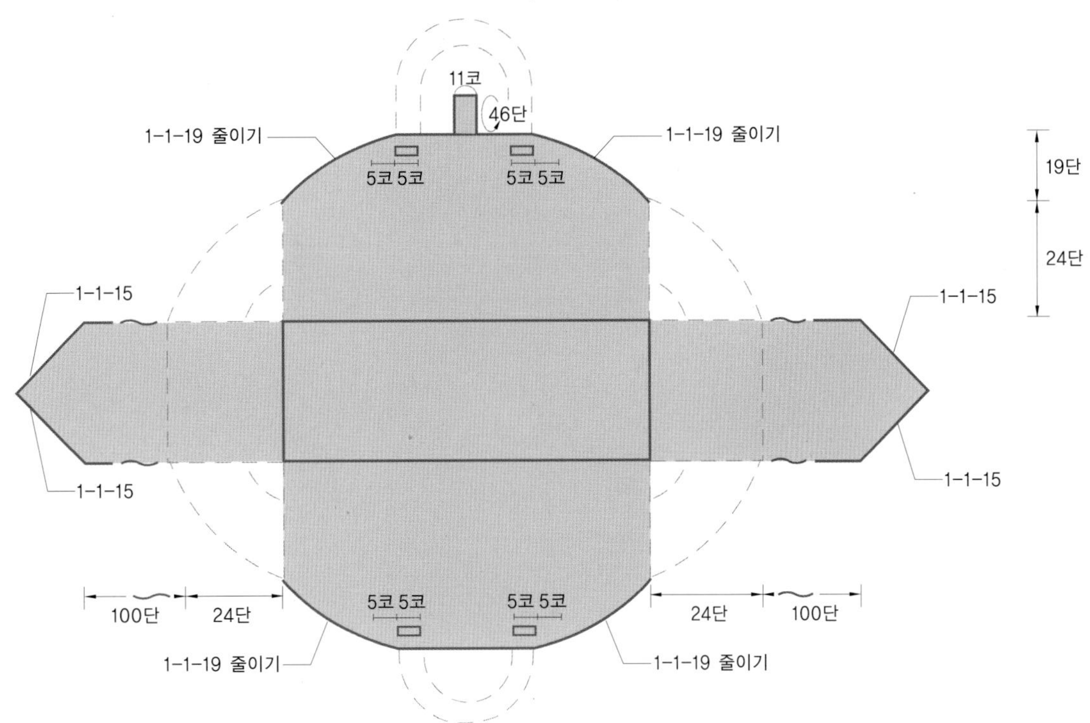

가을·겨울 패션 손뜨개

2006년 9월 25일 1판 1쇄
2011년 1월 10일 1판 3쇄

저자 : 임현지
펴낸이 : 남상호

펴낸곳 : 도서출판 **예신**
www.yesin.co.kr

140-896 서울시 용산구 효창동 5-104
대표전화 : 704-4233, 팩스 : 715-3536
등록번호 : 제03-01365호(2002. 4. 18)

값 18,000원

ISBN : 978-89-5649-045-8